洪錦魁簡介

洪錦魁畢業於明志工專（現今明志科技大學），跳級留學美國 University of Mississippi 計算機系研究所。

2023 年和 2024 年連續 2 年獲選博客來 10 大暢銷華文作家，多年來唯一電腦書籍作者獲選，也是一位跨越電腦作業系統與科技時代的電腦專家，著作等身的作家，下列是他在各時期的代表作品。

- DOS 時代：「IBM PC 組合語言、Basic、C、C++、Pascal、資料結構」。
- Windows 時代：「Windows Programming 使用 C、Visual Basic」。
- Internet 時代：「網頁設計使用 HTML」。
- 大數據時代：「R 語言邁向 Big Data 之路、Python 王者歸來」。
- AI 時代：「機器學習數學、微積分 + Python 實作」、「AI 視覺、AI 之眼」。
- 通用 AI 時代：「ChatGPT、Copilot、無料 AI、AI 職場、AI 行銷、AI 影片、AI 賺錢術」。

作品曾被翻譯為簡體中文、馬來西亞文、英文，近年來作品則是在北京清華大學和台灣深智同步發行。

他的多本著作皆曾登上天瓏、博客來、Momo 電腦書類，不同時期暢銷排行榜第 1 名，他的著作特色是，所有程式語法或是功能解說會依特性分類，同時以實用的程式範例做說明，不賣弄學問，讓整本書淺顯易懂，讀者可以由他的著作事半功倍輕鬆掌握相關知識。

ChatGPT 5 全能實戰
Agent、Prompt、Projects、Canvas、GPT、Sora
AI 工作流

序

生成式 AI 正在把「會使用工具」轉變為「能設計流程」。《ChatGPT 5 全能實戰-Agent、Prompt、Projects、Canvas、GPT、Sora - AI 工作流》的寫作初衷,就是幫讀者把零散功能串成一條可複製、可擴充、能落地的 AI 生產線。從「問題定義」、「資料蒐集」、「內容/程式產出」,到「自動化」與「多模態」發佈,一步步帶你把想法做成「成果」。ChatGPT 5 的多模態與系統級升級,是這條工作流的關鍵底盤,本書在第 1 章即以技術演進與多模態能力作為開場,讓讀者建立正確的整體觀。

本書的定位是「能做出來」的實戰書,而非只講概念。你會先從介面、設定、記憶與搜尋等基礎開始,包含初體驗、常見情況與 AI 幻覺的辨識。接著用第 3 章系統化學會「Prompt 輸出格式規則」,把 AI 回覆變得「可控制」、「可檢查」。之後再逐步拓展到生活搜尋、外語學習與連網摘要等日常場景,讓 AI 先為你省下時間,再把時間投資到更高價值的創作與分析上。

進入實戰篇,你會一路體驗多條「產品級」路徑:
- 影像生成與設計:從對話到圖像、從語法到風格,建立可重複的圖像工作流。
- 資料處理與文件自動化:把文件上傳、表格/CSV 分析與 PDF/Word/PPT 摘要編修納入同一流程。
- 視覺化報表:學會彙整表格訊息、組合圖表、股市視覺化到熱力圖,一次補齊決策圖表力。

當你具備了穩定輸出的基礎，本書帶你升級到「專案級協作與自動化」。以「Projects」串起資料、工具與產出；用「深入研究」處理長文件與結構化研究任務；再以「任務（Tasks）」打造輕量型 Agent 範式，建立可排程、可通知的工作自動化骨架。

內容創作與開發者亦有專屬舞台，在 Canvas 裡進行協同寫作、層次化編排與最後潤飾，並延伸到「Python 程式設計 Canvas」，從 ASCII 機器人到遊戲原型，體會「一 Prompt 一程式」的開發節奏與重構思維。

進一步，你會看到「代理程式模式」如何讓 ChatGPT 化身 AI Agent，理解其運作流程與實作案例。學會在 App 中開啟「視訊交流」以支援即時演示。探索「GPT 機器人」與「自然語言設計 GPT」，把專業知識封裝成可重用的智慧工具。最後在「Sora」章節中完成從文字、圖片到影片的全鏈路創作。這些章節共同構成從 Prompt → Agent → Projects → Canvas → GPT → Sora 的完整閉環。

本書也關照多元讀者情境，教師與學習者可從教育章獲得教案與互動設計。行銷與商務人員能以文案、品牌與客服自動化落地。創作者則能在 AI 文學工坊磨練詩、小說與多語風格。無論你的起點在哪裡，都能找到可直接上手的範例與流程圖。

「如何使用本書」：

1. 先讀第 2 ～ 3 章打好介面操作與 Prompt 規格的底子。
2. 依需求選修影像、資料處理與圖表視覺化等實戰章。
3. 進入 Projects/ 深入研究 /Tasks 建立你的自動化與研究骨架。
4. 以 Canvas 與 Python Canvas 打磨作品與原型，最後銜接 GPT 與 Sora 完成發布。

筆者始終把「可再現、可驗證、可擴充」當成篩選標準：每個流程都有明確「輸入 / 輸出」與「檢核點」，並提醒你在連網與總結時如何降低 AI 幻覺風險。也透過專案化與任務化，將一次性的靈感沉澱為可重複運行的能力。當你讀完本書，不只會用 ChatGPT，更能「設計屬於你的 AI 工作流」，讓 AI 穩定地成為日常與工作的第二大腦。

願這本書成為你在 AI 時代的實戰地圖與可靠同伴。編著本書雖力求完美，但是學經歷不足，謬誤難免，尚祈讀者不吝指正。

洪錦魁 2025/8/30
jiinkwei@me.com

序

讀者資源說明

本書籍的 Prompt、實例或部分作品可以在深智公司網站下載。

特別說明：本書部分實例透過網址分享，若該網址已被原廠移除，則將無法進行瀏覽。

臉書粉絲團

歡迎加入：王者歸來電腦專業圖書系列

歡迎加入：MQTT 與 AIoT 整合應用

歡迎加入：iCoding 程式語言讀書會 (Python, Java, C, C++, C#, JavaScript, 大數據, 人工智慧等不限)，讀者可以不定期獲得本書籍和作者相關訊息。

歡迎加入：穩健精實 AI 技術手作坊

目錄

第 1 章 AI 助手的重要里程碑 - ChatGPT 5

- 1-1 GPT-5 發表會的技術亮點 1-2
  - 1-1-1 ChatGPT 的進步 1-3
  - 1-1-2 使用 GPT-5 的限制 1-3
  - 1-1-3 GPT-5 各版本與介面基本變化 1-3
  - 1-1-4 醫療價值 1-5
  - 1-1-5 GPT-5 移除先前版本的奉承模式 1-6
  - 1-1-6 ChatGPT 多了 4 種性格 1-7
  - 1-1-7 GPT-5 在情緒理解與互動上的進步 1-9
  - 1-1-8 GPT-5 在程式設計的表現 1-10
- 1-2 GPT-5 的核心技術與更新亮點 1-13
  - 1-2-1 ChatGPT 的演進 1-13
  - 1-2-2 模型架構與推理能力升級 1-14
  - 1-2-3 訓練資料與知識廣度擴展 1-16
  - 1-2-4 使用體驗與效能提升 1-17
- 1-3 GPT-5 與 GPT-4o/4.1、o 系列的差異 1-18
  - 1-3-1 模型定位與使用場景 1-19
  - 1-3-2 技術與性能比較 1-20
  - 1-3-3 成本與部署策略 1-22
  - 1-3-4 新版優先策略 1-24
- 1-4 GPT-5 在多模態（文字、圖片、語音、影片）上的進化 1-25
  - 1-4-1 文字與圖片的整合應用 1-25
  - 1-4-2 語音理解與對話 1-27
  - 1-4-3 影片理解與生成 1-28

第 2 章 ChatGPT 開啟 AI 世界的大門

- 2-1 ChatGPT 5 的視窗介面 2-2
  - 2-1-1 模型切換 2-2
  - 2-1-2 側邊欄與關閉側邊欄圖示 2-3
  - 2-1-3 臨時交談 2-6
  - 2-1-4 聽寫模式 – 由此踏入 AI 會議 2-7
  - 2-1-5 語音模式 – 與 ChatGPT 語音聊天 2-8
- 2-2 自訂 ChatGPT 2-10
- 2-3 設定 2-13
  - 2-3-1 一般 2-13
  - 2-3-2 通知 2-15
  - 2-3-3 個人化 2-17
  - 2-3-4 連接器 2-18
  - 2-3-5 排程 2-20
  - 2-3-6 資料控管 2-21
  - 2-3-7 安全性 2-23
- 2-4 說明 2-25
- 2-5 ChatGPT 初體驗 2-27
  - 2-5-1 回應文下方的圖示功能與應用場合 2-28
  - 2-5-2 聊天主題 2-29
  - 2-5-3 更多指令 2-31
  - 2-5-4 Shift + Enter 功能 2-32
- 2-6 ChatGPT 的記憶更新 2-33
- 2-7 搜尋聊天 2-34
- 2-8 使用 ChatGPT 必須知道的情況 2-35
- 2-9 AI 幻覺 2-37

第 3 章 輸出格式的 Prompt 規則

- 3-1 如何讓 AI 用您指定的格式回應 3-2
  - 3-1-1 為什麼格式控制很重要？ 3-2
  - 3-1-2 常見的格式控制方式 3-2
  - 3-1-3 語法指令補充技巧 3-3
  - 3-1-4 實例應用 3-3
  - 3-1-5 總結 3-4
- 3-2 條列式、Q&A、表格、簡短／詳細輸出控制 3-4
  - 3-2-1 條列式輸出（List Format） 3-4
  - 3-2-2 問與答格式（Q&A） 3-5
  - 3-2-3 表格輸出（Table Format） 3-6
  - 3-2-4 簡短與詳細輸出控制（Length Control） 3-8
  - 3-2-5 小技巧提醒 3-8
  - 3-2-6 總結 3-8
- 3-3 限制字數、加入實例、標示來源的技巧 3-8
  - 3-3-1 限制字數（Length Limitation） 3-9

3-3-2 加入實例（Include Examples）............3-9	5-5-4 食材規劃............5-20
3-3-3 標示來源（Cite Sources）............3-11	5-6 創意咖啡館- AI 藝術靈感的交流空間............5-22
3-3-4 實用提醒技巧............3-13	5-6-1 高雅的創意咖啡館............5-22
3-3-5 總結............3-14	5-6-2 創意咖啡館的外觀圖像............5-24

第 4 章 智慧生活的新可能

第 6 章 資料處理與分析

4-1 網頁搜尋與閱讀網頁新聞............4-2	6-1 文件上傳與內容分析............6-2
4-1-1 網頁搜尋工具............4-2	6-1-1 支援的檔案格式與上傳方式............6-2
4-1-2 啟用與未啟用回答差異............4-3	6-1-2 AI 文件解析流程與關鍵技術............6-2
4-1-3 旅行訊息查詢............4-4	6-1-3 文字內容抽取與主題辨識............6-3
4-1-4 搜尋海鮮餐廳- 自動開啟搜尋網頁功能..4-9	6-1-4 快速獲取長篇文件重點............6-4
4-2 閱讀網頁新聞............4-10	6-2 表格與數據分析（含 Excel、CSV）............6-5
4-2-1 摘要與分析美國聯準會網頁............4-10	6-2-1 Excel 與 CSV 資料匯入方法............6-6
4-2-2 閱讀 USATODAY 新聞............4-13	6-2-2 基本統計與數據清理技巧............6-7
4-2-3 連網功能 – 摘要或翻譯網頁內容............4-14	6-2-3 AI 輔助生成圖表與數據可視化............6-10
4-3 表情符號- Emoji............4-16	6-3 PDF、Word、PPT 的自動化摘要與編輯............6-13
4-4 生活賀詞的應用............4-17	6-3-1 PDF 內容擷取與重組............6-13
4-5 外語學習............4-18	6-3-2 Word 文件自動化摘要與格式調整............6-15
4-5-1 建立英文學習機............4-18	6-3-3 案例- 會議文件一鍵整理與分享............6-18
4-5-2 建立英文翻譯機............4-20	6-4 AI 視覺 - 閱讀與分析圖像文件............6-21
4-5-3 文章潤飾修改............4-21	6-4-1 分析圖像............6-22
	6-4-2 文字識別............6-23

第 5 章 ChatGPT 繪圖-開啟心靈畫家的旅程

5-1 從對話到創作- 探索 AI 繪圖的起點............5-2	6-4-3 表情分析............6-24
5-1-1 我的第一次圖像創作- 城市夜景的創作.5-3	6-4-4 兩張圖像的比較............6-25
5-1-2 生成不同格式的圖像............5-3	6-4-5 圖像意境與詩詞創作............6-26
5-2 ChatGPT 圖像生成- 從零開始創造藝術............5-5	6-4-6 圖像生成故事............6-27

第 7 章 AI 文學工坊 - 詩詞、小說與創作的全景探索

5-2-1 CES 會場............5-7	
5-2-2 古羅馬競技場............5-7	
5-2-3 一生必遊之地- 全景繪製............5-8	7-1 詢問 ChatGPT 對「詩、詞、曲」的基本認識............7-2
5-3 即時互動與調整- AI 助力下的繪畫新體驗..5-10	7-2 七言絕句............7-3
5-3-1 增加細節............5-10	7-2-1 了解 ChatGPT 對七言絕句的知識............7-3
5-3-2 刪除人影............5-10	7-2-2 請 ChatGPT 依情境做一首七言絕句............7-3
5-3-3 AI 圖像風格轉換與元素合成............5-12	7-3 五言絕句............7-4
5-4 生成文字與圖像的完美結合............5-13	7-3-1 了解 ChatGPT 對五言絕句的知識............7-4
5-5 深入探索 AI 繪圖語法- 打造你的專屬風格.5-16	7-3-2 ChatGPT 做一首五言絕句............7-5
5-5-1 正式語法實例............5-17	7-4 現代詩............7-6
5-5-2 ChatGPT 輔助生圖的 Prompt............5-18	7-4-1 隨意生成的現代詩............7-6
5-5-3 賀詞生成圖像............5-20	

7-4-2	現代詩創作	7-9
7-5	**小說撰寫**	**7-9**
7-5-1	外太空旅行的冒險故事	7-10
7-5-2	老人與忠狗的故事	7-10
7-6	**規劃與創作一部小說**	**7-11**
7-6-1	規劃故事名稱	7-11
7-6-2	規劃章節大綱	7-11
7-6-3	規劃章節內容	7-12
7-6-4	為故事寫序	7-13
7-7	**約會信件撰寫**	**7-13**
7-7-1	沙士比亞詩句的邀約信	7-13
7-7-2	邀約信 – 邀妳去看不可能的任務	7-15
7-7-3	用一首五言(七言)絕句取代一封信	7-15
7-8	**多風格與多語言的創作生成技巧**	**7-15**
7-8-1	多風格生成	7-16
7-8-2	多語言生成	7-17
7-8-3	結合多風格與多語言	7-18
7-9	**AI 與人類協作的實例**	**7-19**
7-9-1	創作靈感啟發	7-19
7-9-2	分工式創作	7-20
7-9-3	互動式寫作	7-20
7-9-4	多語言版本與本地化	7-20
7-9-5	風格融合實驗	7-20

第 8 章　教育與學習

8-1	**AI 助教與教材生成**	**8-2**
8-1-1	備課加速	8-2
8-1-2	自動生成教材、講義與練習題	8-5
8-1-3	根據學生程度調整內容深度與難度	8-8
8-1-4	即時答疑與概念補充	8-11
8-2	**課程設計與互動學習**	**8-12**
8-2-1	AI 輔助課程規劃與單元拆解	8-12
8-2-2	創造情境化、模擬化的教學場景	8-14
8-2-3	設計互動問答與學習遊戲	8-16
8-2-4	即時學習回饋與評估	8-19
8-2-5	結合 AI 聊天機器人的課堂互動模式	8-20
8-3	**學生自主學習與研究輔助**	**8-22**
8-3-1	AI 輔助學習計畫制定與進度追蹤	8-22
8-3-2	個人化知識圖譜與學習路徑推薦	8-25

8-3-3	研究主題探索與資料整理	8-29
8-3-4	引導學生進行批判性思考與知識延伸	8-32
8-3-5	用 AI 工具協助完成專題研究報告	8-35

第 9 章　商務與行銷

9-1	**行銷文案與 SEO 優化**	**9-2**
9-1-1	自動生成廣告標語、產品描述與促銷文案	9-2
9-1-2	SEO 關鍵字分析與內容優化	9-4
9-1-3	不同平台(網站、社群媒體、電子郵件)的文案策略	9-6
9-1-4	案例 AI 協助完成一篇 SEO 部落格文章	9-9
9-2	**廣告與品牌策略**	**9-11**
9-2-1	AI 協助設計廣告投放計畫(目標受眾、平台選擇、預算分配)	9-11
9-2-2	品牌定位與市場分析	9-13
9-2-3	個人化推薦與精準行銷	9-15
9-2-4	案例- AI 驅動的社群廣告與品牌形象塑造	9-17
9-3	**客戶服務與自動化回覆**	**9-19**
9-3-1	AI 聊天機器人與即時客服	9-19
9-3-2	自動化電子郵件回覆與客戶管理	9-21
9-3-3	客戶情緒分析與服務優化	9-23
9-3-4	案例- AI 客服系統提升顧客滿意度	9-24

第 10 章　表格資料彙整與視覺化圖表製作

10-1	**表格訊息彙整技巧**	**10-2**
10-1-1	颱風表格	10-2
10-1-2	今年台灣 6 級以上的地震列表	10-3
10-1-3	台灣新生嬰兒出生統計	10-3
10-1-4	靜態折線圖製作	10-3
10-2	**天氣折線圖表製作**	**10-4**
10-3	**股市資料的視覺化分析**	**10-6**
10-3-1	繪製收盤價格圖	10-6
10-3-2	收盤價加上成交量	10-7
10-3-3	繪製 5 日、20 日與 60 日均線	10-8
10-4-4	ChatGPT 分析台積電股票的買賣點	10-8
10-4	**熱力圖分析與應用**	**10-10**

7

目錄

10-4-1 認識熱力圖 10-10
10-4-2 認識數據 invest.csv 10-11
10-4-3 用熱力圖呈現資產相關性 10-12

第 11 章　專案 (Projects) 管理功能

11-1 專案功能的核心概念 11-2
　11-1-1 專案功能的主要特點 11-2
　11-1-2 專案功能的核心價值 11-3
11-2 建立新專案的操作指南 – AI 投資分析股市 11-3
　11-2-1 了解建立專案的步驟 11-4
　11-2-2 建立交談 11-6
　11-2-3 其他交談主題加入專案 11-7
11-3 專案交談記錄編輯 11-8
　11-3-1 顯示與隱藏交談項目 11-8
　11-3-2 側邊欄單一交談記錄編輯 11-9
　11-3-3 專案內部單一交談記錄編輯 11-9
11-4 專案實作範例與應用 – AI 分析均線 11-10
　11-4-1 建立專案 11-11
　11-4-2 新增檔案 11-12
　11-4-3 新增指令 11-12
　11-4-4 專案交談實際測試 11-13

第 12 章　深入研究

12-1 啟用與限制 12-2
　12-1 進入與離開深入研究 12-2
　12-1-2 使用限制 12-2
12-2 主要用途與核心能力 12-3
12-3 適合應用的情境 12-4
12-4 與一般搜尋引擎的不同點 12-5
12-5 台積電股價深入研究 12-6
12-6 適合深入研究的主題 12-10

第 13 章　AI Agent 的雛形 - ChatGPT 任務

13-1 任務 (Tasks) 主要功能 13-2
　13-1-1 基礎觀念 13-2
　13-1-2 使用方式 13-2
13-2 設定任務原則與建議 13-3
　13-2-1 任務類型 13-3
　13-2-2 使用 ChatGPT「任務」功能的建議 13-3

13-3 建立任務實例 13-4
　13-3-1 建立與查看任務 13-4
　13-3-2 任務- 更多指令 13-5
　13-3-3 設定功能- 任務排程 13-7
13-4 任務通知 13-7
13-5 任務是 AI Agent 的雛形 13-9
　13-5-1 AI Agent 的定義 13-9
　13-5-2 ChatGPT「含計畫的任務」與
　　　　　AI Agent 的關聯 13-9
　13-5-3 為何說「任務」是 AI Agent 的雛形 ... 13-10
13-6 任務的應用範例 13-10

第 14 章　畫布 (Canvas) - AI 協同寫作

14-1 協同寫作的革命- 創作模式的智慧變革 14-2
　14-1-1 內容創作的革命 14-2
　14-1-2 適用場景 14-3
14-2 流暢切換- 進入與離開畫布環境 14-3
　14-2-1 進入畫布環境 14-3
　14-2-2 離開畫布環境 14-4
14-3 深入探索- AI 協同寫作畫布環境導覽 14-4
　14-3-1 文案創作- 北極光 14-4
　14-3-2 認識畫布環境 14-5
　14-3-3 重新命名標題 14-5
　14-3-4 關閉畫布與重新開啟畫布編輯 14-6
14-4 情感與風格增強- 插入表情符號與視覺
　　　元素 14-6
　14-4-1 認識編輯功能 14-6
　14-4-2 新增表情符號 – 文字 14-7
　14-4-3 版本控制 14-9
　14-4-4 顯示與隱藏變更 14-9
14-5 無縫整合- 儲存至 Word 文檔 14-11
14-6 新建文案「AI 發展史」- 手工編輯 14-12
　14-6-1 建立文案 14-12
　14-6-2 手工字型編輯 14-12
　14-6-3 詢問 ChatGPT 14-13
　14-6-4 ChatGPT 段落編輯 14-14
　14-6-5「區段」建立表情符號 14-15
14-7 多層次內容設計- 幼稚園到研究所的
　　　閱讀程度調整 14-15

| 14-8 智慧調整- 內容長度的自動與手動優化 14-16
| 14-9 編輯建議- 內容優化的 AI 協作指南 14-17
| 14-10 最後的潤飾- 創作成果的精緻打磨 14-18

第 15 章 畫布 (Canvas) - AI 助攻 Python 程式設計

15-1 開啟 Python 程式設計環境 15-2
15-2 ASCII 字元繪製機器人 15-3
 15-2-1 機器人程式設計 15-3
 15-2-2 更改程式名稱 15-4
 15-2-3 儲存檔案 15-5
 15-2-4 程式增加註解 15-5
15-3 設計程式的智慧功能 15-6
 15-3-1 智慧提示 15-6
 15-3-2 輸入需求- 生成程式碼 15-6
 15-3-3 設計 is_Prime 程式 15-7
15-4 ChatGPT 輔助 Python 程式設計 15-7
15-5 一 Prompt 一程式- 貪吃蛇程式設計 15-9

第 16 章 代理程式模式 - ChatGPT 化身 AI Agent

16-1 什麼是代理程式模式？ 16-2
 16-1-1 定義- 代理程式模式 (Agent Mode) 的概念 16-2
 16-1-2 與一般 Chat 模式的差異 16-4
 16-1-3 為什麼這就是 AI Agent？ 16-4
16-2 代理程式模式的運作流程 16-4
 16-2-1 使用者下達目標 16-5
 16-2-2 ChatGPT 拆解並規劃 16-5
 16-2-3 自動執行任務（含工具調用） 16-5
 16-2-4 回報進度與結果 16-5
16-3 代理程式模式- 實作案例 16-6
 16-3-1 進入與離開代理程式模式 16-6
 16-3-2 AI Agent 當旅行規劃師 16-6
 16-3-3 每週五 16:00 分析台灣股市（含資料來源）測試 16-11
 16-3-4 投資理財 - 每天早上推播台積電 ADR 收盤價測試 16-13

第 17 章 與 ChatGPT 視訊交流

17-1 視訊交流功能的突破與應用價值 17-2
17-2 在 ChatGPT App 中開啟視訊交談功能 17-3
 17-2-1 啟動語音模式 17-3
 17-2-2 視訊功能 17-4
 17-2-3 上傳圖像 17-6

第 18 章 GPT 機器人

18-1 探索 GPT 18-2
 18-1-1 認識 GPT 環境 18-2
 18-1-2 OpenAI 官方的 GPT 18-3
18-2 Hot Mods – 圖片不夠狂？交給我！立刻變身！ 18-4
18-3 Coloring Book Hero- 讓你的腦洞變成繽紛的著色畫 18-7
18-4 Image Generator- 想畫什麼就畫什麼，讓你的創意無限延伸！ 18-9

第 19 章 自然語言設計 GPT

19-1 建立我的第一個 GPT – 英文翻譯機 19-2
 19-1-1 進入 GPT Builder 環境 19-2
 19-1-2 測試英文翻譯機 GPT 19-4
 19-1-3 建立鈕可以儲存 GPT 19-5
 19-1-4 我的 GPT 19-6
 19-1-5 中英翻譯助手- 下拉視窗 19-7
 19-1-6 筆者輸入英文的測試 19-7
19-2 設計 IELTS 作文專家 19-8
19-3 深智數位客服 19-11
 19-3-1 Instructions- 深智客服 instructions.xlsx 19-11
 19-3-2 建立深智客服 GPT 結構內容 19-12
 19-3-3 上傳知識庫的內容 19-13
 19-3-4 深智數位實戰 19-13

第 20 章 Sora 創意影片生成與應用

20-1 Sora 發表與成就 20-2
 20-1-1 開發與推出 20-2
 20-1-2 功能介紹 20-2

目錄

20-2 進入與認識 Sora 20-3
    20-2-1 進入 Sora 20-3
    20-2-2 認識 Sora 環境 20-3
    20-2-3 個人帳號 20-4
    20-2-4 創作平台環境 20-6
    20-2-5 認識 Sora 影片創作環境 20-7

20-3 建立影片 Prompt 參考 20-10

20-4 從文字生成精彩影片 20-13
    20-4-1 夕陽海岸 / Sunset Coast 20-13
    20-4-2 未來城市 / Future Metropolis 20-14
    20-4-3 漂浮島嶼 / Floating Island 20-15
    20-4-4 文字創作影片使用 Ballon World 風格
         - 雲端之上的奇幻世界 20-16
    20-4-5 文字創作影片使用 Archival 風格
         - 沙塵中的邊境小鎮 20-17

20-5 影片的互動與操作 20-18
    20-5-1 影片操作 20-18
    20-5-2 建立資料夾 20-21
    20-5-3 刪除資料夾 20-21
    20-5-4 影片加入特定資料夾 20-21

20-6 運用圖片生成創意影片 20-22
    20-6-1 圖片 (+ 文字) 生成影片邏輯 20-22
    20-6-2 用圖片生成影片 20-24
    20-6-3 圖片 + 文字生成影片 20-26

20-7 影片生成後的進階編輯 20-29
    20-7-1 Edit Prompt 功能 20-29
    20-7-2 Re-cut 功能 20-31
    20-7-3 Remix 功能 20-32
    20-7-4 Blend 功能 20-33
    20-7-5 Loop 功能 20-34

20-8 故事板（Storyboard）的使用與應用 20-35

第 1 章
AI 助手的重要里程碑 ChatGPT 5

1-1　GPT-5 發表會的技術亮點

1-2　GPT-5 的核心技術與更新亮點

1-3　GPT-5 與 GPT-4o/4.1、o 系列的差異

1-4　GPT-5 在多模態（文字、圖片、語音、影片）上的進化

第 1 章　AI 助手的重要里程碑 - ChatGPT 5

　　自人工智慧進入生成式時代以來，ChatGPT 一直是推動技術普及與應用創新的核心力量。ChatGPT 5 不僅延續了前代的優勢，更在理解深度、反應速度、創作多樣性與多模態處理能力上達到了前所未有的高度。它不再只是「回答問題」的工具，而是一個可以主動「理解需求」、「靈活協作」、「持續學習」的智慧助手。

　　這意味著，無論是專業開發、商務決策、內容創作，甚至是日常生活的問題解決，ChatGPT 5 都能以更貼近人類思維的方式，提供更精準、更有創意的解決方案。對於想提升效率與競爭力的人來說，這是一個劃時代的轉折點。

1-1　GPT-5 發表會的技術亮點

　　美國時間 2025 年 8 月 7 日，OpenAI 公司舉辦了 GPT-5 的發表會。

❏ OpenAI 公司網頁

　　此發表會的網址可以在 OpenAI 公司官方網頁看到，如果讀者英文能力不錯，可以直接在下列網址看原始影片。

　　　https://openai.com/gpt-5/

❏ Youtube 網頁 – 中文翻譯

　　或是讀者用 Chrome 瀏覽器，搜尋「ChatGPT 5」，就可以看到下載網址，以及影片內容，特色是可以在影片下方看到「英翻中」字幕，可以參考影片下方翻譯的文字。對於英文能力沒有那麼好的讀者，可以完整了解影片內容。

1-1-1　ChatGPT 的進步

ChatGPT 自推出以來，使用者每週已達 7 億人，成為許多工作、學習與創作的核心工具。模型有了廣大的進步：

- GPT-3：如與高中生對話，偶有驚喜但不穩定。
- GPT-4：如與大學生對話，智慧與實用性顯著提升。
- GPT-5：如與博士級專家交流，具備跨領域的高水準專業知識。

OpenAI 公司目標：提供更快速、直觀且可靠的通用人工智慧，協助使用者完成各種複雜任務。

1-1-2　使用 GPT-5 的限制

GPT-5 對每個使用者開放，但是有下列規則：

- 免費用戶：每 5 個小時可以對話 10 條訊息，超過則自動過渡到 GPT-5 mini 版本，這是一個比較小的 GPT-5 模型。
- Plus 用戶：每 3 小時可以對話 80 條訊息。
- Pro 用戶：則沒有使用限制。

1-1-3　GPT-5 各版本與介面基本變化

剛開始發表時，「預設環境」看不到其他早期的模型。

許多讀者還是懷念 GPT-4o 的溫暖回應，因此 OpenAI 公司緊急復原，原先模型供讀者選擇，所以可以看到多了「舊版模型」選項。

第 1 章　AI 助手的重要里程碑 - ChatGPT 5

- Plus 用戶：介面上有「GPT-5 Thinking」可以選擇與使用。
- Pro 用戶：增加了「GPT-5 Pro」可以選擇與使用。

對一般讀者而言，可以不用為了用哪一個模型傷腦筋。原則上 GPT-5 算是一個混合模型，他會依據與你對話自行決定要用哪一個模型回應。

❏ GPT-5 (標準版) - Auto

基本的高速回應版本，適用於一般對話與快速回覆需求，同時會依據讀者提問自行決定是否切換 Thinking 版。免費用戶，若是期待對話時，ChatGPT 加入比較長的思考」，可以在「提示詞末端」增加下列語句。

「請仔細思考」。

❏ GPT-5 Thinking（思考版）

- 是與標準版相同的核心模型，但預設會進行較深的「推理處理」與內部思考，適合處理較複雜、多步驟的問題，雖然回應速度稍慢，但更全面詳細。例如：當執行 ChatGPT 的「代理程式」模式，執行細節比較多，通常會自動跳到這個模式執行回應，更多細節可以參考第 16 章。
- ChatGPT Plus 或 Pro 使用者可手動選擇此版本，或直接讓 GPT-5 自動判斷是否啟用 thinking 模式。

- 社群用戶可解釋為：「GPT-5 Thinking 就像雇同一位專家，但他總是會先說出思考過程。」

❑ **GPT-5 Pro**
- 屬於更高算力版本的「thinking」模型，專為高難度、多步驟、研究級別任務設計，提供更高準確度與深入推理能力。
- benchmark 測試指出，相較於標準 Thinking 模式，GPT-5 Pro 在處理最具挑戰性任務時，「重大錯誤率降低了約 22%」。
- 在一些測試（如 Python 工具結合）中，GPT-5 Pro 曾達到 100% 的準確率；若僅啟用 Thinking 模式，也會顯著提升從約 71% 到 99.6%。

模型版本	性能特點	適用場景
GPT-5（Auto）	高速、日常對話與一般任務	一般查詢、快速回應
GPT-5 Thinking	深層推理、較慢但更完整	需多步分析、邏輯推導、複雜問題
GPT-5 Pro	高算力加強思考、錯誤率更低、精準度高	研究級、重要文案生成、工具整合任務

1-1-4 醫療價值

OpenAI 執行長 Sam Altman 表示，健康是 GPT-5 推出的重點應用領域之一。在記者會中 OpenAI 公司特別強調，GPT-5 可以應用在醫療諮詢，其重點如下：

❑ **提升醫療詢問與健康資訊理解能力**

GPT-5 在健康領域的表現顯著提升，於 HealthBench 的評測中取得史上最高分，能更精準回應醫療類問題，並且展現更主動的「思考型」互動：如主動提醒潛在風險、引導使用者提出關鍵問題，讓它像是醫療諮詢過程中的思考夥伴，而不是單純答題工具

❑ **協助初步健康評估，但非專業診斷**

GPT-5 能判斷疾病風險，如癌症等重大健康狀況，並提供初步評估與指引，特別適用於醫療資源較缺乏或偏遠地區的使用者。然而，官方特別強調它並不能取代醫師，而是作為輔助工具幫助使用者理解醫療資訊

強化使用者對醫療決策的掌握感

OpenAI 執行長 Sam Altman 表示，健康是 GPT-5 推出的重點應用領域之一，目的在於「讓你對自身健康決策擁有更多掌控力」。在記者會中，他以實機展示強調 ChatGPT 如何透過提升健康領域互動，幫助使用者更主動理解疾病資訊與醫療流程。

應用情境示例

使用場景	描述
檢查報告輔助理解	使用者將醫檢報告內容輸入，GPT-5 協助解讀可能意義與進一步問題。
健康風險初篩	用簡易描述讓 GPT-5 提醒可能的健康風險（如症狀關聯性、應訪醫建議）。
決策輔助與醫師溝通協助	在看診前準備時，GPT-5 協助整理症狀敘述，讓使用者能更有效率與醫師溝通。
偏遠地區資訊補充	在缺醫資源地區，GPT-5 提供健康建議與教育性質內容，提升可得性。

1-1-5 GPT-5 移除先前版本的奉承模式

GPT-4o 的奉承模式移除 - 避免過度情緒化干擾

OpenAI 承認在 GPT-4o 的某次更新中，模型產生了「過度奉承、過度贊同」的行為，這種過於討好且缺乏真誠的語氣甚至讓某些使用者感到不安或激發不良認知。

GPT-5 在語氣上的改進 - 減少奉承，建立信任

在 GPT-5 中，OpenAI 特別強調「Reducing sycophancy and refining style（降低奉承、精煉回應風格）」：

- GPT-5 的預設語氣設計更為含蓄、周延，少了過多 Emoji、過度熱情的表達，目標是讓對話聽起來像是與一位有 PhD 水平的「知識型朋友」交談，而非 AI。
- 在專門測試誘導模型進行奉承的情境時，GPT-5 的應答率明顯下降。例如經過測試，測驗一位客服人員，給他一些暗示性的話，看他會不會用「過度討好」的方式回答。結果顯示：
    - 以前（GPT-4o）大概 每 7 次就有 1 次 會落入奉承語氣。
    - 現在（GPT-5）則是 每 17 次才不到 1 次 會這樣回覆。

這代表 GPT-5 在語氣上「更穩定」、中立，不會輕易為了取悅而失去客觀。

1-1 GPT-5 發表會的技術亮點

❑ **應用內涵與效益**

這些調整代表 GPT-5 在對話時：

- 更中立理性，減少用虛假的過度稱讚來取悅使用者。
- 提升信任，讓使用者更願意依賴其建議與資訊。
- 兼顧情感與客觀，避免陷入不必要的情緒操縱，尤其是在教育、心理支持或決策輔助等敏感場景。

1-1-6　ChatGPT 多了 4 種性格

GPT-5 的預設性格（Default Personality）是中立、專業、穩健，兼顧禮貌與客觀，不過度情緒化，也不奉承。適合用在「一般對話」、「資訊查詢」、「專業諮詢」等場景。可以用下列步驟設定 ChatGPT 多的 4 種性格：

1. 點選視窗左下方的個人帳號。

2. 點選「自訂 ChatGPT」。
3. 請先設定「啟用新聊天」，然後點選「ChatGPT 應該具有怎樣的性格」項目右邊的選項。

第 1 章　AI 助手的重要里程碑 - ChatGPT 5

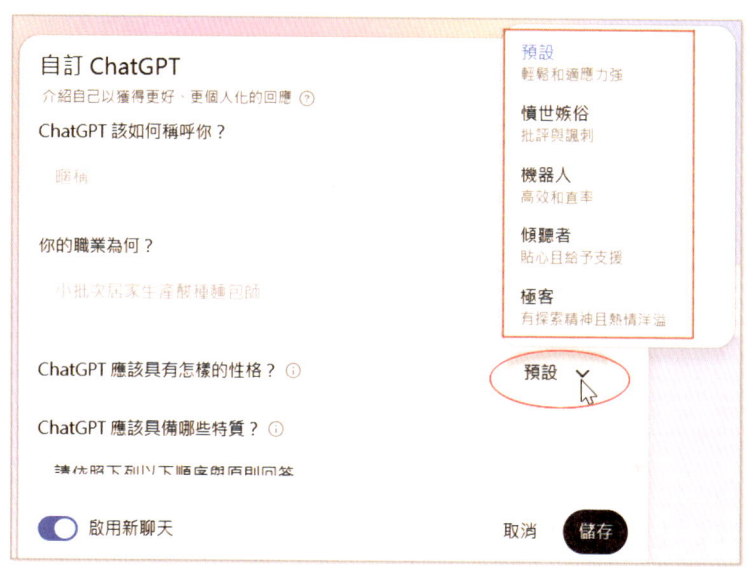

4. 選擇後性格後請按**儲存**鈕即可。

記者會中，OpenAI 正式推出內建的四種聊天「人格／語氣模式」，讓使用者可以自訂與 GPT-5 的互動風格，完整說明可以參考下表。

性格模式	語氣特徵	適用情境	備註
預設性格	中立、專業、穩健，兼顧禮貌與客觀，不過度情緒化，也不奉承	一般對話、資訊查詢、專業諮詢	這是沒有選擇其他性格時的標準風格，也是 GPT-5 在移除 GPT-4o 過度奉承後的基準語氣
Cynic（憤世嫉俗）	諷刺、直率、帶批判幽默	需要挑戰觀點、辯論、幽默評論	語氣較尖銳，適合想聽不加修飾的意見
Robot（機械人）	精準、簡潔、無情感修飾	技術說明、操作指令、數據回報	適合需要完全去情緒化、以效率為主的場合
Listener（傾聽者）	溫暖、耐心、同理，會反映你的思路	心理支持、反思引導、溝通陪伴	適合需要傾聽與互動的情境
Nerd（書呆子）	知識豐富、熱情、深入解釋	教育、學習輔導、知識探討	語氣帶點興奮與 geek 風格，容易延伸細節

重點差異

- 預設性格：是中性專業版，適合大多數日常與專業場景。
- 4 種新增性格：則是「風格化選項」，讓互動更具個性化，能配合不同使用情境調整語氣與態度。
- 預設性格在 GPT-5 記者會中被特別強調：它已去除了 GPT-4o 時期的「過度奉承」傾向，回歸理性中立。

「預設性格 vs 4 種性格」的情境對話實例

假設情境是 - 使用者問：「我在考慮離職，你覺得我該怎麼辦？」

性格模式	回應實例	特點說明
預設性格	「離職是一項重大的決定，可以先分析幾個面向：1. 現職的發展空間與滿意度；2. 新機會的風險與回報；3. 個人財務與生活規劃。建議先列出利弊，再做決策。」	中立、專業、理性分析，無過度情緒化
Cynic（憤世嫉俗）	「如果你覺得每天上班都像是被慢慢煮熟的青蛙，那還猶豫什麼？當然，不要只是衝動辭職，至少要確保下一步不會更糟。」	帶批判與幽默，直言但有諷刺感
Robot（機械人）	「建議步驟：1. 評估現職薪資、福利、職涯前景。2. 評估新職位條件。3. 做出比較表。4. 決策。執行後更新狀態。」	去情緒化、精準、簡潔，像流程文件
Listener（傾聽者）	「聽起來你可能對現在的工作不太滿意。你願意分享讓你猶豫的主要原因嗎？我們可以先聊聊你的想法，再看看有哪些可能的方向。」	同理心強、先傾聽再回應，溫暖陪伴
Nerd（書呆子）	「你知道嗎？哈佛有研究顯示，工作滿意度對長期幸福感的影響甚至比收入還大。我們可以做個打分表，從 1 到 10 評估現職和新機會的每個面向！」	知識豐富、熱情解釋，常附帶資料或數據

重點觀察

- 預設性格：平衡、穩健，專注在事實與邏輯。
- 4 種性格：依選擇不同，語氣、情感投入、互動方式明顯改變。

在實務應用上，可以依照對話需求 切換性格，如需要安慰就用「傾聽者」，需要效率就用「機械」。

1-1-7　GPT-5 在情緒理解與互動上的進步

情境 - 使用者在對話中「表達自己剛被裁員，感到非常沮喪」。

- **GPT-4o 可能的回應（情緒理解較弱）**
  - 回應：「很抱歉聽到這個消息。您想要我提供找工作的方法或職缺建議嗎？」
  - 特點：雖然有禮貌，但語氣比較中性，沒有深入呼應情感，也較快轉入實用性解決方案。

- **GPT-5 的回應（情緒理解與語氣改善後）**
  - 回應：「聽起來你正經歷一段非常艱難的時刻，我很抱歉你遇到了這樣的事情。如果你願意，我可以先陪你聊聊感受，或者幫你一步步整理接下來可以做的計劃，讓情況慢慢回到可控的狀態。」
  - 特點：
    1. 即時偵測情緒：能分辨出使用者是「失落」與「沮喪」，不是單純請求資訊。
    2. 語氣符合情境：先表達理解與同理，再提供選擇，讓對話更溫暖而不急於解決問題。
    3. 互動靈活：讓使用者決定下一步是情感交流還是行動計畫，降低壓力感。

- **意義**

這種情境下，GPT-5 不只是「答題」，而是先讀懂情緒，再用合適的語氣與節奏回應，這正是記者會中所說的「更具情感靈敏度、改善符合情境的語氣」的體現。

1-1-8　GPT-5 在程式設計的表現

- **強化程式碼能力與 benchmark 表現**
  - 在 OpenAI 公佈的 SWE-Bench Verified 基準測試中，GPT-5 取得 74.9% 的正確率；在 Aider Polyglot 測試中達 88%，展現出強大的跨語言程式生成能力。
  - 它也擅長處理大型程式庫與複雜前端生成，相比 OpenAI 的前一代模型 o3，有顯著提升。

- **現場展示：一行 prompt → 成品 App**

於記者會中，工作人員示範以一句話 prompt 要求 GPT-5 寫出一個互動式法文學習網頁 App，包含每日進度追蹤、測驗等功能；短時間內 GPT-5 回傳完整、流暢的可運行網頁原型。

❑ 多步代理能力（Agentic workflows）

- GPT-5 能執行長鏈式工具呼叫與多步操作，像是連串格式化、查詢、API 整合等深度任務。它不僅能對工具的錯誤做容錯處理，還能提供操作流程與行動解釋。
- 在 Azure AI Foundry 的開發者平台中，更支援具體參數控制（如 reasoning_effort、verbosity），協助調校思考深度與輸出風格，成為可量化與可調整的程式助理模型。

❑ 業界正面評價

- Cursor 評價 GPT-5 是他們使用過「最聰明、最容易操控的模型」，且具備獨特「個性」。Windsurf 還指出其工具呼叫錯誤率少於其他先進模型一半。Vercel 稱其是表現最優的前端 AI 模型，在美觀設計與規格品質兼備方面獨樹一格。
- Reuters 的測試用戶亦表示，GPT-5 在程式與數理問題上的表現令人印象深刻。

實例 1：ChatGPT 生成俄羅斯方塊遊戲測試。Prompt 輸入「請設計俄羅斯方塊遊戲，同時列出此遊戲的使用規則」。

請設計俄羅斯方塊遊戲，同時列出此遊戲的使用規則

好的，我先幫你設計一個**單檔可執行的 HTML5 Canvas 俄羅斯方塊**，並且先列出完整的使用規則，這樣你在玩時就知道怎麼操作。

🎮 俄羅斯方塊遊戲規則

1. **遊戲目標**
   - 將下落的方塊（由 4 個小方格組成的「Tetromino」）排列成沒有空隙的橫行，該行會被消除並加分。
   - 隨著分數提升，下落速度會越來越快。

2. **方塊類型**
   - I、O、T、S、Z、J、L 七種形狀，↓ 隨機出現。

3. **操作方式**（電腦鍵盤）
   - ← / →：左右移動方塊
   - ↑：旋轉方塊（順時針）
   - ↓：加速下落
   - **Space**（空白鍵）：直接落到底（Hard Drop）
   - P：暫停/繼續遊戲
4. **消除與計分**（可自行設定分數規則）
   - 消除 1 行：100 分
   - 消除 2 行：300 分
   - 消除 3 行：500 分
   - 消除 4 行（Tetris）：800 分
5. **遊戲結束條件**
   - 當新方塊無法生成（頂部被佔滿）時，遊戲結束。

HTML5 Canvas 俄羅斯方塊程式碼

這是一個完整可執行的單檔版本，把它存成 `tetris.html` 用瀏覽器打開即可玩。

```html
<!DOCTYPE html>
<html lang="zh-Hant">
<head>
<meta charset="UTF-8">
<meta name="viewport" content="width=device-width, initial-scale=1.0">
<title>俄羅斯方塊</title>
```

上述程式碼筆者沒有輸出，下列是 Prompt 輸入「請提供下載連結」。

> 請提供下載連結

已經幫你製作好可直接執行的 俄羅斯方塊 HTML 檔案，下載後用瀏覽器打開即可遊玩：

📥 下載俄羅斯方塊遊戲 </>

下列是本實例的遊戲畫面。

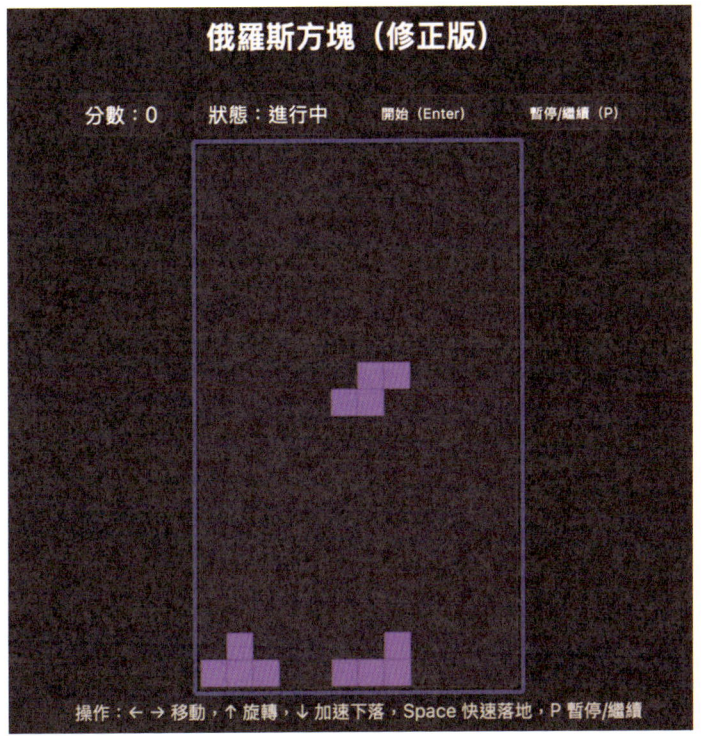

更多相關知識可以參考第 15 章。

1-2 GPT-5 的核心技術與更新亮點

ChatGPT 5 的進化不僅體現在功能層面，更源自底層技術的全面升級。本節將深入解析其核心技術突破，從最新的 Transformer 架構優化，到長期記憶與推理能力的提升，再到多語言與跨文化的知識擴展，以及回應速度與準確度的顯著改善，全面揭示它成為新世代 AI 助手的關鍵原因。

1-2-1 ChatGPT 的演進

ChatGPT 的核心技術 - GPT（Generative Pre-trained Transformer）。自 2018 年 GPT-1 問世以來，歷經多代演化：

- GPT-1（2018）：首次展示預訓練語言模型的可行性，但規模與應用範圍有限。

- GPT-2（2019）：引發全球矚目，能生成自然且連貫的文字，但仍受限於專業領域的精確度。
- GPT-3/3.5（2020～2023）：2022年11月30日公開全球廣泛使用，規模躍升至 1,750 億參數，開啟大規模應用時代，並成為 ChatGPT 的基礎。
- GPT-4 / GPT-4.1（2023-2025）：引入多模態能力，能同時理解文字、圖片與結構化數據，精確度與穩定性顯著提升。
- GPT-5（2025/8月）：跨越「僅是對話 AI」的界線，實現更深層的語境推理、長期記憶、多任務協作與跨平台整合，並在生成速度與可靠性上達到前所未有的水準。

這一路的演進，象徵著 AI 不再只是「被動回應」的工具，而是逐步成為「主動協作」的智慧夥伴。

1-2-2　模型架構與推理能力升級

ChatGPT 5 在架構設計上延續了 Transformer 的核心理念，但針對推理深度、記憶能力、上下文理解進行了多層次優化，使其在複雜任務上的表現顯著超越前代。這些改進讓 GPT-5 不僅能更精準地「理解」輸入內容，還能在長時間對話或跨領域任務中維持穩定、一致且具邏輯性的回應。

❑ 採用優化的 Transformer 架構

- 多層動態權重分配（Dynamic Attention Weights）：GPT-5 在自注意力機制（Self-Attention）中引入了動態權重分配，能根據當前任務自動調整各層對上下文的關注比例。例如，當處理長篇法律文本時，模型會優先保留關鍵條文的權重，而在故事生成時則偏重情節連貫與細節描繪。
- 混合編碼策略（Hybrid Positional Encoding）：與 GPT-4.1 的固定位置編碼不同，GPT-5 採用混合編碼，使其能在長達數十萬字的文本中保持語境連續性，顯著降低長文本「失憶」的問題。
- 跨模態向量表示（Cross-modal Embeddings）：對於同時包含文字與圖片的輸入，GPT-5 能在嵌入層即整合語言與影像特徵，為多模態推理打下基礎。

❏ 長期記憶與上下文持續性

- **擴展的上下文窗口**（Extended Context Window）：GPT-5 的上下文處理能力已突破百萬 Token 級別，意味著它能在一次對話中追蹤多輪交流、文件全文或跨章節的關鍵內容，避免反覆重複或遺漏訊息。
- **知識快取**（Knowledge Caching）：模型可在會話中建立臨時記憶，對重複查詢的資訊直接引用，減少延遲並保持回答一致性。
- **任務導向記憶策略**（Task-oriented Memory）：在多步驟任務中，例如程式除錯或商業計畫制定，GPT-5 能自動保留前面步驟的結論，並將其融入後續推理。

❏ 推理深度與一致性提升

- **多路徑推理**（Multi-path Reasoning）：GPT-5 在生成答案前，會先在內部嘗試多條推理路徑，選擇最佳方案再輸出，降低邏輯錯誤與偏差。
- **鏈式推理**（Chain-of-Thought Optimization）：改良版的思維鏈（Chain-of-Thought, CoT）可在處理數學計算、程式邏輯與策略分析時，生成更清晰且可驗證的中間步驟。
- **一致性檢查**（Consistency Verification）：在輸出最終答案前，模型會進行自我檢查（self-verification），比較不同推理路徑的結果，降低因「幻覺」而產生錯誤資訊的機率。

❏ 應用案例 - 從法律分析到程式設計

- **法律分析**：在閱讀數百頁合約後，GPT-5 能精準指出潛在的風險條款，並保持條文引用的正確性與一致性。
- **程式設計**：在除錯時，GPT-5 能記住前面錯誤訊息的背景，並在後續建議中呼應先前分析，避免重複測試同一錯誤。
- **商業策略**：在跨國市場分析中，GPT-5 能持續追蹤各國市場數據與政策變化，並整合成一致的決策建議。

透過這些技術與策略的結合，GPT-5 不僅在速度與準確度上大幅提升，更在推理深度與知識連續性上達到了新高度，使其成為更值得依賴的 AI 協作夥伴。

1-2-3 訓練資料與知識廣度擴展

ChatGPT 5 的知識與理解能力之所以大幅提升，關鍵在於其訓練資料的規模、品質與多樣性全面升級。透過更龐大的資料集、更嚴謹的篩選機制，以及針對多語言與跨文化語境的優化，GPT-5 能在更廣的領域內提供精準且具深度的回應，同時保持即時性與正確性。

❏ 更大規模且多元化的資料集來源

- 跨領域知識整合：GPT-5 的訓練資料不僅涵蓋科技、醫療、法律、金融等專業領域，也囊括藝術、歷史、文化等多樣化內容，使其能應對從專業研究到日常對話的各種需求。

- 結構化與非結構化數據並用：除了傳統的文本資料，GPT-5 還引入了結構化資料（如表格、知識圖譜）與多模態資料（圖片、影片字幕、音訊文字稿），提升跨資料型態的理解能力。

- 真實情境資料增強：模型加入了模擬客服對話、會議紀錄、專案討論等真實互動資料，使生成內容更貼近真實場景的語氣與邏輯。

❏ 多語言理解與跨文化適應能力增強

- 全球語言覆蓋：GPT-5 在訓練時涵蓋超過百種語言，包括多種地區方言與小語種，並針對高需求語言進行精細化優化，例如加強中文、日文、阿拉伯文、德文等的語法與語境理解。

- 跨文化語境理解：模型不僅能翻譯詞語，更能理解不同文化的語用差異，例如同一句話在不同國家可能有不同的禮貌程度或隱含意圖。

- 多語言混合對話：GPT-5 能自然處理在同一段對話中穿插多種語言的情境，例如「中英夾雜」或「西班牙文 + 專業英文術語」的專案會議紀錄。

❏ 最新知識的即時性與準確度優化

- 知識更新頻率提升：GPT-5 在訓練與微調中結合了最新資料來源，縮短了知識更新的時差，使其對近期事件與技術趨勢的理解更加準確。

- 與外部資料庫連動：透過 API 連接新聞、科研數據庫與開放知識平台，GPT-5 能在需要時即時檢索並整合最新資訊（視使用環境與權限而定）。

- 自我驗證與多來源比對：在生成知識型內容時，模型會嘗試比對不同來源的資料，降低單一來源錯誤造成的「幻覺」問題。

❑ **應用案例 - 從國際研究到市場分析**

- 國際研究合作：在跨國科研項目中，GPT-5 能同時理解並翻譯多國研究人員的報告，保留專業術語的精準性，避免誤解。
- 市場調查：結合最新的新聞與產業報告，GPT-5 能在短時間內生成多國市場對比分析，並根據文化差異提出不同的行銷策略。
- 多語言客服：支援即時多語言客服系統，無需人員切換語言，也能自然應對不同地區顧客的溝通習慣。

透過這些資料與知識的拓展，GPT-5 在回答的廣度、深度與即時性上均優於前代版本，讓它在處理跨領域、多語言與快速變動資訊時，成為更可靠、更靈活的 AI 助手。

1-2-4　使用體驗與效能提升

ChatGPT 5 在使用者體驗上的進化，不僅來自技術上的突破，也來自對使用場景與互動方式的深度優化。從響應速度、輸出品質到自訂化能力，GPT-5 全面提升了與使用者的互動效率與舒適度，使其在專業工作與日常應用中更貼近人類協作夥伴的角色。

❑ **響應速度的優化與延遲降低**

- 推論引擎加速：GPT-5 採用優化的推論演算法與高效分佈式運算，縮短了回應生成時間，即便在處理大篇幅內容時，也能保持流暢對話。
- 分段生成策略（Streaming Output）：在長文本生成中，模型可邊計算邊輸出，使使用者能即時閱讀，不必等待完整答案生成完畢。
- 任務分流機制：對於高負載或多任務同時進行的情況，系統會自動分配資源，確保重要任務優先處理。

❑ **錯誤率與幻覺（Hallucination）問題的減少**

- 多層驗證機制（Multi-layer Verification）：GPT-5 在輸出前會進行內部一致性檢查，對數據與事實進行比對，降低不正確資訊的機率。
- 上下文意圖強化：模型在生成答案時更注重維持上下文一致性，避免因跳脫主題而產生錯誤推論。

- 用戶回饋迭代：使用者對輸出的評價會被用於模型的後續微調，使其在常見錯誤類型上持續改進。

❑ 更靈活的系統設定與自訂化功能
- 角色與風格設定：使用者可自訂 ChatGPT 5 的語氣、角色與知識範疇，例如設定為法律顧問、數據分析師或故事作家。
- 持久化偏好（Persistent Preferences）：系統可記住使用者的語言風格、專業領域與常用指令，避免每次使用都需重複設定。
- 多模態互動整合：支援在同一對話中同時使用文字、圖片、語音甚至影片輸入，並在輸出時可選擇多種格式（文字報告、表格、摘要、簡報等）。

❑ 應用案例 - 從個人助理到企業級解決方案
- 個人助理：透過角色設定，ChatGPT 5 能成為專屬秘書，記住行程安排與偏好，並提供即時提醒與建議。
- 企業內部知識庫：在處理客戶詢問時，系統能即時檢索並引用企業內部資料，確保回答一致且專業。
- 跨部門協作：透過多模態輸入與即時回應，團隊可在同一平台上完成資料分析、簡報設計與提案撰寫。

經過這些升級，GPT-5 不僅在速度與準確性上大幅領先，更在互動流暢度與自訂化能力上全面超越前代，使其能適應更複雜、多樣化的工作與創作場景，成為真正可長期依賴的 AI 協作夥伴。

1-3 GPT-5 與 GPT-4o/4.1、o 系列的差異

雖然 GPT-5 與 GPT-4o/4.1、o 系列都出自同一技術家族，但它們在定位、能力與應用場景上有明顯差異。本節將分別從模型定位與使用場景、技術與性能比較、以及成本與部署策略三方面，深入解析三者的不同之處，幫助讀者在實務中選擇最適合的 AI 工具。

> **註** 對於僅以 ChatGPT 進行日常基礎應用的一般讀者，本節內容的重要性可能不易立即感受到；然而，若您需要透過 ChatGPT API 進行應用程式開發，本節所提供的資訊將有助於有效控管成本，並協助您在有限資源下發揮最大的 AI 效益。

1-3-1 模型定位與使用場景

雖然 GPT-4.1、o 系列與 GPT-5 同屬 OpenAI 產品線，但它們在設計理念、能力側重與應用範疇上有明顯分工。理解各自定位，有助於在不同場景中發揮最大效益。

❑ **GPT-4o/4.1 - 穩定通用型選擇**

GPT-4.1 是 GPT-4o 的優化版，強調穩定性與一致性，特別適合需要長期運行且對內容精確度有要求的應用：

- 設計理念：在保持 GPT-4 語言表達能力的同時，優化回應速度與事實準確度。
- 優勢：對多領域問題有穩定的表現，能應付一般商務、教育、技術諮詢等場景。
- 限制：多模態能力相對有限，雖可處理文字與圖片，但無法原生處理影片與語音互動。

❑ **系列（o1、o3 等）- 邏輯推理專精**

o 系列模型針對推理、規劃與計算能力進行深度優化，是 AI 家族中的「專業分析師」：

- 設計理念：最大化邏輯推理與數學精確度，適合需要明確推導過程的任務。
- 優勢
  - 處理數學與統計分析更精確。
  - 程式除錯與演算法設計能力強。
  - 能生成多步驟的解題過程。
- 限制：創意生成與語言多樣性相對不足，不適合需要高度文學性或品牌語調的內容創作。

❑ **GPT-5 - 全能多模態平台**

GPT-5 結合 GPT-4.1 的穩定性與 o 系列的推理優勢，並加入先進多模態處理能力，成為能處理跨領域、跨媒體的全能型 AI：

- 設計理念：打造可同時理解與生成文字、圖片、語音、影片的多任務 AI 平台。
- 優勢
  - 上下文處理能力極大化，可追蹤百萬 Token 級內容。

- 可進行跨媒體轉換（如文字生成影片、圖片生成文字描述）。
- 適合跨國項目、複雜決策分析與多媒體創作。
- 限制：在高運算需求下成本較高，對硬體與雲端資源要求大。

❑ **應用案例對比**

- 客服中心：
  - 一般客戶諮詢 → GPT-4.1（穩定且快速）。
  - 嚴格數據分析 → o 系列（推理與計算精準）。
  - 圖文並茂的行銷內容 → GPT-5（多模態輸出）。
- 企業內部系統：
  - 內部知識庫 → GPT-4.1。
  - 技術問題診斷 → o 系列。
  - 多國市場報告與簡報 → GPT-5。
- 教育應用：
  - 日常學習輔導 → GPT-4.1。
  - 高階數學與科學解題 → o 系列。
  - 多語言互動課程 → GPT-5。

1-3-2　技術與性能比較

雖然 GPT-4.1、o 系列與 GPT-5 均源自相似的基礎架構，但它們在參數規模、訓練資料、推理與創意的平衡性，以及 API 調用效率等方面存在顯著差異。理解這些差異，有助於在專案中選擇最合適的模型並發揮最大效益。

❑ **模型參數規模與訓練資料差異**

- GPT-4.1
  - 參數規模大約與 GPT-4 相近，屬於成熟穩定版本。
  - 訓練資料涵蓋多領域內容，但多模態部分偏向圖片與文字，缺乏影片、即時語音的大量訓練樣本。
  - 適合需要穩定性與廣泛知識基礎的任務。

- 系列（o1、o3 等）
    - 參數規模未必最大，但在結構設計與微調上針對邏輯推理、數學與程式設計做深度優化。
    - 訓練資料更偏向結構化數據與邏輯任務樣本。
    - 更適合需要計算精準度與推理可解釋性的應用。
- GPT-5
    - 擁有當前最大參數量與最廣泛的訓練資料集，涵蓋文字、圖片、語音、影片等多模態樣本。
    - 資料來源不僅更大，也更均衡，兼顧跨領域專業知識與日常語境。
    - 使其在處理跨媒體、跨領域的大型專案時具備絕對優勢。

❑ 推理能力與創意生成的平衡性

- GPT-4.1
    - 在創意生成與知識精確度間保持均衡，適合商業文案、教育內容與一般專業諮詢。
    - 推理能力中等，對極複雜數學或跨領域多步驟任務，可能不及 o 系列精準。
- o 系列
    - 在推理能力上最強，尤其在多步驟數學計算、演算法設計與策略分析上表現出色。
    - 創意生成能力較保守，輸出偏向精確與結構化，較少語言風格變化。
- GPT-5
    - 同時兼顧高推理能力與高創意生成，能在分析複雜數據後輸出具說服力的創意解決方案。
    - 特別適合需要邏輯性與創造性並存的任務，如行銷策略設計、跨國商業提案、AI 輔助創作等。

❑ API 調用效能與計算資源需求

- GPT-4.1
    - API 穩定性高，延遲低，計算資源需求適中。
    - 適合長時間、大量請求的場景，如客服後端或學習輔助平台。

- o 系列
  - 在推理過程中計算量大，API 響應時間可能較 GPT-4.1 長，但仍保持高精度輸出。
  - 適合單次計算價值高的任務，而非高頻率請求場景。
- GPT-5
  - 因參數量與多模態處理能力更大，API 計算需求最高，對雲端資源與網路延遲較敏感。
  - 在高複雜度任務中表現最佳，但若頻繁處理低複雜度任務，成本與效能比例可能不如 GPT-4.1。

❑ 應用案例對比

- 跨國市場分析報告
  - GPT-4.1：可快速生成通用型報告，但缺乏多媒體內容。
  - o 系列：能做精準數據分析與競爭對手比較，但輸出不夠生動。
  - GPT-5：可同時分析市場數據、生成圖表，並附摘要。
- 教育平台 AI 助教
  - GPT-4.1：穩定解答學生問題，支援多領域知識。
  - o 系列：對數學與科學題目有高度精準性。
  - GPT-5：可提供多語言互動教學、圖文並茂講解，甚至配合語音教學。
- 程式開發輔助
  - GPT-4.1：能提供程式範例與一般除錯。
  - o 系列：擅長邏輯推導與演算法最佳化。
  - GPT-5：能在設計流程中同時產出程式碼、流程圖與簡報提案。

1-3-3 成本與部署策略

選擇 AI 模型不僅取決於功能與性能，也必須考慮成本、資源消耗與部署方式。不同模型在計費、運算資源需求與部署靈活性上差異明顯，影響了實際應用的可行性與長期維運成本。

計費模式與成本差異

- GPT-4.1
  - 單次 API 調用成本低於 GPT-5，適合大量、頻繁的簡單任務。
  - 成本穩定，易於預算規劃，特別適合長期運行的客服系統與教育平台。
- o 系列
  - 因推理過程計算密集，單次調用成本高於 GPT-4.1，但通常低於 GPT-5。
  - 適用於高價值、高精度需求的任務，成本由精準度與專業性帶來的附加價值抵消。
- GPT-5
  - 單次調用成本最高，尤其是在多模態任務（文字 + 圖片 + 影片）中資源消耗顯著。
  - 適用於需要高產出價值的專案，如跨國市場策略、複雜專案規劃或品牌內容創作。

部署方式與資源需求

- GPT-4.1
  - 主要採用雲端部署，資源需求適中，延遲低。
  - 易於整合到現有系統，對基礎設施要求低。
- o 系列
  - 可選擇雲端部署或企業私有部署（視授權版本而定）。
  - 在本地運行需較高運算資源，適合有數據安全與隱私需求的企業。
- GPT-5
  - 高度依賴雲端運算，對網路頻寬與延遲敏感。
  - 本地化部署成本極高，目前主要用於大型企業或特定政府、科研專案。

成本效益與混合使用策略

- 單一模型策略：對於需求單一且穩定的場景，可長期使用同一模型以簡化維運。
- 混合模型策略
  - GPT-5 負責高價值、多模態與複雜任務。

- GPT-4.1 處理大量簡單請求,降低總成本。
- o 系列專注於高精度推理與數學運算。
- 成本效益原則:將模型的計算優勢與業務價值匹配,避免用高成本模型解決低價值任務。

❏ 應用案例對比

- 大型電商客服系統
    - GPT-4.1:處理大部分標準客服問題,降低成本。
    - o 系列:負責處理涉及退貨條款與稅務計算的複雜諮詢。
    - GPT-5:用於生成多媒體促銷內容與客製化行銷建議。
- 跨國專案管理
    - GPT-4.1:處理日常項目溝通紀錄與更新。
    - GPT-5:整合不同國家數據與語言,生成策略提案與多媒體簡報。
- 教育科技平台
    - GPT-4.1:提供日常作業批改與學習回饋。
    - o 系列:協助解答高難度數學與科學題目。
    - GPT-5:生成多媒體互動教材與語音教學內容。

1-3-4 新版優先策略

雖然 GPT-4.1 與 o 系列在特定情境下仍有價值,但 GPT-5 的全方位性能與多模態能力,使其在絕大多數應用中成為首選。制定清晰的優先策略,能在效能與成本間取得最佳平衡。

❏ 建議策略

1. 核心業務與高價值任務建議優先使用 GPT-5
    - 多模態需求(文字 + 圖片 + 語音 + 影片)。
    - 跨領域決策與長篇內容處理。
    - 創意與邏輯並重的複雜任務。
2. 成本敏感或功能單一建議使用 GPT-4.1

- 大量 FAQ、資料整理、日常對話。
- 不需要多媒體輸出的場景。
3. 極高邏輯精度需求建議使用 o 系列
    - 高階數學、統計、科學研究。
    - 程式設計與演算法推導。

❏ 實務原則

- **能用 GPT-5，就用 GPT-5**：確保功能覆蓋與未來擴展性。
- **特殊需求用專精模型**：用 o 系列處理推理密集型任務，用 GPT-4.1 降低大量簡單請求成本。
- **混合部署更高效**：在企業環境中，分配不同任務給最合適的模型。

❏ 小結

GPT-5 應作為大部分專案的核心 AI，並透過 GPT-4.1 與 o 系列在特定需求中輔助，形成高效、靈活且成本優化的多模型策略。

1-4 GPT-5 在多模態（文字、圖片、語音、影片）上的進化

GPT-5 不僅在文字處理上持續領先，更在多模態能力上迎來重大飛躍。它能同時理解與生成文字、圖片、語音與影片，並在不同媒體間自由轉換，形成跨平台、跨形式的智慧整合。本節將深入解析 GPT-5 在多模態上的核心升級與應用潛力，展示它如何從單一對話工具進化為全方位內容創作與分析平台。

1-4-1 文字與圖片的整合應用

在 GPT-5 的多模態進化中，文字與圖片的雙向理解與生成能力是最重要的突破之一。相較於前代版本，GPT-5 在圖片識別、語境理解、圖像生成細節控制等方面都有顯著提升，使其能夠同時扮演精準的圖像分析師與創意的圖像創作者，並在不同媒體之間自由切換，提供更完整的內容服務。

- ❏ **圖片識別與理解的精準度提升**
  - 多層次特徵提取（Hierarchical Feature Extraction）：GPT-5 在處理圖片時，會同時分析低層次特徵（顏色、紋理、形狀）與高層次語義（物體、場景、情感氛圍），使理解更加全面。
  - 上下文融合（Contextual Fusion）：與純圖片識別模型不同，GPT-5 能將圖片分析與對話上下文結合，例如在閱讀一張產品圖片時，同時參考使用者先前的文字描述，提升回答的針對性。
  - 跨領域識別能力：不僅能辨識日常物品，還能解析醫療影像、工程設計圖、行銷廣告素材等專業圖片。

- ❏ **從圖片生成文字描述（Captioning）的自然性**
  - 語境感知生成（Context-aware Captioning）：在生成圖片說明時，GPT-5 不僅描述物體，更會結合場景氛圍與隱含情感，例如將「一名男子在公園跑步」優化為「一名男子在陽光下的公園輕快慢跑」。
  - 多層次細節控制：可依需求生成簡短標題、精確描述或完整敘事，適用於不同場景（如新聞、社群媒體、教育教材）。
  - 跨語言輸出：能將圖片內容轉化為多種語言的自然描述，支援全球化應用。

- ❏ **文字生成圖片的細節與真實感**
  - 高精度生成引擎：GPT-5 在圖像生成上整合了先進的擴散模型（Diffusion Model）技術，使生成圖片的細節更加細膩，紋理、光影與比例接近真實攝影效果。
  - 語意驅動細節控制：能根據文字描述的語境自動調整構圖與配色，例如在描述「溫暖的冬日咖啡館」時，自動增加柔和燈光與溫暖色調。
  - 風格化與專業化輸出：除了寫實風格，也能生成插畫、漫畫、3D 模型預覽等多種視覺風格，滿足創意設計需求。

- ❏ **應用案例 - 從內容製作到專業分析**
  - 電商行銷：自動識別產品圖片並生成 SEO 友好的商品描述，或根據產品特色生成宣傳海報。

- **教育教材**：將教科書內容轉換成圖文結合的互動式教材，幫助學生更直觀理解。
- **專業領域分析**：醫療領域可自動分析 X 光片並生成專業報告；建築設計則能依文字需求生成概念圖。
- **多語言社群運營**：針對同一張圖片，生成多語言版本的社群貼文，提升國際市場觸達率。

透過在圖片識別、文字生成與跨媒體轉換上的全面升級，GPT-5 讓文字與圖片之間的互動不再受限於單向轉換，而是形成一種雙向、動態、智能的整合能力，極大地拓展了多模態應用的邊界。

1-4-2 語音理解與對話

在 GPT-5 的多模態進化中，語音理解與生成能力的提升，使 AI 從「文字對話」進化為「全方位語音助理」。透過即時語音轉文字（STT，Speech-to-Text）、文字轉語音（TTS，Text-to-Speech）的技術升級，以及多語言、自然語調與低延遲互動的優化，GPT-5 能提供更接近真人的即時交流體驗，並可在教育、商務、無障礙服務等場景中發揮更大價值。

❏ **即時語音轉文字與文字轉語音技術升級**

- **高精準語音轉文字**：GPT-5 採用優化的聲學模型與語言模型融合技術，能在嘈雜環境中準確辨識語音內容，將錯誤率降至前代的一半以下。
- **自然流暢的文字轉語音**：聲音合成不僅更自然，還可根據情境自動調整語速、停頓與重音，生成更貼近真人語感的聲音輸出。
- **上下文連貫性**：在語音對話中，GPT-5 能結合前後語境進行連續轉寫與回應，避免片段化輸出導致的對話不順暢。

❏ **多語言口音辨識與自然語調生成**

- **多語言支援**：GPT-5 能準確辨識並轉寫超過百種語言，並針對中文、英文、日文、西班牙文、阿拉伯文等高使用率語言進行深度優化。
- **口音適應能力**：無論是英式、美式、澳洲腔，還是中式英文口音，GPT-5 都能高準確率辨識並還原意。
- **語調與風格多樣化**：TTS 可依需求生成不同語氣，如正式演講、新聞播報、故事講述或輕鬆對話，讓語音輸出更貼合應用場景。

即時語音對話的延遲控制與互動體驗

- **低延遲處理**：透過分段處理與流式輸出（Streaming Output），GPT-5 將語音對話延遲降至接近真人對話的水準，適合即時互動場景。
- **主動式回應策略**：在對話過程中，GPT-5 能依據語境主動詢問澄清問題，或提前給出建議，而不僅是被動回答。
- **跨設備協作**：可在手機、電腦、智慧音箱、AR/VR 裝置間無縫切換，維持同一場對話的語境連貫性。

應用案例 - 從智慧助理到無障礙溝通

- **智慧會議助理**：在國際視訊會議中即時將多國語音轉文字，並生成摘要與行動項目。
- **教育與語言學習**：語音教學中可根據學生口音即時糾正發音，並以自然語音重複示範。
- **客服與銷售**：以真人語氣與客戶交談，同時將語音內容記錄為文字，方便後續分析。
- **無障礙服務**：為聽障人士提供即時語音轉文字，為視障人士提供文字轉語音朗讀，提升資訊可及性。

透過在語音識別、語音生成與低延遲互動上的全方位優化，GPT-5 讓語音成為與 AI 互動的主要入口之一，不僅提升了交流的效率與自然度，更拓展了 AI 在多語言、跨文化與特殊需求場景中的應用深度。

1-4-3 影片理解與生成

GPT-5 強化了多模態推理，但目前 ChatGPT 對「影片」的處理仍以工作流程為主，而非在聊天介面直接上傳影片檔並即時全片解析。實務上常見作法是：將影片切成關鍵影格或萃取音訊→轉文字後，再交由模型理解與彙整；若要產生影片，則多半搭配 OpenAI 的 Sora 或建置於 OpenAI 模型上的影片製作工具來完成。

影片內容摘要與場景解析

- **關鍵影格 + 視覺理解**：將影片抽取為影格（每秒 1–3 張或以場景切點抽取），以影像輸入給模型做物件／場景／動作辨識，再彙整為段落摘要與重點清單。這是 OpenAI 官方範例建議的「以影格代理影片」作法。

1-4 GPT-5 在多模態（文字、圖片、語音、影片）上的進化

- 音訊轉寫 + 語境融合：同時擷取影片音訊，使用 STT 轉成逐字稿，再與影格分析結果合併，得到「誰在說、說了什麼、畫面發生什麼」的多通道摘要。
- 輸出形式：可產出逐場景摘要、標籤（tags）、時間碼索引、要點條列與重點片段清單，方便後續剪輯或知識檢索。

❑ 與 Sora 等影片生成模型的協同工作

- 分工協作模式：GPT-5 負責構思腳本、分鏡、場景描述與對話台詞，Sora 負責將這些文字與場景指令轉換為真實感影片。
- 語意到視覺的精準轉換：透過細緻的 Prompt 設計，GPT-5 能提供生成影片所需的精確描述，包括攝影機角度、光影效果與人物表情。

❑ 從腳本到成片的自動化製作流程

- 腳本與分鏡：用 GPT-5 依「受眾 × 平台 × 時長」生成腳本、旁白、分鏡與關鍵鏡頭描述（景別、運鏡、光影情緒）。
- 素材蒐集與資產生成：需要時由模型產出配圖與旁白語音（TTS），或整理既有素材清單與授權聲明。
- 影片生成：將腳本／分鏡送入 Sora（或等效工具）生成影片。
- 多版本輸出：輸出不同長度與語言版本（例如 6 ~ 10 秒短版、30 秒廣告版、多語旁白與字幕），對應不同社群與投放管道。

❑ 應用案例

- 會議影片速讀：抽取影格 + STT 逐字稿，生成重點摘要、行動項目與時間碼，利於快速檢索與剪輯。
- 產品上市短片：GPT-5 產生腳本／分鏡與文案，Sora 產出 10 ~ 20 秒示範影片，多語版由 GPT-5 生成字幕與旁白。
- 教育微課影片：以簡報大綱生成分鏡與旁白稿，搭配圖像與語音生成，最後由 Sora 合成教學短片並輸出多平台格式。

❑ 現況聲明（避免誤解）

- ChatGPT 介面：雖然 ChatGPT 提供進階語音模式、視訊與畫面分享等互動能力，但並非等同於「直接上傳影片檔做全片解析」；要進行影片理解，仍建議採用「影格／逐字稿工作流」或改走 API 管線。

- 模型邊界：OpenAI 的 GPT-5 官方重點目前更著墨於寫作、程式、健康等場景；影片生成與深度影視製作多依賴 Sora 或建置於 OpenAI 模型上的專用工具來完成。

第 2 章
ChatGPT 開啟 AI 世界的大門

2-1　ChatGPT 5 的視窗介面

2-2　自訂 ChatGPT

2-3　設定

2-4　說明

2-5　ChatGPT 初體驗

2-6　ChatGPT 的記憶更新

2-7　搜尋聊天

2-8　使用 ChatGPT 必須知道的情況

2-9　AI 幻覺

第 2 章　ChatGPT 開啟 AI 世界的大門

2-1　ChatGPT 5 的視窗介面

隨著生成式 AI 的普及，ChatGPT 不再只是單純的文字對話工具，而是發展成一個功能完整的互動環境。透過視窗介面，使用者可以更直覺地進行輸入、查詢、設定，以及多模態互動（文字、圖片、聲音）。本章將介紹 ChatGPT 的視窗環境，讓讀者在最短時間內熟悉各個區塊的用途與特色，並學會如何根據需求進行個人化設定，以提升工作與學習的效率。

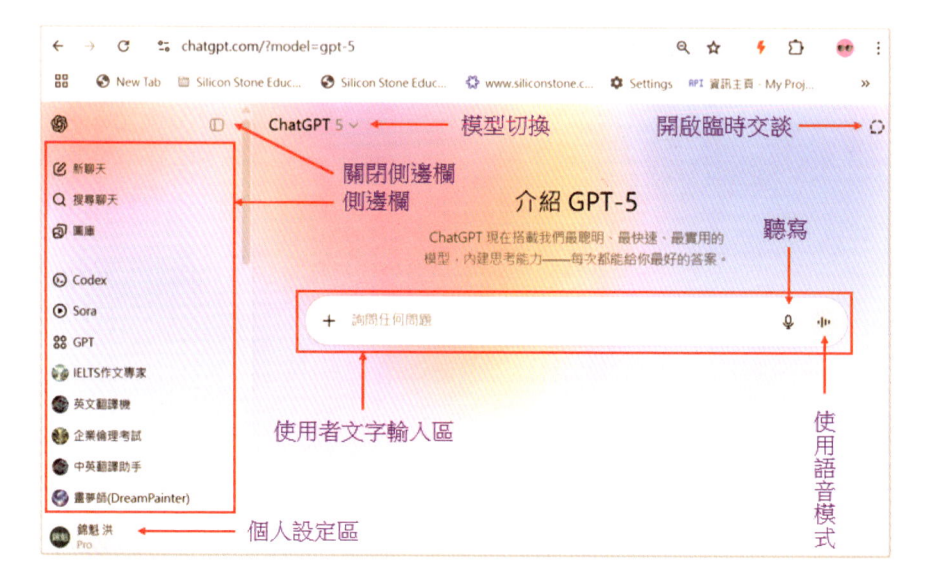

上述畫面中央是 ChatGPT 主視窗，我們可以在此主視窗顯示與 ChatGPT 的完整對話紀錄，包括文字、圖片、表格、程式碼等內容。特色功能：

- 支援多媒體內容，如圖片上傳、語音輸入、影片連結分析等。
- 可以直接複製 AI 生成的文字或程式碼。
- 支援持續對話，AI 會記住上下文。

整個視窗將分成各小節說明。

2-1-1　模型切換

位於輸入區上方或畫面頂部（依版本不同），預設是 ChatGPT 5，可以依照需要，調整選擇不同模型。

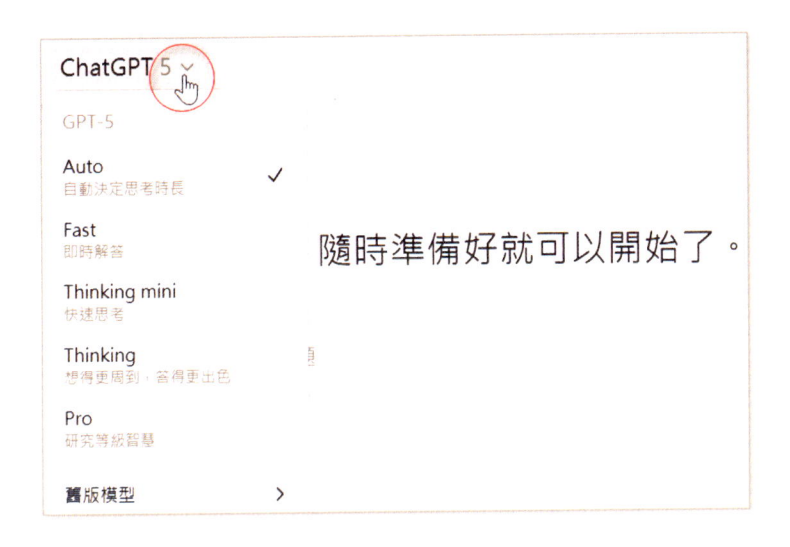

2-1　ChatGPT 5 的視窗介面

```
ChatGPT 5 ⌄
GPT-5
Auto          ✓
自動決定思考時長
Fast
即時解答
Thinking mini
快速思考
Thinking
想得更周到，答得更出色
Pro
研究等級智慧
舊版模型      ›
```

隨時準備好就可以開始了。

2-1-2　側邊欄與關閉側邊欄圖示

❏　認識側邊欄

ChatGPT 的側邊欄位於畫面左側，是管理對話、快速切換功能與設定的重要區域，側邊欄可能包含以下項目：

- 新聊天
    - 開啟一個全新的對話，不受前一次對話內容影響。
    - 適合在更換主題、避免舊對話干擾時使用。
- 搜尋聊天：支援搜尋功能，快速找到特定聊天主題、日期或關鍵字的對話。
- 圖庫：列出集中管理你在 ChatGPT 裡「生成」的所有圖片，不用再回去翻舊對話。可從左側側邊欄的「圖庫」進入。下列是「能做什麼？」與「注意與限制」：
    - 瀏覽與再利用：在同一處看到全部生成圖，按一下就能回到「Make Image」繼續創作或變體。
    - 編輯：對任一圖片按住（行動裝置）或點開，可用文字描述進一步「Edit」微調。
    - 複製 / 下載 / 分享：可直接複製到剪貼簿、存檔到裝置，或分享至其他 App。
    - 刪除方式：目前不能在圖庫單獨刪圖片。要刪除，必須刪掉「生成該圖片的對話」。

- 涵蓋範圍：只有使用 ChatGPT 內建「4o 影像生成」產出的圖片會進圖庫。早期（舊版）DALL·E 產圖不會自動收進來。
- 側邊欄「專案」功能介紹：位於 ChatGPT 側邊欄（左側）功能列表，主要用途：
  - 集中管理相關對話與檔案
    - 專案可以將多個對話、檔案、圖片等集中在一個工作空間內。
    - 適合需要長期追蹤的主題，例如一本書的撰寫、一個程式開發計畫、或一個研究專案。
  - 跨對話持續記憶
    - 在同一專案中，ChatGPT 會記住該專案的上下文，即使關閉後再次進入，也能延續先前的內容脈絡。
    - 可避免每次都要重新解釋背景資訊給 AI 聽。
  - 檔案與資源整合
    - 可以將 PDF、Excel、圖片、影片等直接上傳到專案中，方便 ChatGPT 在回答時使用。
    - 適合需要資料分析、內容生成或文件編輯的工作流程。
  - 多媒體與多模態支援：專案支援文字、圖片、語音、影片等多種互動形式，讓工作更集中與有條理。
- 適用情境
  - 長期內容創作：例如你正在撰寫《AI Top 100》的書籍，每一章的內容與相關素材都放在同一專案中，方便隨時繼續。
  - 程式開發專案：開發一個軟體時，把程式碼範例、除錯紀錄與需求文檔全部集中管理。
  - 研究與分析：在進行數據分析或市場研究時，將資料檔案與分析對話集中，讓 AI 隨時調用背景資料。
  - 團隊協作（未來可能擴展）：如果未來支援多人共用專案，將能成為團隊協作的重要工具。
- 對話記錄（History）
  - 顯示你與 ChatGPT 的歷史對話清單。

2-1　ChatGPT 5 的視窗介面

- 可點擊任何一筆記錄，回到當時的對話並繼續延伸。
● 個人設定區：位於 ChatGPT 側邊欄的最下方（左下角）。通常會顯示使用者的帳號名稱、頭像與方案標籤（如 Free、Plus、Pro）。

❏ 關閉側邊欄圖示

雖然側邊欄提供快速導航與管理功能，但在某些情況下關閉它可以讓畫面更專注、更簡潔：

- 專注寫作或長篇輸入時：關閉側邊欄可以擴大主對話區，減少視覺干擾，特別是在撰寫長篇文章、程式碼或報告時。
- 小螢幕裝置（例如筆電或平板）：畫面空間有限時，隱藏側邊欄可讓對話內容佔據更大區域，閱讀更舒適。
- 需要展示 ChatGPT 結果時：在開會、教學、簡報中共享螢幕時，關閉側邊欄可以讓觀眾專注在 AI 的回應內容，而不是你的歷史對話或帳號資訊。
- 進行多媒體內容檢視：當你分析圖片、影片或生成長表格時，對話區需要更寬的顯示空間，此時關閉側邊欄更適合。
- 隱私需求：如果你不想讓他人看到你的歷史對話標題或自訂 GPT 列表，關閉側邊欄可以避免暴露資訊。

關閉側邊欄圖示是 ▢ ，點選可以關閉側邊欄。當側邊欄關閉後，此圖示即暫時隱藏，將圖示移到側邊欄左上方的 ChatGPT Logo 圖示 ，此圖示將變為「開啟側邊欄」圖示，點選即可開啟側邊欄。

2-1-3　臨時交談

臨時交談圖示 ◯ 在視窗右上方，點選可以進入臨時交談環境。

臨時交談區提供一次性、無記錄的對話環境，適合處理敏感資訊、臨時查詢或測試 Prompt，讓你在保障隱私的同時，靈活運用 ChatGPT。

❏ **ChatGPT「臨時交談區」是什麼？**
- 臨時交談區是 ChatGPT 提供的一種不會儲存對話記錄的模式。
- 在這個模式下，ChatGPT 不會記住上下文，對話結束後，所有輸入與回應都不會出現在歷史紀錄，也不會影響之後的對話內容。

❏ **應用場合**
- 處理敏感或機密資訊時
  - 當你需要與 AI 討論含有敏感數據（如財務報表、客戶名單、專案代號）時，可以使用臨時交談區，避免這些內容被儲存或用於後續的對話中。
  - 範例：臨時詢問一段涉及 NDA（保密協議）的程式碼修改方法。
- 一次性問答、不需要後續追蹤
  - 如果你只是快速查詢一個問題，不需要延續對話脈絡，就適合用臨時交談。
  - 範例：詢問「明天台北天氣」或「某個 API 的使用範例」，問完就結束。
- 避免干擾主要專案上下文
  - 在處理專案時，如果要臨時詢問與專案無關的內容，臨時交談區可以避免把無關訊息混進專案記憶。
  - 範例：你正在寫一本書，但突然想查「Python datetime 格式化」，就開臨時交談處理。
- 多帳號或多角色場景切換
  - 需要用不同身份或語氣對話時，可以開啟臨時交談，避免與原本帳號對話的設定混淆。

- 範例：你平常用正式口吻回覆工作問題，但想用輕鬆語氣試寫社群貼文時。
- 測試 Prompt 或指令
  - 想測試一段提示詞（Prompt）效果，而不想讓它影響日後 ChatGPT 對你的輸出風格，可以在臨時交談區測試。
  - 範例：試驗一段廣告文案生成的 Prompt 是否能穩定輸出所需格式。

2-1-4 聽寫模式 – 由此踏入 AI 會議

在 ChatGPT 輸入欄（Prompt 輸入區）的右側，會看到一個麥克風圖示 🎤，點擊後即可啟用「聽寫」功能。其實，我們也可以由此踏入 AI 會議場景。

如果有對 ChatGPT 說話可以看到聲音波，如下：

聲音輸入完成後，請點選輸入框右邊的圖示 ✓。

ChatGPT 可以將語音轉成文字，例如下列是筆者輸入的語音轉文字畫面。

上述點選圖示 ⬆，就可以將對話輸入 ChatGPT，讓 GPT-5 的 AI 模型回應了。

❑ 功能說明
- 語音轉文字（Speech-to-Text，STT）
  - 透過麥克風收音，ChatGPT 會即時將你的語音內容轉換成文字，並自動填入輸入欄中。
  - 支援多種語言與口音辨識，辨識結果可直接編輯後再送出。

- 即時輸入與互動
  - 適合在不方便打字、輸入速度慢或需要口述大量內容時使用。
  - 語音轉換完成後,可直接按 Enter 發送,或繼續修改文字再送出。
- 多平台支援
  - 網頁版、桌面版、行動 App 均可使用(需瀏覽器或 App 允許麥克風存取)。
  - 在行動裝置上,可以長按麥克風圖示進行即時聽寫。

❏ 適用情境
- 快速輸入:不想打字時,直接用語音口述問題或指令。
- 即時 AI 會議記錄:邊開會邊口述要交給 ChatGPT 的摘要需求。
- 多語言交流:講中文時,讓 ChatGPT 自動翻譯成英文等其他語言。
- 行動環境:在外面、手不方便打字時進行對話。

2-1-5 語音模式 – 與 ChatGPT 語音聊天

在 ChatGPT 輸入欄(Prompt 輸入區)的右側或左側,會看到一個聲波圖示 ,點擊後即可進入「語音模式」功能。

點選後將看到下列聊天畫面:

2-1 ChatGPT 5 的視窗介面

下列是筆者和 ChatGPT 聊天內容,可以正常在視窗畫面顯示:

> *"您現在可以正常在Windows系統下使用嗎?"*
> 🎤 00:03

可以的,我在 Windows 系統下也能正常和你互動,沒問題!有任何 Windows 相關的問題或需要聊的話題,都可以跟我說。

❏ 功能說明

- 即時雙向語音互動
    - 啟用後,ChatGPT 會直接以語音輸入接收你的問題,並以語音回覆你(同時顯示文字字幕)。
    - 不需手動按「發送」或輸入文字,即可完成完整的問答循環。
- 多語言與自然語調
    - 支援多種語言及口音的即時辨識。
    - 回覆時可選擇不同的語音風格(如中性、溫暖、活潑)。
- 連續對話
    - 啟用語音模式後,可不斷與 ChatGPT 來回對話,不必每次都重新點擊麥克風。
    - ChatGPT 會根據對話情境持續回應,保持連貫的語音交流體驗。

❏ 與「聽寫功能」的差異

功能	聽寫(STT)	語音模式
輸入方式	只將語音轉成文字並填入輸入欄	直接進行語音對話
回覆形式	以文字回覆	以語音 + 文字回覆
對話流程	需手動送出訊息	即時互動,免手動送出
適用情境	想先修改再送出	想直接語音交流

❏ 適用情境

- 免手操作:開車、烹飪、運動時用語音與 AI 對話。
- 口語學習:練習外語會話、發音與聽力。

第 2 章　ChatGPT 開啟 AI 世界的大門

- 即時討論：需要快速腦力激盪或口述需求時。
- 情境模擬：例如模擬面試、角色扮演、客服對話等互動練習。

❏ **AI 聊天的語音對話練習模擬**

更多細節可以參考 8-2-5 節。

2-2 自訂 ChatGPT

「自訂 ChatGPT」是一個讓使用者自定義 AI 助手個性化行為與回應方式的功能。它不是建立全新的 GPT 模型，而是透過簡單的設定，改變 ChatGPT 與你互動的稱呼方式、語氣風格、專業知識方向以及行為習慣。設定完成後，這些偏好會持續套用在所有對話（包括新對話），直到你手動修改。

請點選左側欄下方的個人設定區，然後執行「自訂 ChatGPT」指令。

「自訂 ChatGPT」對話方塊內有 5 個欄位可以設定：

❏ **ChatGPT 該如何稱呼你**

- 目的：固定 AI 對你的稱呼與禮貌等級。
- 影響：開場問候、代稱（您／你）、回覆的親疏感。
- 怎麼填：用「稱呼 + 語氣偏好」的短句最穩。
- 範例

- 「洪老師（請以尊稱、繁體中文稱呼我）」
- 「錦魁（口吻可輕鬆）」
- 「作者（請用專業且精簡的語氣）」

☐ 你的職業

- 目的：讓回覆預設對準你的領域與任務。
- 影響：案例類型、專業深度、術語與工具選擇。
- 怎麼填：用「主職 + 常見任務 / 領域」；維持 1～2 句。
- 範例
  - 「電腦書作者與講師，主題涵蓋 Python、Office 自動化與生成式 AI。」
  - 「行銷經理，聚焦 SEO、社群內容與成效追蹤。」
  - 「後端工程師（Python、Pandas、FastAPI），常做資料處理與 API 設計。」

☐ ChatGPT 應該具有怎樣的性格

設定助理的語氣與互動風格（人格感），更多細節可以參考 1-1-7 節。

☐ ChatGPT 應該具備哪些特質

- 目的：定義「怎麼回答」的可執行規則（格式與嚴謹度）。
- 影響：輸出結構、是否附程式碼 / 表格、是否主動驗證與給來源。
- 怎麼填：用動詞開頭的短句，能被檢核；一條一規則。
- 範例（擇重點放入）
  - 「一律用繁體中文與台灣用語；標題用 #、重點列條列。」
  - 「先結論 / 摘要，再列步驟與範例；提供 1 個最優做法 + 1 個替代方案。」
  - 「談到 Python/Excel/Word 自動化時，提供可執行範例與必要註解。」
  - 「涉及新訊息時標示時效；若查網則附上可驗證來源。」

☐ 還有 ChatGPT 應該了解你的其他資訊嗎

- 目的：補充任何能提升準確度與效率的背景，但不屬於上面四類。
- 影響：上下文假設、常用環境／格式、禁用事項。
- 怎麼填：優先放「長期穩定」且「常常會用到」的偏好；避免敏感個資。

第 2 章　ChatGPT 開啟 AI 世界的大門

- 可放內容範例
  - 語言與版式：「請固定產出繁體中文；需要時用表格對比；避免華麗形容。」
  - 工具與環境：「我使用 Windows + VS Code；Excel 以 .xlsx 為主。」
  - 領域邊界：「我寫書偏向教學風格；範例需可直接複製執行。」
  - 隱私與查核：「處理可能變動的資訊時，先說明時效並附來源連結。」
  - 不建議放：身份證字號、住址、未公開機密、帳號密碼等敏感資訊。

❏ 完整實例

以下是筆者套用的內容。

往下捲動畫面如下：

2-12

上述按 儲存 鈕後，透過這五項欄位的精準設定，等於為 ChatGPT 建立了一個長期專屬助理檔案，讓它在未來的每一次回覆中，都能自動套用你的偏好，包括稱呼、專業領域、語氣風格、回覆結構與額外背景知識。這種做法可以大幅減少重複輸入規則的時間，確保回覆品質一致，特別適合長期創作、教學與專案工作。

不過，你仍需要定期檢視並更新設定，確保它持續符合你的需求與工作環境，並在需要不同風格時靈活切換或使用臨時交談模式，以維持回覆的靈活性與精準度。

2-3 設定

側邊欄的「設定」是 ChatGPT 的中樞控制區，負責調整帳號資訊、外觀介面、模型偏好與隱私權選項。透過這裡，你可以根據個人需求，快速修改語言、主題模式、通知方式，以及管理訂閱方案與資料使用方式，確保 ChatGPT 在不同情境下都能以最佳狀態服務你。

請點選左側欄下方的個人設定區，然後執行「設定」指令。

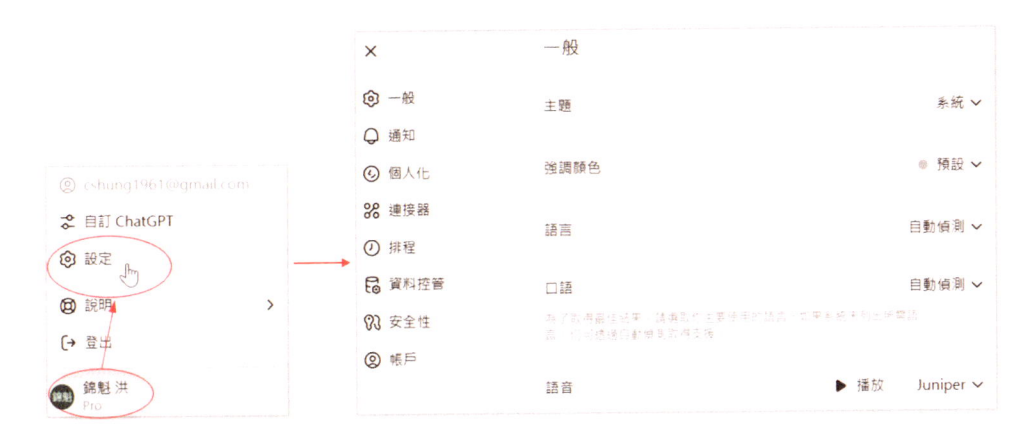

下列將分成 8 小節說明。

2-3-1　一般

這是進入設定對話方塊的預設選項，可以參考上方右圖，功能如下：

❑ **主題（Theme）**
- 功能：切換 ChatGPT 介面的顏色模式。

- 選項：
  - 系統：預設是淺色。
  - 淺色模式：背景偏白，適合光線充足的環境。
  - 深色模式：背景偏黑，適合低光或夜間使用，可減少眼睛疲勞。
- 適用情境：長時間使用時選擇深色模式保護眼睛；在簡報或明亮環境下選淺色模式。

❏ 強調顏色（Accent Color）
- 功能：設定 ChatGPT 介面中按鈕、連結、選取框等的主色調。
- 影響：僅改變強調元素的顏色，不影響背景色。
- 適用情境：個性化介面外觀，或使用對比色來提升辨識度。

❏ 語言（Language）
- 功能：決定 ChatGPT 介面的顯示語言（按鈕、選單、提示文字等）。
- 適用情境：預設是「自動偵測」，讓介面語言與使用者的閱讀習慣一致，提升操作效率。

❏ 口語（Tone / Formality）
- 功能：設定 ChatGPT 在回覆中使用的正式程度與口吻風格。
- 選項：預設是「自動偵測」，使用此選項即可。

❏ 語音（Voice）
- 功能：在啟用語音模式時，選擇 ChatGPT 語音回覆的聲音樣式。
- 選項：預設是 Juniper。讀者可以選取其他選項，然後點選播放鈕，試聽語音。
- 適用情境：
  - 練習語言聽力 → 選清晰、發音標準的聲音。
  - 聽故事或口語互動 → 選較溫暖或活潑的聲音。

❏ 顯示舊版模型（Show Legacy Models）
- 功能：在模型切換列表中顯示已非最新版本的 GPT 模型（如 GPT-3.5、GPT-4）。

- 適用情境：
    - 測試不同模型回覆差異。
    - 使用舊模型進行兼容性檢查或輕量任務。

原先預設是不顯示舊版模型，若是設定，則可以顯示舊版模型。OpenAI 公司目前更改，預設有顯示舊模型。

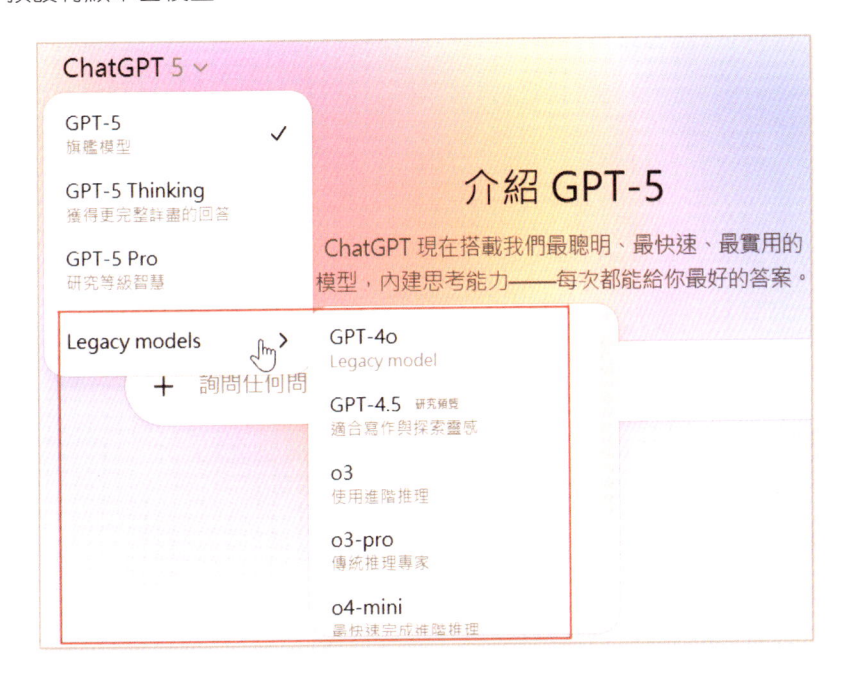

❑ **在聊天中顯示後續建議（Show Follow-up Suggestions in Chat）**
- 功能：在 ChatGPT 回覆的下方，自動生成建議的後續提問按鈕。
- 影響：方便快速延續對話，而不用手動輸入完整問題。
- 適用情境
    - 初學者需要引導探索功能。
    - 尋找靈感或相關主題延伸討論。

2-3-2 通知

「通知」功能可讓你在 ChatGPT 產生回應或完成任務時，即時獲得提醒，不必時刻盯著畫面，特別適合多工處理與長時間運行的內容生成或分析工作。

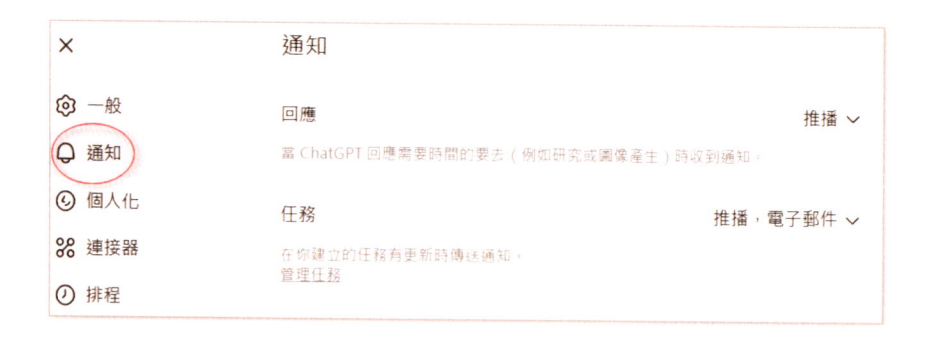

第 2 章　ChatGPT 開啟 AI 世界的大門

❑ 回應（Responses）

- **功能**：控制 ChatGPT 在你的對話有新回覆時，是否發送通知。
- **通知形式**：依平台不同，可能是桌面通知（Web／桌面版）或推播通知（行動 App）。
- **作用**：讓你在切換視窗、進行其他工作時，也能即時知道 ChatGPT 已回覆。
- **適用情境**
  - 與 ChatGPT 進行長篇內容生成（如文稿、程式）時，不必一直停留在視窗等待。
  - 同時處理多項工作，需要即時接收完成訊息。
  - 在行動裝置上與 ChatGPT 對話，離開 App 後也能知道何時有新回應。

❑ 任務（Tasks）

- **功能**：控制 ChatGPT 在預定任務、背景處理或排程完成時，是否發送通知。
- **用途**：當你使用 ChatGPT 的自動化流程、定時任務、背景運算等功能時，可以透過這個設定接收完成提示。
- **適用情境**
  - 安排 ChatGPT 在特定時間生成內容（如每日報告、每週摘要），任務完成後收到通知。
  - 使用具備排程或持續檢查功能的 GPT（如定期搜尋新聞、監控數據變化），需要在結果準備好時獲得提醒。
  - 長時間的分析或轉檔工作（如大型資料集分析、PDF 批次處理）完成時即時得知。

註 這個「任務」設定，和 2-3-5 節的排程觀念是一樣的。特別是讀者點選下方的「管理任務」超連結字串時，可以看到目前的任務排程。此外，本書將在第 13 章介紹「任務」設定與啟用完整的知識。

2-3-3 個人化

提供管理 ChatGPT 如何根據你的資料、偏好與歷程進行互動的選項，讓你能掌握記憶引用、聊天延續及錄製模式的使用狀況，確保體驗更精準且可控。

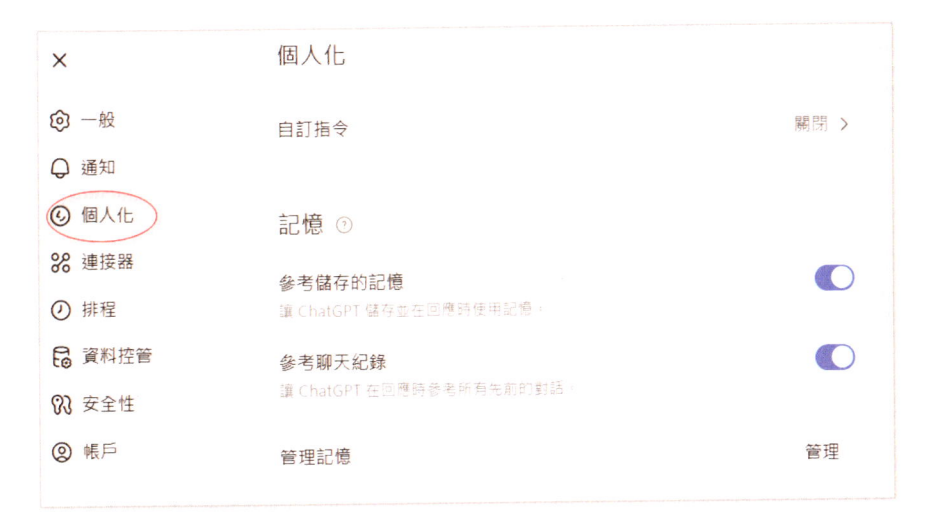

- **自訂指令（Custom Instructions）**
  - 功能：設定 ChatGPT 與你互動的基本規則，包括如何稱呼你、你的職業、性格與特質等。讀者可以參考 1-1-7 節和 2-2 節。
  - 適用情境：想讓 ChatGPT 長期保持特定語氣、專業領域或回覆結構，減少每次對話重複設定的麻煩。

- **記憶（Memory）**
  - 參考儲存的記憶（References Saved Memories）
    - 功能：控制 ChatGPT 在回覆時是否引用已儲存的記憶資料。
    - 適用情境：想確認回覆的內容是否基於正確且最新的背景資料。
  - 參考聊天記錄（References Chat History）

- 功能：讓 ChatGPT 在回覆時引用你的歷史對話記錄，以延續上下文。
- 適用情境：需要在多輪對話或長期專案中保持一致性，避免重複解釋背景。

❑ 管理記憶（Manage Memory）
- 功能：檢視、更新或刪除已儲存的記憶內容。
- 適用情境：定期清理不再需要的資料，或修正錯誤的記憶資訊。

點選管理鈕，如下：

可以看到所有管理的記憶，更多細節可以參考 2-6 節。

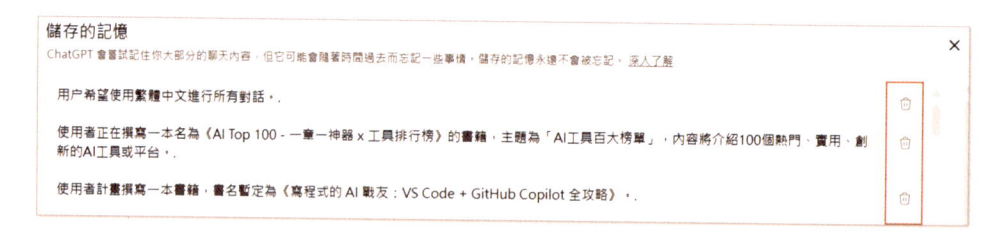

每一則記憶右邊有垃圾桶圖示 🗑，點選可以刪除該則記憶項目。此對話方塊右下方有「刪除全部」鈕，點此可以刪除所有記憶項目。

❑ 錄製模式 - 參考錄製歷程（References Recording History）
- 功能：允許或禁止 ChatGPT 在回覆中引用錄製模式下的歷程資料。
- 適用情境：希望 AI 利用先前的錄製內容延續任務，或避免與當前任務無關的內容被引用。

2-3-4 連接器

此功能讓 ChatGPT 能與外部服務或平台整合，擴展其能力，從而直接存取、處理或更新第三方資料，讓對話不只限於文字交流，而能與真實世界資訊連動。

2-3 設定

連接器（Connectors）允許你將 ChatGPT 與外部帳號、雲端服務或應用程式串接，例如 Google Drive、Dropbox、OneDrive、Slack、Notion、Gmail、日曆服務等。透過連接後，ChatGPT 可以在對話中讀取資料、檢索檔案、發送訊息、更新內容，甚至根據你的需求進行自動化處理。

- 主要能力
  - 資料檢索：讓 ChatGPT 搜尋並讀取連接服務中的文件、試算表、簡報或筆記。
  - 內容更新：可直接修改或新增資料，例如更新雲端文件、建立日曆事件。
  - 工作自動化：配合外部 API，自動化重複性任務（如寄送郵件、同步檔案）。
  - 多平台串接：一次連接多個帳號，實現跨平台協作。
- 適用情境
  - 在會議對話中，即時查詢 Google Drive 上的專案文件。
  - 從 Gmail 中搜尋特定郵件並整理重點。
  - 分析雲端儲存的 CSV 或 Excel 檔並生成報告。
- 安全與授權：每個連接器需經過授權流程，你可以隨時在「連接器」設定中檢視、暫停或移除存取權限，確保資料隱私與安全。

2-3-5　排程

此功能讓你管理 ChatGPT 在特定時間或間隔自動執行任務，確保定期生成內容、檢查資訊或觸發工作流程，提升工作自動化與效率。

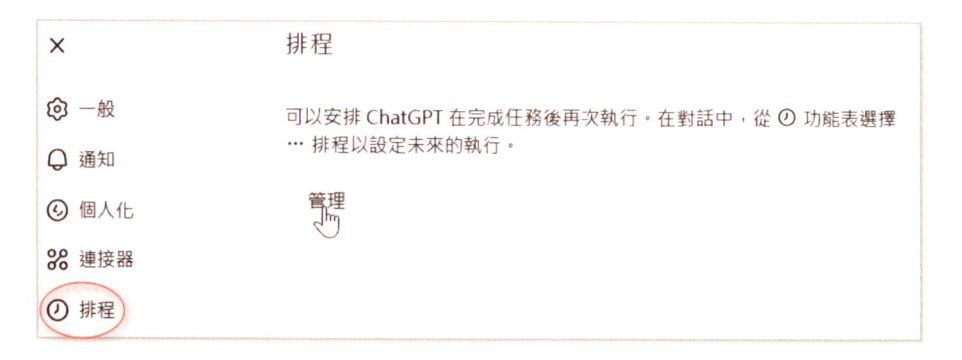

- 主要能力
    - 定時任務：設定每日、每週或每月的固定執行時間。
    - 循環排程：以小時或分鐘為單位的重複間隔執行。
    - 條件觸發：在特定條件達成時（如檔案更新、數據變動）自動啟動任務。
    - 通知整合：任務完成後可透過系統通知或電子郵件告知結果。
- 適用情境：
    - 每天早上 8 點自動生成新聞摘要或市場報告。
    - 每週一整理專案進度並寄送給團隊。
    - 每隔 2 小時監控關鍵數據變化，並即時提醒異常狀況。
- 管理與安全：在「排程」設定中可查看所有已啟用的任務，隨時暫停、編輯或刪除，確保不會執行過期或不必要的流程。

在筆者的 ChatGPT 環境，筆者已有設定，因此點選管理鈕後，得到下列畫面：

```
已排程

🕐 Get US stock index report                    ↻ 於每天的 上午12時

🕐 Get Taipei weather report                    ↻ 於每天的 上午12:05


最近

✅ Get US stock index report                    7月27日 週日

✅ Get Taipei weather report                    7月27日 週日
```

上述表示，筆者：

- 每天早上 12:00，可獲得美國股市資訊。
- 每天早上 12:05，可以得到台北天氣預報。

更多相關「任務」排程啟用與設計，可以參考第 13 章。

2-3-6　資料控管

提供你管理 ChatGPT 資料使用、隱私與聊天紀錄的完整工具，讓你能控制資料是否用於訓練、檢視與清除紀錄，以及下載備份，確保使用安全與合規。

```
✕                    資料控管

⚙ 一般
🔔 通知               為所有人改善模型              開啟 ＞
🎨 個人化
                    遠端瀏覽器資料              全部刪除
🔗 連接器
🕐 排程               共享連結                    管理
🗂 資料控管
                    已封存的聊天                 管理
🔒 安全性
👤 帳戶               封存所有聊天                封存全部
```

- ❑ **為所有人改善模型（Improve the model for everyone）**
  - 功能：決定是否允許將你的對話內容用於改善 ChatGPT 的模型。
  - 適用情境
    - 開啟：幫助 OpenAI 提升 AI 能力，點選可以看到更詳細項目。
    - 關閉：保護對話內容隱私，避免進入訓練資料庫。

- ❑ **遠端瀏覽器資料**
  - 功能：管理並刪除 ChatGPT 遠端瀏覽器在你的帳號下留下的瀏覽痕跡（例如抓取過的頁面內容、快取與相關暫存資料）。
  - 可做的事
    - 全部刪除：一鍵清除所有遠端瀏覽器資料，刪除後不可復原。
    - 不會影響：既有聊天文字內容本身仍保留（除非你另外封存 / 刪除聊天）。
  - 刪除後影響：之後的回答將無法再引用這些已清除的瀏覽內容；若需要再次引用，需重新執行瀏覽。
  - 建議使用時機
    - 完成含敏感來源的查詢後（如內部文件、研究資料）。
    - 在共用或公開電腦上使用過遠端瀏覽器。
    - 想要重置瀏覽紀錄，避免影響後續回答的引用。

- ❑ **共享連結（Shared links）**
  - 功能：管理你曾建立的 ChatGPT 對話分享連結。
  - 適用情境
    - 查看、複製或刪除已分享的對話鏈接。
    - 控制外部存取已分享內容的有效性。

- ❑ **已封存的聊天（Archived chats）**
  - 功能：查看與管理已封存的對話紀錄，更多觀念可以參考 2-5-3 節。
  - 適用情境：暫時不刪除但不希望在主對話列表中顯示的對話，可封存並日後再查閱。

- ❏ 封存所有聊天（Archive all chats）
  - 功能：將目前所有對話一次性封存，移出主列表但保留存取權限。
  - 適用情境：整理工作空間，暫時隱藏所有過往對話但不刪除。

- ❏ 刪除所有聊天（Delete all chats）
  - 功能：永久刪除所有對話內容，無法復原。
  - 適用情境：清除敏感資訊，或在更換帳號、交還設備前重置紀錄。

- ❏ 匯出資料（Export data）
  - 功能：下載你在 ChatGPT 的全部對話紀錄、設定與相關資料的副本。
  - 適用情境
    - 備份個人資料或對話內容。
    - 準備將資料轉移到其他平台或作為存檔。

2-3-7 安全性

提供保護帳號與登入行為的關鍵選項，透過驗證、登出與安全登入機制，確保你的 ChatGPT 帳號在多裝置與不同環境下都能維持高度安全性。

- ❏ 多重要素驗證（Multi-factor Authentication, MFA）
  - 功能：啟用後，登入 ChatGPT 需要額外的驗證步驟（如一次性驗證碼或驗證 App），以防帳號被盜用。預設是不啟動此功能。
  - 適用情境
    - 在公共或不安全的網路環境使用 ChatGPT。
    - 帳號中包含敏感資料或連接多個外部服務時。

- ❏ 在此裝置登出（Log out on this device）
  - 功能：將當前使用的裝置登出 ChatGPT 帳號，不影響其他裝置的登入狀態。
  - 適用情境
    - 暫時借用別人電腦或公共裝置後結束使用。
    - 發現當前裝置有安全疑慮時立即退出。

- ❏ 登出全部裝置（Log out of all devices）
  - 功能：將所有已登入的裝置一次性全部登出，包括桌面、行動裝置與瀏覽器。
  - 適用情境
    - 懷疑帳號被盜用或有陌生裝置登入。
    - 想重新掌控所有登入狀態並重設安全機制。

- ❏ 使用 ChatGPT 安全登入（Sign in with ChatGPT Secure Login）
  - 功能：透過官方安全登入機制，避免在第三方或不安全頁面輸入帳號密碼。
  - 適用情境
    - 透過外部服務或插件登入 ChatGPT 時，確保跳轉到官方安全頁面。
    - 想減少密碼被釣魚網站竊取的風險。

- ❏ 帳戶

可看到下列訊息：

- 個人帳號訊息，例如：顯示目前登入的帳號名稱、電子郵件與帳號類型（Free、Plus、Pro 等）。也可以點選管理鈕，變更訂閱方案。
- 付款訊息，也可以管理付款方式。

2-4 說明

提供 ChatGPT 使用者取得官方支援、了解功能更新、查閱使用規範及提升操作效率的入口。透過這些選項，你能快速解決問題、熟悉新版本特色，並善用各種使用技巧來提升工作與學習體驗。

請點選左側欄下方的個人設定區，然後執行「說明」指令。

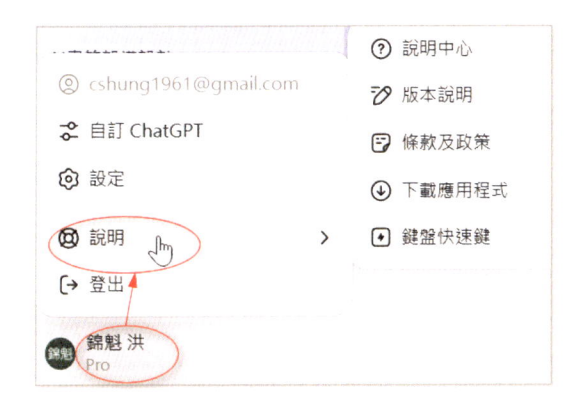

❏ 說明中心（Help Center）

- 功能：連結至 OpenAI 官方的說明文件與支援平台。
- 用途：查找 ChatGPT 的操作教學、功能指南、常見問題解答（FAQ）、故障排除方法。
- 適用情境：
  - 想學習新功能的使用方法。
  - 遇到問題需查看官方解決方案。

❏ 版本說明（Release Notes）

- 功能：查看 ChatGPT 的版本更新紀錄與功能改進內容。
- 用途：了解最新功能上線日期、介面或操作上的變更，以及已修正的錯誤。
- 適用情境：
  - 追蹤新版本的新增功能與優化。
  - 評估是否要調整既有的工作流程以適應新功能。

第 2 章　ChatGPT 開啟 AI 世界的大門

❑ **條款與政策（Terms & Policies）**
- 功能：檢視 OpenAI 的服務條款、隱私政策、可接受使用政策（AUP）等文件。
- 用途：了解使用 ChatGPT 的法律與規範基礎，以及資料使用與隱私保護範圍。
- 適用情境
    - 確認哪些內容與行為在使用政策中被允許或禁止。
    - 需要法律依據作為公司內部 AI 使用規範參考。

❑ **下載應用程式（Download the App）**
- 功能：提供 ChatGPT 桌面版與行動版應用程式的官方下載連結。
- 用途：安裝 Windows、macOS、iOS、Android 等平台的原生應用，獲得更佳的使用體驗與通知支援。
- 適用情境
    - 想在電腦或手機上獨立使用 ChatGPT，而非透過瀏覽器。
    - 希望利用桌面推播、語音模式等瀏覽器版沒有的功能。

❑ **鍵盤快速鍵（Keyboard Shortcuts）**
- 功能：列出 ChatGPT 可用的鍵盤快捷鍵組合，提升操作效率。
- 用途：透過快捷鍵快速執行常用動作，如開新對話、切換模式、發送訊息、多行編輯等。
- 適用情境
    - 頻繁使用 ChatGPT，希望減少滑鼠操作。
    - 在內容創作或程式撰寫時，快速切換功能與模式以節省時間。

下列是在 Windows 系統下，執行此功能可以看到的鍵盤快速鍵。

鍵盤快速鍵	✕
搜尋聊天	Ctrl + K
開啟新聊天	Ctrl + Shift + O
切換側邊欄	Ctrl + Shift + S
聊天	
複製最後的程式碼區塊	Ctrl + Shift + ;
刪除聊天	Ctrl + Shift + ⌫
專注於聊天輸入	Shift + Esc
設定	
顯示快速鍵	Ctrl + /
設定自訂指令	Ctrl + Shift + I

2-5 ChatGPT 初體驗

第一次與 ChatGPT 聊天,請參考下圖在文字框,輸入你的聊天內容。

你好, 早安

上述請按 Enter 鍵,可以將輸入傳給 ChatGPT。或是按右邊的 發送訊息 圖示 ⬆,將輸入傳給 ChatGPT。讀者可能看到下列結果。

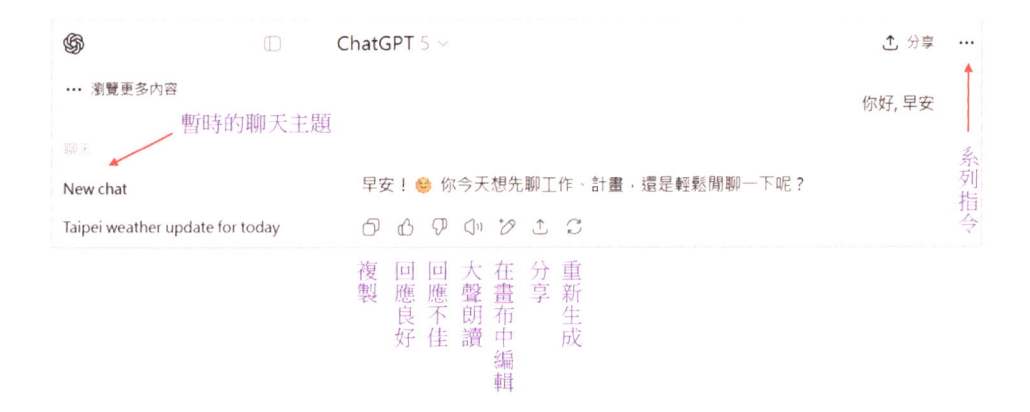

暫時的聊天主題

New chat
Taipei weather update for today

早安! 😊 你今天想先聊工作、計畫,還是輕鬆閒聊一下呢?

你好, 早安

系列指令

複製　回應良好　回應不佳　大聲朗讀　在畫布中編輯　分享　重新生成

2-27

第 2 章　ChatGPT 開啟 AI 世界的大門

　　原則上從新聊天中，ChatGPT 會依據聊天內容建立「聊天主題」，此例，ChatGPT 的回應，暫時建立的聊天主題是「New chat」，2-5-2 節會有更多說明。同時在 ChatGPT 的回應下方可以看到一系列圖示，可以參考上圖，細節可以參考 2-5-1 節。

2-5-1　回應文下方的圖示功能與應用場合

　　在使用 ChatGPT 與 AI 互動時，除了直接閱讀文字內容，系統還提供了多種輔助操作圖示，方便用戶根據需求快速採取行動。這些功能能幫助你複製回應、提供回饋、用語音聆聽、進一步編輯，甚至將內容分享或重新生成，讓互動更靈活多元。

❏ **複製**
- 功能：將回應內容快速複製到剪貼簿。
- 應用場合
    - 將生成的內容貼到 Word、PowerPoint、Excel 或其他文件中。
    - 複製文字到郵件、社群貼文或程式碼編輯器。

❏ **回應良好**
- 功能：對該回應給予正面評價，幫助模型了解回覆符合需求。
- 應用場合
    - 當回應內容正確、完整、符合你的問題時。
    - 幫助系統優化未來的回覆品質。

❏ **回應不佳**
- 功能：對該回應給予負面評價，可附加說明問題原因。
- 應用場合
    - 回應不完整、錯誤或與問題無關時。
    - 需要系統改進類似問題的回應品質。

❏ **大聲朗讀**
- 功能：將回應以語音朗讀出來。
- 應用場合
    - 方便在行動裝置或無法專注閱讀時聆聽內容。

- ■ 語言學習時練習聽力與發音。

❑ **在畫布中編輯**
- 功能：將內容轉到 ChatGPT 的「畫布模式」，方便進行長篇、結構化或協作編輯。未來第 14 章會說明「畫布模式」。
- 應用場合
  - ■ 撰寫報告、書籍、行銷文案等需要多次修訂的長篇內容。
  - ■ 與他人共同編輯文件時使用。

❑ **分享**
- 功能：產生一個可分享的回應連結，讓他人直接查看該回應內容。
- 應用場合
  - ■ 與同事或朋友分享 AI 的特定回覆。
  - ■ 將生成結果作為範例或教學內容發送給學生、團隊成員。

註 視窗右上方有圖示 ⬆ 分享，使用觀念相同。

❑ **重新生成 Try again**
- 功能：讓 AI 依照相同的 Prompt 重新生成新的回應版本。
- 應用場合
  - ■ 當回應不符合期望，但想保留原本的問題設定。
  - ■ 想獲得不同語氣、風格或內容方向的替代版本。

2-5-2 聊天主題

在與 ChatGPT 長時間互動時，對話紀錄可能包含多個不同的討論內容。為了方便整理與回顧，ChatGPT 提供了「聊天主題」設定功能，讓使用者可以為每段對話命名，使其在側邊欄或記錄中更易識別與搜尋。

❑ **自動生成主題**
- 功能：ChatGPT 會根據對話內容，自動產生一個簡短的主題名稱。
- 操作方式：開始一段新對話後，系統會在稍後自動命名，例如「Python 資料分析教學」或「AI 行銷策略」。

- 應用場合：
  - 想快速辨識對話主題，但不需要手動設定。
  - 適合日常快速詢問與臨時討論的情境。

❑ **手動修改主題**

- 功能：使用者可以自行更改聊天主題名稱。
- 操作方式：
  1. 在側邊欄找到該對話，將滑鼠移至主題名稱處，點選主題右邊的圖示 ⋯，然後點選重新命名圖示 ✎，即可編輯。

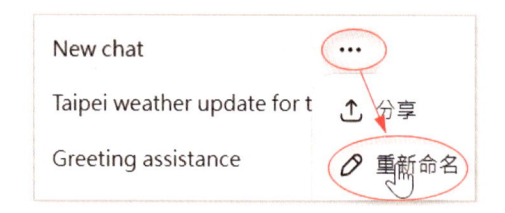

  2. 輸入想要的名稱後按 Enter 確認，下列是輸入「問候語」的結果。

- 應用場合
  - 對話內容較長或跨越多次討論，需要以自訂名稱方便搜尋與整理。
  - 書籍寫作、專案討論、程式開發等需要按主題分類的情境。

❑ **最佳命名建議**

- 精簡且具描述性：例如「AI 投資策略研究」比「投資」更容易辨識。
- 可加入日期或版本：如「Python 自動化流程 _2025-08」方便追蹤不同階段進度。
- 以專案名稱開頭：如「專案 X – 報告大綱討論」，方便專案歸類。

2-5-3 更多指令

在 ChatGPT 的對話視窗右上方,「更多指令」圖示 ...,提供了一組管理與後續操作的選項,方便使用者將重要對話加入專案、整理歸檔、回報問題,或直接刪除不需要的內容。這些功能能幫助你更有效率地組織與管理對話紀錄。

❏ **新增至專案**
- 功能:將目前的對話加入某個既有專案,或建立新專案以歸類,未來第 11 章會完整說明。
- 應用場合
  - 書籍寫作、研究計畫、軟體開發等長期專案,方便集中相關對話。
  - 團隊協作時,將不同成員與 AI 的討論集中到同一專案。

❏ **封存**
- 功能:將對話移入「封存」區,保留紀錄但不在主要對話清單中顯示,相關說明也可以參考 2-3-6 節。
- 應用場合
  - 已完成或不需頻繁查看的討論,保持主視窗整潔。
  - 想保留對話紀錄作為參考,但不影響當前的工作流。

❏ **回報**
- 功能:將該對話回報給 OpenAI 團隊,例如內容不當、錯誤資訊或技術問題。
- 應用場合
  - 遇到不符合使用規範的內容(如有害言論、隱私洩露)。
  - 生成結果錯誤且需要回饋給系統以便改善。

❑ 刪除

- 功能：將該對話從紀錄中完全刪除，無法復原。
- 應用場合
    - 減少不必要的對話存檔，節省清單空間。
    - 刪除含有敏感資訊、不想保留的聊天內容。

2-5-4 Shift + Enter 功能

在使用 ChatGPT 或其他即時對話系統時，輸入框的操作方式會影響我們編寫與傳送訊息的效率。特別是當輸入內容較長、需要分段或保持良好排版時，善用快捷鍵能讓溝通更清晰有條理。其中，Shift + Enter 是一個簡單卻實用的組合鍵，能在不送出訊息的情況下進行換行，讓內容表達更完整。

❑ 功能說明

在 ChatGPT 的輸入框中：

- Enter：直接送出訊息，讓 AI 開始回覆。
- Shift + Enter：換行，不送出訊息，讓你在同一則輸入中撰寫多行內容。

❑ 應用場景

- 撰寫多段文字：例如在同一個輸入中先輸入前言，再輸入步驟說明，按 Shift + Enter 在段落之間加入換行，保持內容清晰。
- 排版與格式化：方便插入段落空行或條列清單，讓 AI 能正確理解結構，例如：

    功能：
    - 儲存檔案
    - 開啟檔案
    - 刪除檔案

- 複製貼上長文：當你從 Word、Notepad 或其他編輯器複製文字進來，可以用 Shift + Enter 手動控制換行，避免直接送出不完整內容。

2-6 ChatGPT 的記憶更新

記憶更新（Memory Update）是 ChatGPT-5 內建的長期記憶管理機制，能自動或依使用者指令，新增、修改或刪除 AI 對你的個人化資訊，例如你的偏好、常用格式、專案背景等。當記憶內容發生變動時，系統會即時在對話介面中顯示提示，確保使用者知道 AI 的「記憶」有何更動，並能立即確認或調整。

❑ 記憶更新實例

例如：筆者輸入『我是台灣的電腦書作者，真正的名字是「洪錦魁」』。

> 我是台灣的電腦書作者，真正的名字是「洪錦魁」
>
> ⓘ 已更新儲存的記憶
> 了解了，洪錦魁。

可以看到 ChatGPT 已經知道筆者的名字，將滑鼠游標移到「已更新儲存的記憶」字串，將看到下方有提示方塊。。

> 我是台灣的電腦書作者，真正的名字是「洪錦魁」
>
> ⓘ 已更新儲存的記憶
> Real name is 洪錦魁, and they are a computer book author from Taiwan.
>
> 管理　　　　　　　　　　　　　　　　›

如果點選「管理」，可以列出目前 ChatGPT 與筆者聊天的記憶，相關觀念可以參考 2-3-3 節。

> 儲存的記憶
> ChatGPT 會嘗試記住你大部分的聊天內容，但它可能會隨著時間過去而忘記一些事情。儲存的記憶永遠不會被忘記。深入了解
>
> 用戶的姓名是洪錦魁。

第 2 章　ChatGPT 開啟 AI 世界的大門

❑ 應用場合

- 長期專案寫作：你告訴 ChatGPT-5 書名與章節結構，它會記住，下次直接延續討論。
- 固定格式輸出：例如你偏好「繁體中文 條列式回覆」，AI 記住後每次回應自動套用。
- 跨會話知識延續：AI 會記住之前討論的技術細節或設定，適合程式開發與研究計畫。
- 動態調整：如果工作方向變了，你可以隨時更新或刪除記憶，讓 AI 重新適應新需求。

2-7 搜尋聊天

「搜尋聊天」是 ChatGPT 左側欄提供的聊天記錄搜尋工具，讓使用者可以快速從過往對話中找到特定內容，而不必手動翻閱全部聊天紀錄。它適合在長期使用 ChatGPT、累積大量對話時，快速定位到需要的聊天紀錄，節省時間並提高效率。

左側欄有「搜尋聊天」圖示 🔍，點選可以進入搜尋環境。

此例，筆者輸入「基金會」，可以看到立即顯示先前聊天的主題。

點選就可以進入過去曾經聊天的主題。

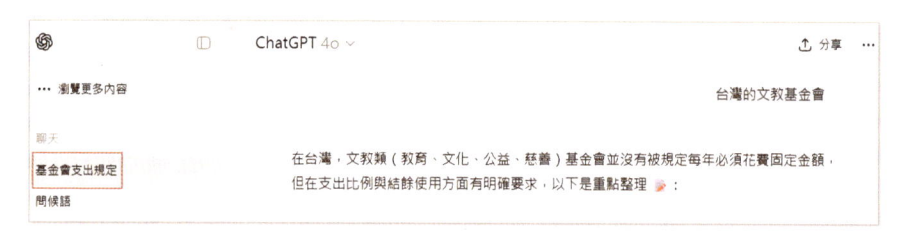

❏ 搜尋範圍與邏輯

- 搜尋範圍
  - 僅針對使用者帳號內的 歷史對話主題（聊天名稱）進行搜尋。
  - 一般用戶，不會全文搜尋聊天中的所有訊息內容（目前版本如此）。如果讀者可以測試到可以搜尋聊天的訊息，表示 ChatGPT 持續進步中。

- 搜尋邏輯
  - 關鍵字匹配：輸入的文字必須出現在聊天主題名稱中才會顯示結果。
  - 即時篩選：隨著輸入的字元增加，結果會即時縮小範圍。
  - 不分大小寫：搜尋時忽略英文大小寫差異。
  - 支援中英文：可直接輸入中文或英文關鍵字。

- 應用場合
  - 快速回顧專案對話：在多個專案並行時，可輸入專案名稱（如「AI 工具百大榜單」）立即找到相關對話。
  - 找回特定討論：想重看之前的 Python 程式碼教學對話，可以輸入「Python」篩選出所有相關聊天。
  - 長期研究整理：適合學習或寫作時快速定位到先前的章節規劃、資料分析記錄等。

2-8　使用 ChatGPT 必須知道的情況

❏ 繼續回答 Continue generating

如果要回答的問題太長，ChatGPT 無法一次回答，回應會中斷，這時可以按螢幕下方的繼續生成鈕，繼續回答。

第 2 章　ChatGPT 開啟 AI 世界的大門

❑　**中止回答 Stop generating**

如果回答感覺不是很好，或是 ChatGPT 會過度的回答問題，在回答過程可以點選輸入框右邊的中止鈕，中止回答。

傳訊息給 ChatGPT

❑　**同樣的問題有多個答案**

同樣的問題問 ChatGPT，可能會產生不一樣的結果，所以讀者用和筆者一樣的問題，也可能獲得不一樣的結果。

❑　**可能會有輸出錯誤**

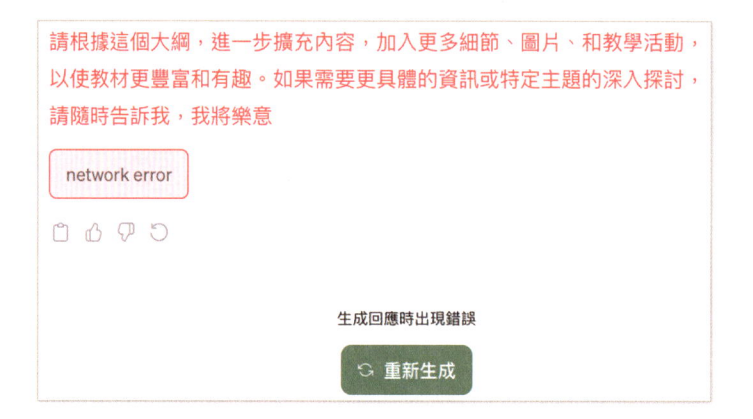

請根據這個大綱，進一步擴充內容，加入更多細節、圖片、和教學活動，以使教材更豐富和有趣。如果需要更具體的資訊或特定主題的深入探討，請隨時告訴我，我將樂意

network error

生成回應時出現錯誤

重新生成

這時需要按重新生成鈕。

❑　**重新生成訊息**

有時候我們挑出回應的問題，請求重新回應時，會看到下列流動的訊息，表示 ChatGPT 將用更謹慎的態度處理此問題。

思考更長時間以取得更佳回答
快速取得回答 ›

2-9 AI 幻覺

AI 幻覺（AI Hallucination）是指人工智慧模型在生成內容時，產生看似合理但實際上錯誤或不存在的資訊的現象。這些錯誤可能是事實上的錯誤、邏輯矛盾，或是完全虛構的內容。

- 在自然語言處理（NLP）領域中，這種現象常見於大型語言模型（LLM）如 ChatGPT、Gemini、Claude 等。
- 名稱中的「幻覺」是比喻，意指 AI「看見」了不存在的事物並將其表達出來。

❏ 成因

- 機率生成特性：LLM 是透過機率計算選擇最可能的下一個詞，而非「查詢真實資料庫」，因此可能在缺乏資訊時「補空白」。
- 訓練資料偏差或不足：如果訓練資料中資訊不完整或有錯誤，模型可能會依錯誤資料生成回應。
- 過度泛化（Overgeneralization）：模型將過去學到的模式不當套用到新情境中，導致錯誤推論。
- 使用者輸入含糊：問題不精確，導致模型在不確定情況下隨機生成看似合理的答案。

❏ 常見表現

- 虛構引用：捏造不存在的書籍、論文、網址。
- 錯誤事實：給出日期、人物、事件的錯誤資訊。
- 邏輯錯誤：前後矛盾或推理不合邏輯。
- 編造細節：在真實資訊中夾帶不存在的細節。

❏ 影響

- 專業領域風險：在醫療、法律、工程等領域可能導致嚴重誤導。
- 信任度下降：使用者對 AI 的信任可能因幻覺頻繁發生而降低。
- 決策失誤：在商業與研究應用中可能造成錯誤判斷。

❑ 應對方法

- 多來源交叉驗證：使用 AI 產出的資料前，與可信來源（官方文件、學術資料庫）比對。
- 明確化輸入：以具體且精確的 Prompt 降低 AI 發揮想像的空間。
- 限制回答範圍：要求 AI 僅在有把握時作答，或允許它回覆「不知道」。
- 人工審核：對關鍵任務的 AI 內容進行人工檢查，避免直接採用。

第 3 章

輸出格式的 Prompt 規則

3-1　如何讓 AI 用您指定的格式回應

3-2　條列式、Q&A、表格、簡短／詳細輸出控制

3-3　限制字數、加入實例、標示來源的技巧

第 3 章 輸出格式的 Prompt 規則

在使用生成式 AI 的過程中，許多使用者往往專注於「說明要 AI 做什麼」，卻忽略了另一項同等重要的關鍵「希望 AI 怎麼說出來」。輸出格式不只是美觀問題，更關乎資訊的結構性、可讀性與實用價值。本章將引導讀者掌握格式控制的提示技巧，無論是條列、問答、表格、長短篇幅，甚至是多語對照與資料來源標註，只要懂得設定合適的提示詞，就能讓 AI 的輸出更加貼近真實需求，成為具備高度應用價值的智慧助手

3-1 如何讓 AI 用您指定的格式回應

生成式 AI 所產出的內容品質，除了取決於任務清晰度與語調控制，輸出格式的精準設計同樣關鍵。若只下達模糊指令，AI 回應常出現結構混亂或超出預期篇幅。本節將聚焦於如何透過提示詞控制回應的格式、排列方式、輸出長度等，讓 AI 回應更具結構性與可用性，是實務應用中最不可忽略的技巧之一。

3-1-1 為什麼格式控制很重要？

不同的應用情境需要不同的輸出格式，例如：

- 報告摘要需要段落清晰。
- 優缺點比較需要條列清楚。
- 數據整理最好用表格呈現。
- 問與答的互動需用 Q&A 格式。

如果沒有格式指定，AI 會依自身預設邏輯產出，可能導致內容過長、分段混亂、可讀性差。

3-1-2 常見的格式控制方式

常見的格式控制方式有 7 種。

目的	Prompt 範例	預期輸出格式
簡潔回答	「請用一句話回答以下問題」	單一句、直接結論
條列式回應	「請列出三個優點，請用數字條列方式」	1. … 2. … 3. …

目的	Prompt 範例	預期輸出格式
圓點列點	「請用圓點條列列出重點」	• … • … • …
Q&A 問答格式	「請用問與答的形式解釋下列三個概念」	Q: … A: …
表格輸出	「請用表格列出三種 AI 模型及其優缺點」	表格（列：模型，優點，缺點）
指定字數或篇幅	「請用 100 字以內簡要說明 GPT 是什麼」	控制篇幅在指定字數內
多語輸出格式	「請先輸出英文，再附中文翻譯，並分段顯示」	英中對照分段顯示

3-1-3 語法指令補充技巧

控制類型	常用語句	補充說明
輸出格式	「請用表格／條列／問答／段落方式」	指示結構明確
字數限制	「請控制在 xx 字以內／句子數內」	對長篇內容尤為重要
排版細節	「請每一點以新段落開始」	可提升可讀性
語調風格結合	「請用輕鬆語調條列五個建議」	格式與風格可合併設計

3-1-4 實例應用

實例 1：普通 Prompt。

「請列出 AI 的三個應用。」

結果：

可能為一段描述性文字，無條列清晰結構。

實例 2：優化後 Prompt。

「請用數字條列方式列出三個 AI 的應用，並簡述各自的應用場景。」

結果：

1. 醫療診斷：AI 可協助分析影像、提升診斷效率。
2. 金融風控：偵測異常交易，預防詐騙。
3. 客服自動化：提供即時問答與客戶支援。

3-1-5　總結

輸出格式是一個容易被忽略卻極其實用的 Prompt 技巧。學會善用條列、表格、段落、字數控制等提示詞，能讓 AI 回應更有結構、用途更高。後續章節將進一步說明如何進行表格設計與欄位指定。

3-2　條列式、Q&A、表格、簡短／詳細輸出控制

不同任務需要不同格式的輸出，有時需要簡明扼要、有時則要條理清晰或結構完整。透過格式提示詞的設計，我們可以讓 AI 回應以條列式、問答格式、表格形式，甚至依據需求輸出簡短或詳細內容。本節將逐一說明這些常用格式的設計技巧，並搭配實際範例，協助讀者學會「說話說到重點、格式也對味」，讓 AI 輸出符合實用場景需求。

3-2-1　條列式輸出（List Format）

條列式是最常見也最實用的格式之一，適合呈現多項內容、步驟、清單、優缺點等。與法如下：

- 「請用數字條列方式列出…」
- 「請用圓點條列列出…」

實例 1：請列出三個生成式 AI 的應用領域，請用數字條列。

> 請列出三個生成式 AI 的應用領域，請用數字條列。
>
> 當然可以，以下是三個生成式 AI 的應用領域：
>
> 1. **內容創作**
>   包括自動撰寫文章、生成廣告文案、新聞摘要、小說、劇本、詩歌等。這類應用常見於行銷、出版與媒體產業。
>
> 2. **圖像與多媒體生成**
>   利用 AI 創造圖片、插圖、影片（如 text-to-video）、音樂與音效。廣泛應用於設計、娛樂、品牌形象與教育內容製作。
>
> 3. **虛擬互動與個人化助理**
>   建立虛擬客服、智慧聊天機器人、語音助理，甚至個人化教學與醫療建議等，提供使用者高度互動與客製化體驗。

實例 2：請列出三個生成式 AI 的在醫學應用領域，請用圓點條列。

> 請列出三個生成式 AI 的在醫學應用領域，請用圓點條列。
>
> 當然可以，以下是三個生成式 AI 在醫學領域的應用：
>
> - **醫學影像生成與強化**
>   利用生成式模型（如GAN）合成高品質的醫學影像，用於訓練醫學診斷模型，或增強 MRI、CT 等影像的清晰度與可解讀性。
>
> - **個人化健康建議與病歷摘要**
>   自動整理病患病歷、生成簡明摘要，並根據病史與檢查結果，提供個人化的健康建議或初步診斷輔助。
>
> - **新藥研發與分子生成**
>   生成式 AI 可模擬並創造潛在的新藥分子結構，預測其化學性質與生物活性，加速新藥設計與測試流程。

3-2-2 問與答格式（Q&A）

Q&A 格式特別適合知識型任務、FAQ、線上教學或對話模擬。Prompt 語法如下：

- 「請以問與答的方式解釋以下概念」
- 「請模擬一段 Q&A 對話」

實例 1：請用問與答形式說明什麼是生成式 AI。

> 請用問與答形式說明什麼是生成式 AI。
>
> 當然可以，以下是以問與答形式說明「什麼是生成式 AI」：
>
> 問：什麼是生成式 AI（Generative AI）？
> **答：**生成式 AI 是一種人工智慧技術，能夠根據輸入的資料，自動「創造」新的內容，例如文字、圖片、音樂或程式碼。它不只是分析資料，還能模仿人類創造力，生成前所未見但合乎邏輯與語境的新內容。

3-5

實例 2：請用 Q&A 方式說明「生成式 AI」與「傳統 AI」有什麼不同？

> 請用Q&A方式說明「生成式 AI」與「傳統 AI」有什麼不同？

當然可以，以下是以 **Q&A 問答形式** 說明「生成式 AI」與「傳統 AI」的差異：

Q：生成式 AI 和傳統 AI 有什麼不同？
A：它們的核心目標與應用方式不同：

Q：傳統 AI 的主要功能是什麼？
A：傳統 AI 通常擅長分類、預測、辨識等任務，例如：

- 判斷一張圖片中是否有貓（影像辨識）
- 根據過去銷售資料預測下週業績（預測模型）
- 分析郵件是否為垃圾信（分類器）

這類 AI 是以**已有資料為基礎**，做出判斷或決策。

3-2-3　表格輸出（Table Format）

表格能清楚呈現多維資訊，是進階使用者常用的格式之一。Prompt 語法如下：

- 「請以表格方式整理⋯」
- 「請用表格列出欄位：技術名稱、用途、優點」

3-2 條列式、Q&A、表格、簡短／詳細輸出控制

實例 1：請用表格列出三種 AI 模型及其特性。

> 請用表格列出三種 AI 模型及其特性。

以下是三種常見的 AI 模型及其特性的表格整理：

模型類型	代表技術或模型	主要功能與特性	應用範例
傳統機器學習	決策樹、SVM、KNN	資料分類、回歸分析、預測，依賴特徵工程	客戶流失預測、信用評分、疾病風險預測
深度學習	CNN、RNN、LSTM	自動提取高階特徵，處理大量圖像、語音、序列資料	圖像辨識、語音辨識、時間序列預測
生成式 AI 模型	GPT、GAN、Diffusion	產生文字、圖片、音樂、影片等內容，模仿創造力	聊天機器人、AI繪圖、影片生成、文案撰寫

實例 2：請用表格列出 ChatGPT, DALL-E, Sora，欄位：技術名稱、用途、優點。

> 請用表格列出ChatGPT, DALL-E, Sora，欄位：技術名稱、用途、優點

以下是 ChatGPT、DALL·E、Sora 的比較表格，欄位包括：技術名稱、用途、優點：

技術名稱	用途	優點
ChatGPT	自然語言對話、寫作、問答、程式輔助	對話自然、理解語境、支援多語言、擅長撰寫與知識整合
DALL·E	圖像生成（依文字描述創作圖片）	可精準將文字轉換為圖像、風格多變、可控制細節（如圖像編輯、樣式變換等）
Sora	影片生成（由文字腳本轉換影片）	將複雜文字場景轉為動畫影片、生成畫面連貫、適用於廣告、故事影片創

3-7

3-2-4 簡短與詳細輸出控制（Length Control）

有時需要一句話總結，有時則要深入說明。AI 可以依提示詞控制輸出長度與細節。Prompt 語法如下：

- 「請用一句話說明…」
- 「請用 100 字內簡述…」
- 「請詳細說明以下議題，並補充背景資訊」

範例對照可參考下表。

Prompt	輸出特性
「請用一句話說明 GPT」	精簡摘要
「請詳細說明 GPT 的原理與應用」	多段描述，含技術背景與實例

3-2-5 小技巧提醒

控制目標	建議寫法
條列數量	「請列出三點…」、「請條列五項…」
段落數控制	「請分三段描述…」、「請每段控制在 50 字內」
表格欄位定義	「請用三欄表格：名詞 / 說明 / 中文翻譯」
語調控制結合	「請用輕鬆語調條列五個優點」

3-2-6 總結

學會設計不同輸出格式的 Prompt，是實務應用中最具價值的技巧之一。無論是要簡明清晰地整理資訊，還是要建構結構完整的說明，只要提示詞設計得好，就能讓 AI 自動輸出正確格式、節省大量整理時間。

3-3 限制字數、加入實例、標示來源的技巧

在進行內容生成時，除了控制輸出格式與語調外，字數長度、是否加入實例說明、以及引用來源的標示，也是決定回應品質的關鍵因素。這些條件不僅能幫助 AI 更貼近真實應用需求，也提升使用者對輸出結果的掌控度。本節將介紹這三項實用技巧的提示詞設計方式，讓 AI 回應不再落落長、不著邊際，而是精準、有例可循、有據可查。

3-3-1 限制字數（Length Limitation）

限制字數是控制輸出篇幅的基本方法，適合用於摘要、標題設計、精簡型內容、推文、履歷等用途。常用 Prompt 語法如下：

- 「請用 XX 字以內說明⋯」
- 「請寫一段不超過三行的說明」
- 「請控制在一句話內完成」

範例對照可參考下表。

Prompt	輸出預期
「請用 100 字內說明生成式 AI」	一段不超過 100 字的簡明解釋
「請撰寫一段三行內的品牌故事」	段落控制在三行結構內

3-3-2 加入實例（Include Examples）

引導 AI 加入實例，能幫助讀者更快理解抽象概念，特別適合應用教學、說明性文章、商業建議等任務。常用 Prompt 語法如下：

- 「請舉一個實例說明⋯」
- 「請補充一個生活中的應用案例」
- 「請用範例輔助解釋下列概念」

範例對照可參考下表。

Prompt	輸出內容
「什麼是 AI？請附上一個生活中的應用案例」	解釋 AI 後，附上如「語音助理（如 Siri）」等範例說明
「請說明 Prompt 的作用，並用對話範例展示其應用」	除了解釋，還提供對話實際範例，有助於情境理解

實例 1：什麼是 AI？請附上一個生活中的應用案例。

> 什麼是 AI？請附上一個生活中的應用案例
>
> **什麼是 AI？**
> AI（人工智慧，Artificial Intelligence）是指讓電腦模擬人類智慧的技術，能進行**學習、推理、判斷與決策**。簡單來說，就是讓電腦能「像人一樣思考與行動」。
>
> **生活中的應用案例：智慧語音助理**
> 像是 Siri（蘋果）或 Google 助理 就是 AI 的應用。你對手機說：「幫我設定早上七點的鬧鐘」，AI 能理解你的語意，自動完成設定。它能聽懂語音、理解語意並執行任務，這就是 AI 在日常生活中的實用展現。

實例 2：請說明 Prompt 的作用，並用對話範例展示其應用。

> 請說明 Prompt 的作用，並用對話範例展示其應用
>
> 當然可以！
>
> ✅ **什麼是 Prompt？**
>
> **Prompt（提示詞）** 是你輸入給 AI 模型的指令或文字，用來告訴 AI 要執行什麼任務、用什麼語氣、產出什麼形式的內容。
> 簡單說：**Prompt 就是你和 AI 溝通的語言**，設計得越清楚、具體，AI 給你的回應就越精準。

> 🍃 **Prompt 應用對話範例**
>
> 🎯 目標：請 AI 幫忙撰寫一則旅遊廣告文案
>
> **使用者 Prompt：**
> 請幫我寫一則充滿感性風格的日本京都秋季旅遊廣告，字數 80 字左右。
>
> **ChatGPT 回覆：**
> 紅葉如畫，京都正美。走過鴨川岸邊的秋風小徑，品味一杯抹茶的靜謐時光。這個秋天，讓心停留在京都的溫柔裡。

3-3-3　標示來源（Cite Sources）

在需要可信度或進行學術寫作時，提示 AI 標示資料來源是提升內容公信力的重要技巧。常用 Prompt 語法如下：

- 「請在回應中標註資料來源」
- 「若資料有引用，請附上來源連結」
- 「請列出參考資料清單」

範例對照可參考下表。

Prompt	輸出形式
「請列出 ChatGPT 的三個應用，並附上資料來源」	條列應用，並於每一點後加註參考網址（如來源：https://…）
「請撰寫一段有關 AI 對教育影響的說明，並附三筆來源」	段落結尾會附上三個來源連結或註明資料出處

第 3 章　輸出格式的 Prompt 規則

實例 1：請列出 ChatGPT 的三個應用，並附上資料來源。

> 請列出 ChatGPT 的三個應用，並附上資料來源
>
> 以下是 ChatGPT 的三個應用，並附上可信的資料來源：
>
> ### 1. 智慧客服與自動化回覆
> ChatGPT 可用來自動處理顧客問題、提供技術支援或常見問題解答，大幅減少人力客服的工作負擔。
> - ✅ **用途示例**：網站客服、電商售後服務、自動化 FAQ 系統
> - 📊 **資料來源**：OpenAI 官方部落格（https://openai.com/chatgpt）
>
> ### 2. 內容創作與文案撰寫
> 許多行銷人員和創作者使用 ChatGPT 來撰寫社群貼文、廣告文案、部落格文章，甚至是詩歌與劇本。
> - ✅ **用途示例**：部落格生成器、社群貼文助手、自動寫作軟體
> - 📊 **資料來源**：Harvard Business Review〈How Generative AI Is Changing Creative Work〉
> （https://hbr.org/2023/07/how-generative-ai-is-changing-creative-work）
>
> ### 3. 教育輔助與個人學習助理
> 學生與老師可利用 ChatGPT 解釋複雜概念、提供學習範例、改作文、生成教學計畫等。
> - ✅ **用途示例**：AI 家教、語言學習、考試準備助手
> - 📊 **資料來源**：Educause Review〈ChatGPT in Higher Education: What Are the Implications?〉
> （https://er.educause.edu/articles/2023/2/chatgpt-in-higher-education-what-are-the-implications）

3-3 限制字數、加入實例、標示來源的技巧

實例 2：請撰寫一段有關 AI 對教育影響的說明，並附三筆來源。

> 請撰寫一段有關 AI 對教育影響的說明，並附三筆來源
>
> 當然可以，以下是一段關於 **AI 對教育影響** 的說明，並附上三筆參考資料來源：
>
> 隨著人工智慧（AI）技術的快速發展，教育領域正面臨一場深刻的轉型。AI 不僅能根據學生的學習進度與風格，提供個人化的教學建議，還能自動批改作業、生成學習內容，減輕教師的行政負擔。透過聊天機器人與虛擬助教，學生能在課後即時獲得學習支援，提升學習動機與效率。然而，AI 也帶來對學術誠信的挑戰，如學生可能濫用生成式工具完成作業，因此教育工作者必須同步調整評量方式與教學策略，以因應未來的數位教室。

📑 參考資料：

1. **OECD (2021)**
   AI and the Future of Skills, Volume 1: Capabilities and Assessments
   https://www.oecd.org/publications/ai-and-the-future-of-skills-volume-1-5f8769c2-en.htm

2. **Educause Review (2023)**
   ChatGPT in Higher Education: What Are the Implications?
   https://er.educause.edu/articles/2023/2/chatgpt-in-higher-education-what-are-the-implications

3. **UNESCO (2021)**
   AI and Education: Guidance for Policy-makers
   https://unesdoc.unesco.org/ark:/48223/pf0000376709

3-3-4 實用提醒技巧

目標	提示詞建議
控制輸出長度	「請用一句話／100 字內／不超過三行…」
提升內容具體性	「請加入一個實例／生活應用案例／說明性對話」
確保資訊可溯源	「請附上資料來源／列出參考資料／加入超連結」

3-3-5　總結

　　想讓 AI 回應更實用、有結構、可查證,就不能忽略字數、實例與來源三大控制面。這些技巧雖簡單,卻能大幅提升回應內容的可讀性、可信度與可行性。

第 4 章

智慧生活的新可能

4-1　網頁搜尋

4-2　閱讀網頁新聞

4-3　表情符號 - Emoji

4-4　生活賀詞的應用

4-5　外語學習

第 4 章　智慧生活的新可能

4-1 網頁搜尋

「網頁搜尋」是 ChatGPT 的內建功能，用來即時連線至搜尋引擎，取得最新的網路資訊。當模型內建的知識不足或資訊可能過時時，系統會自動啟用這個工具，搜尋並整合網頁內容，讓回答更精準、更新、更有依據。

4-1-1　網頁搜尋工具

點選「輸入框」的圖示 ＋，再執行「網頁搜尋」，可以啟動動此功能。

強制啟用「網頁搜尋」功能後，輸入框畫面如下：

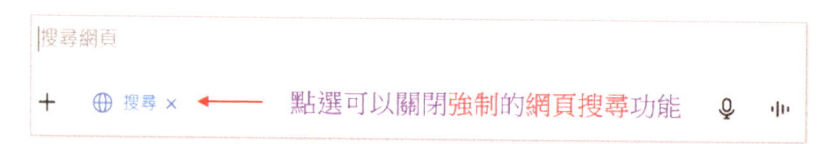

❏ **特色與優勢**

- 自動啟用，無須手動操作
    - 使用者提問時，若 ChatGPT 判斷需要最新資訊或特定來源，它會自動使用網頁搜尋工具。
    - 你不必輸入特殊指令，也不需設定搜尋引擎。
- 即時取得最新資料
    - 能查詢新聞、股市、天氣、剛發布的研究成果等即時內容。

- 適合處理超出模型知識範圍的問題。
- 特定來源檢索：可依需求開啟指定網站或文章網址（例如官方公告頁面），並擷取其中內容。
- 透明引用：搜尋完成後，ChatGPT 會在回覆中附上來源標記，方便追溯與驗證。

❏ 啟用情境範例

問題類型	是否啟用搜尋	範例
歷史事實、固定知識	否	「介紹愛因斯坦的生平」
最新事件	是	「昨天台北股市收盤價是多少」
特定網站內容	是	「請到交通部觀光局官網找 2025 年旅遊補助資訊」

❏ 最佳使用技巧

- 直接在問題中說明需求，如「請搜尋最新的…」、「請查官方網站…」，可提高搜尋觸發率。
- 若需特定格式（如表格、摘要），可在問題中明確指定。
- 一次問清楚：若問題含多個不同主題，建議分開詢問以提高搜尋精準度。

4-1-2　啟用與未啟用回答差異

❏ 資料來源

- 未啟用網頁搜尋
    - 完全依照內建的知識庫與過往訓練內容（筆者寫此本書籍的知識截止時間到 2024 年 6 月）。
    - 不會連上網路，也不會引用最新的官方資料。
    - 資訊可能較舊，尤其是票價、開放時間、最新活動等。
- 啟用網頁搜尋
    - 會先到網路搜尋相關資訊，再整理成回答。
    - 能引用官方網站、新聞媒體、部落格等最新內容。
    - 回答中可附上來源連結或標註引用網站，可信度較高。

- 內容特徵
  - 未啟用網頁搜尋
    - 答案多以經驗型、綜合知識型的方式給出,邏輯清楚但細節未必最新。
    - 沒有來源引用,看起來像是直接寫出來的。
    - 較多自由發揮,靈活性高,但不一定反映當前情況。
  - 啟用網頁搜尋
    - 回答會融合外部網站的結構與內容,資訊更完整且具時效性。
    - 可能包含不同觀點與更多替代方案(因為整合多個來源)。
    - 通常篇幅更長、細節更多,例如官方行程推薦、票價資訊、最新活動。

- 呈現方式
  - 未啟用網頁搜尋
    - 語氣偏向旅遊顧問或個人建議風格。
    - 清單或條列為主,快速可讀。
  - 啟用網頁搜尋
    - 可能包含表格、來源標註、外部連結。
    - 結構更像一篇整理報告,有時會更學術化或新聞化。

- 適用情境

情境	建議模式
想要快速、簡潔的參考行程或答案	未啟用網頁搜尋
需要最新資訊(如票價、開放時間、2025年活動)	啟用網頁搜尋
希望有官方或權威來源佐證	啟用網頁搜尋
想要靈活、個人化的規劃建議	未啟用網頁搜尋

4-1-3　旅行訊息查詢

探索世界從了解目的地開始。ChatGPT 的搜尋功能結合全球旅遊資訊與地理數據,提供詳細的旅遊景點介紹、行程規劃與當地文化知識,幫助用戶輕鬆規劃夢想之旅,體驗前所未有的探索與冒險之旅

- 應用範圍：全球旅遊景點、當地天氣、旅遊行程建議。
- 功能亮點
    - 即時天氣查詢：提供最新氣象數據。
    - 旅遊建議整合：搜尋旅遊景點和行程推薦。
- 實例查詢
    - 「日本東京 5 日行程建議」
    - 「2025 年最值得去的歐洲旅遊景點」

下列將用相同提示詞「日本東京 5 日行程建議」，測試「啟用」與「未啟用」了解 ChatGPT 回應的差異。

❏ 未啟用網頁搜尋

日本東京 5 日行程建議

以下是針對**日本東京 5 日行程建議**，以觀光、文化、美食及購物結合的安排，路線考量交通便利與體力分配，適合首次或再次造訪東京的旅客。

Day 1：淺草與晴空塔 — 歷史與現代交織

- 上午：
    - 淺草寺參拜（體驗傳統寺廟文化、拍攝雷門與仲見世通）
    - 仲見世通商店街（購買和風伴手禮、淺草人形燒）
- 下午：
    - 東京晴空塔（觀景台俯瞰東京全景）
    - 東京晴空街道購物中心

…

> **Day 5：台場 — 未來與娛樂**
> - 上午：
>   - 台場海濱公園（彩虹大橋拍照）
>   - 自由女神像複製品
> - 下午：
>   - teamLab Borderless 或 teamLab Planets（沉浸式數位藝術館）
>   - DiverCity 購物中心（巨大鋼彈像）
> - **晚餐**：台場海景餐廳或回東京市區品嚐懷石料理
>
> 💡 **小貼士**：
> - 建議購買 Suica / Pasmo 交通卡，方便搭乘地鐵與巴士。
> - 若有計畫參觀多個景點，可考慮購買 東京地鐵一日券 或景點套票。
> - 避免行程過於緊湊，每天安排 1~2 個主要景點即可深入體驗。

❏ 啟用網頁搜尋

> 日本東京 5 日行程建議
>
> 以下為結合多方資訊，整理出的 **東京 5 日經典行程建議**，涵蓋文化、現代藝術、都市生活與自然探索，適合首次造訪者：
>
> **5 日行程概要（參考自 goTokyo 官方建議）** (東京旅遊網站 +14)
> - 第 1 日（東部東京）：
>   - 淺草寺（雷門、仲見世商店街）
>   - teamLab 藝術館（如 Planets 或無界數位藝術館）
>   - 東京晴空塔觀景與商場遊玩
>
> ...

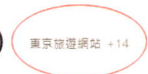

4-1 網頁搜尋

- 第 5 日（西南部東京）：
  - 涉谷（十字路口、人潮觀察）
  - 中目黑、代官山文青 & 購物街道
  - 六本木藝文區或夜景點可作補充選項

行程亮點補充建議（參考多方資訊）

- 橫濱／鎌倉一日遊
  可替代第 5 日行程，前往鎌倉參拜巨佛、散步古街，或橫濱逛唐人街與三溪園
  （樂吃購！日本 東京版 +13　Agoda +13　維基百科　BringYou）。
- TeamLab 與築地市場深入體驗
  深度探索 teamLab 的數位藝術沉浸式展覽，也可安排築地／豐洲市場參觀魚市場與迴轉壽司（Vogue +5）。

...

小提醒

- 建議住宿選在交通便利的新宿、涉谷地帶，便於串連各區行程（維基百科 +2　樂吃購！日本 東京版 +4　Bon Traveler +8）。
- 使用 Suica 或 Pasmo 卡搭乘地鐵與公車，方便又省時（Mr Hudson +1）。

若你希望，我也可以幫你製作含交通建議或地圖標註的行程細節版本，讓旅程更好掌握！需要我補強哪一部份嗎？

資料來源

❏ 啟用與不啟用「網頁搜尋」差異比較

1. 資料來源

    ● 未啟用網頁搜尋

        ■ 完全依照內建的知識庫與過往訓練內容（知識截止時間到 2024 年 6 月）。
        ■ 不會連上網路，也不會引用最新的官方資料。
        ■ 資訊可能較舊，尤其是票價、開放時間、最新活動等。

4-7

- 啟用網頁搜尋
  - 會先到網路搜尋相關資訊,再整理成回答。
  - 能引用官方網站、新聞媒體、部落格等最新內容。
  - 回答中可附上來源連結或標註引用網站,可信度較高。

2. 內容特徵
- 未啟用網頁搜尋
  - 答案多以經驗型、綜合知識型的方式給出,邏輯清楚但細節未必最新。
  - 沒有來源引用,看起來像是直接寫出來的。
  - 較多自由發揮,靈活性高,但不一定反映當前情況。
- 啟用網頁搜尋
  - 回答會融合外部網站的結構與內容,資訊更完整且具時效性。
  - 可能包含不同觀點與更多替代方案(因為整合多個來源)。
  - 通常篇幅更長、細節更多,例如官方行程推薦、票價資訊、最新活動。

3. 呈現方式
- 未啟用網頁搜尋
  - 語氣偏向旅遊顧問或個人建議風格。
  - 清單或條列為主,快速可讀。
- 啟用網頁搜尋
  - 可能包含「表格」、「來源標註」、「外部連結」。
  - 結構更像一篇整理報告,有時會更學術化或新聞化。

4. 適用情境

情境	建議模式
想要快速、簡潔的參考行程或答案	未啟用網頁搜尋
需要最新資訊(如票價、開放時間、2025 年活動)	啟用網頁搜尋
希望有官方或權威來源佐證	啟用網頁搜尋
想要靈活、個人化的規劃建議	未啟用網頁搜尋

4-1-4　搜尋海鮮餐廳 - 自動開啟搜尋網頁功能

ChatGPT 也可以在需要時,自動開啟「搜尋網頁」功能,根據使用者的提示詞即時到網路上查找最新資訊,並將查詢結果整理後回應,讓回答更即時、更貼近當前情況。

實例 1:搜尋「請告訴我台北著名的海鮮餐廳」。

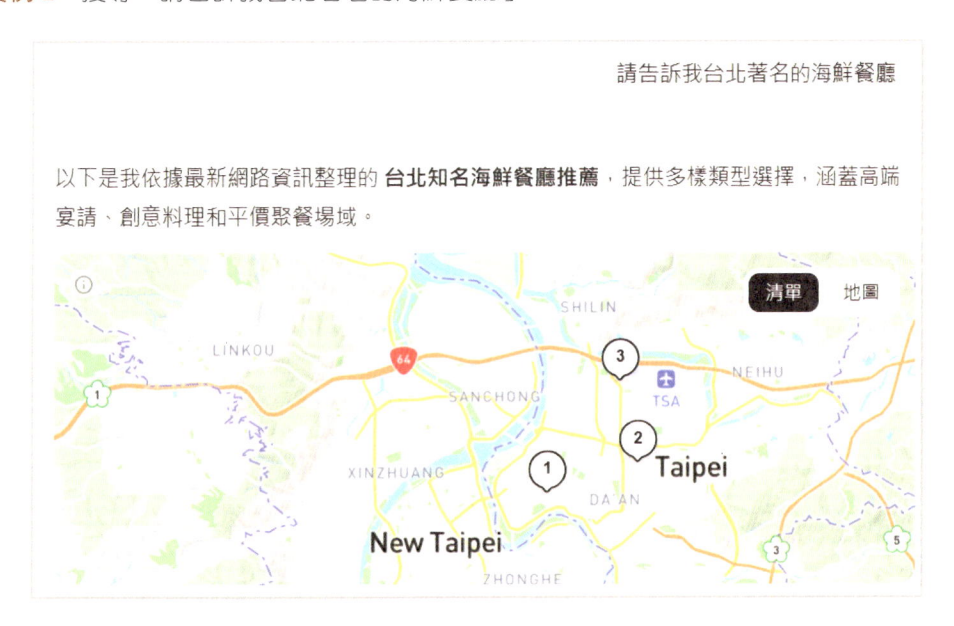

> 請告訴我台北著名的海鮮餐廳

以下是我依據最新網路資訊整理的 **台北知名海鮮餐廳推薦**,提供多樣類型選擇,涵蓋高端宴請、創意料理和平價聚餐場域。

…

新東南海鮮餐廳
已關閉 直到下午5:00 · Seafood · $$$$ · 4.0 (77 則評論)
生猛漁獲,肥美海鮮,多樣少見海鮮料理　taipei-seafood.com.tw

方向　網站　呼叫

…

第 4 章　智慧生活的新可能

- **真的好海鮮**
  獲得米其林推薦的海鮮餐廳，擁有豐富的海鮮展示區，提供個人套餐及大型宴席，是宴請首選。(MICHELIN Guide +2)
- **Addiction Aquatic Development（上引水產）**
  集市場與餐廳於一體的海鮮據點，擁有活體魚缸與即選即食的體驗方式，深受海鮮愛好者追捧。(Wanderlog +11)

額外參考
- **TripAdvisor 熱門評分榜**
  餐廳如「食令Shabu」、「漢來海港餐廳」也受到高度評價，是用戶間常見熱門選擇。(Tripadvisor +1)

上述 ChatGPT 回應整合台北多家知名海鮮餐廳資訊，涵蓋高端至平價選擇，並附來源連結，資訊豐富且有時效性，方便讀者依需求篩選。

4-2　閱讀網頁新聞

隨著 ChatGPT 的「閱讀網頁新聞」功能不斷進化，全球資訊觸手可及。透過內建的翻譯能力，我們即使在家中，也能用中文輕鬆閱讀世界各地的最新新聞。無論是美國的財經政策、歐洲的科技趨勢，還是日本的觀光資訊，只需輸入新聞連結或進行關鍵字搜尋，ChatGPT 便能即時擷取重點、翻譯內容，並以清晰的中文呈現。這不僅節省跨語言閱讀的時間，還能打破語言隔閡，讓我們更全面、快速地掌握國際動態，從而在學習、研究與商務決策中保持資訊優勢。

4-2-1　摘要與分析美國聯準會網頁

美國聯準會是美國的中央銀行，其決策往往對全球經濟產生深遠影響。作為一名出色的財務專業人士，建議隨時關注聯準會的公告與政策動向，以掌握市場脈動並做出明智的財務決策。有一則聯準會公告消息如下：

4-2 閱讀網頁新聞

federalreserve.gov/newsevents/pressreleases/bcreg20241219a.htm

December 19, 2024

Agencies release annual asset-size thresholds under Community Reinvestment Act regulations

Federal Reserve Board

Federal Deposit Insurance Corporation

For release at 3:30 p.m. EST

Share

The Federal Reserve Board and the Federal Deposit Insurance Corporation today announced the 2025 updated Community Reinvestment Act (CRA) "small bank" and "intermediate small bank" asset-size thresholds.

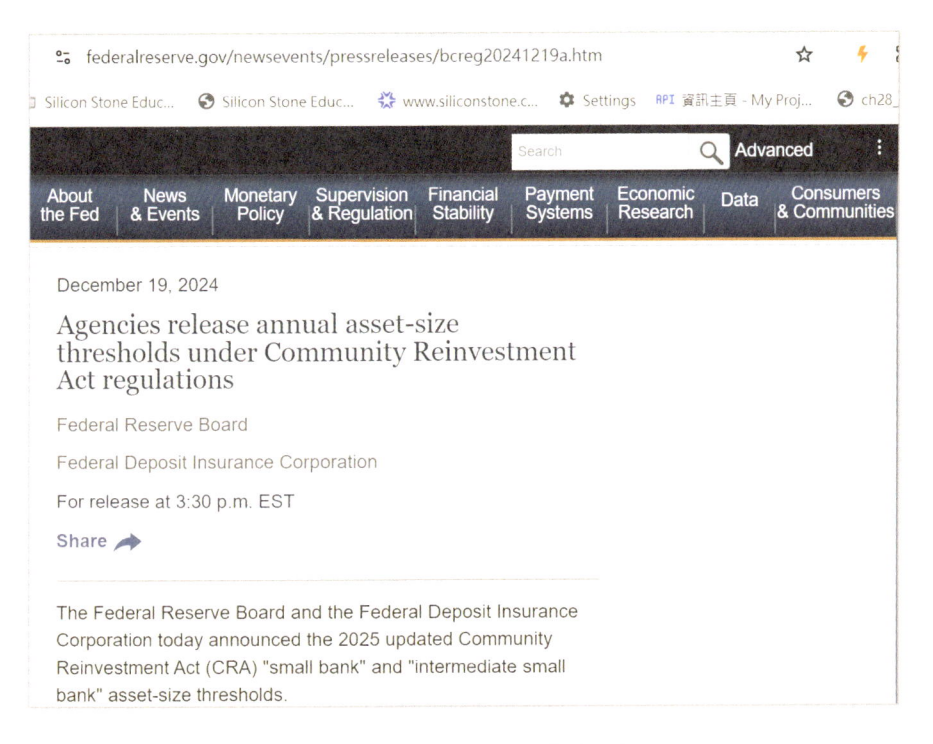

實例 1：翻譯美國的聯準會新聞，請複製網址，然後輸入如下：

> 請翻譯下列網址內容為中文
> https://www.federalreserve.gov/newsevents/pressreleases/bcreg20241219a.htm
>
> 以下是你提供的聯準會官網最新新聞稿摘要翻譯，內容來自美國聯邦準備理事會（Federal Reserve Board）與聯邦存款保險公司（FDIC）於2024年12月19日聯合發布：「2025 年社區再投資法（CRA）資產規模門檻調整公告」：
>
> **聯準會與FDIC公布 2025 年 CRA 機構資產規模門檻更新（2024年12月19日發布）**
>
> 發布單位：
> - 美國聯邦準備理事會（Federal Reserve Board）
> - 聯邦存款保險公司（FDIC）

4-11

第 4 章　智慧生活的新可能

...

> - 這些門檻從 2025 年 1 月 1 日 起開始生效，至 2025 年 12 月 31 日 期間適用
>   聯邦儲備系統。

上述點選可以看到更詳細的資料。

> - 這些門檻從 2025 年 1 月 1 日 起開始生效，至 2025 年 12 月 31 日 期間適用
>   聯邦儲備系統。
>
>   FRB 聯邦儲備系統
>   Agencies release annual asset-size thresholds under Community ...
>   如需新聞稿 2024年12月19日 — The Federal Reserve Board and the Federal Deposit Insurance Corporation today ...

換為不同格式（如繁體排版、新

實例 2：分析聯準會的公告，請輸入「請說明上述聯準會公告對經濟的影響」。

> 請說明上述聯準會公告對經濟的影響
>
> 聯準會（Federal Reserve）這份公告的經濟影響主要體現在**社區發展和金融機構的運營規模**上，以下是一些關鍵的分析點：
>
> **1. 促進小型銀行和中型銀行的競爭力**
>
> - 資產門檻的提高：
>   - 小型銀行的資產上限提高至15.0億美元，中型銀行的範圍擴大至49.5億美元。
>   - 這意味著更多銀行將被歸類為「小型」或「中型」銀行，這些銀行可能有資格享受更寬鬆的監管要求。
> - 影響小型銀行的成本負擔：
>   - 小型和中型銀行通常在監管上負擔較，因此提高門檻可以幫助這些銀行減少合規成本，將更多資源投入到放貸和社區發展中。

...

4-12

5. 經濟風險的平衡

- 潛在的風險：
  - 如果銀行為了符合較低的監管標準而調整其業務結構，可能會出現一些資產管理上的挑戰。
  - 過度放貸或對高風險客戶的信用支持可能帶來系統性風險。
- 監管機構的應對措施：
  - 聯準會會定期檢查這些銀行的運營情況，確保金融穩定。

總結

這份公告旨在讓更多金融資源流向需要支持的社區，同時減輕小型和中型銀行的監管負擔，從而促進地方經濟增長。長期來看，這將對美國經濟的**包容性增長**起到正面作用，但需要注意適度監管以平衡風險和成長的關係。

ChatGPT 對聯準會公告的分析展現了其對經濟政策和金融影響的深刻理解。文章從資產門檻調整入手，探討對小型和中型銀行競爭力的提升以及對低收入社區融資的支持，同時提及政策潛在的經濟風險和平衡監管的重要性。分析邏輯清晰，重點突出，對政策影響的長短期效果均有涵蓋。

4-2-2　閱讀 USATODAY 新聞

這一節是閱讀 USATODAY 美國每日新聞，有一則網路新聞如下：

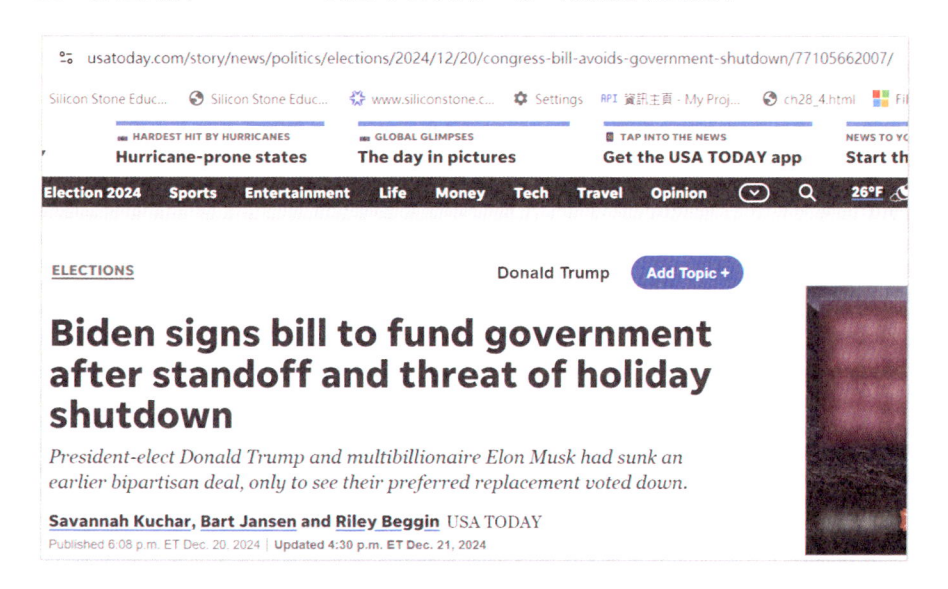

註：上述畫面取材自 USATODAY 網頁

第 4 章 智慧生活的新可能

實例 1：翻譯 USATODAY 網路新聞，請輸入下列內容：

> 請翻譯下列網址內容
> https://www.usatoday.com/story/news/politics/elections/2024/12/20/congress-bill-avoids-government-shutdown/77105662007/
>
> 以下是你所提供的 USA Today 網址所報導內容的中文翻譯，根據 2024 年 12 月 20 日的新聞稿整理如下：
>
> **美國國會通過撥款法案 避免政府關門**
>
> **華盛頓訊**──就在計畫性政府部分停擺的午夜最後一刻，美國國會跨黨派達成一項臨時撥款協議，成功讓政府繼續運作直到新任總統就職前夕。宣布通過此法案的是參議院多數黨領袖舒默（Chuck Schumer）。 usatoday.com
>
> - 眾議院表決結果：以 366 票贊成、34 票反對（另有 1 票棄權）通過法案。 usatoday.com

4-2-3 連網功能 – 摘要或翻譯網頁內容

ChatGPT 也具有連網功能，同時可以摘要或是翻譯網頁內容。

實例 1：您輸入『請摘要「https://deepwisdom.com.tw」網頁內容』。

> 請摘要「https://deepwisdom.com.tw」網頁內容
>
> 以下是「深智數位股份有限公司」（Deep Wisdom，網站：deepwisdom.com.tw）官網的重點摘要，整理給您參考：
>
> **公司簡介**
>
> - **成立時間與背景**：深智數位股份有限公司於 2019 年 4 月 1 日成立，立足於大數據與人工智慧蓬勃發展的時代，希望透過科技與熱情，提供實體與數位出版方式，讓讀者、學生能更輕鬆有效地學習並取得國際認證（Silicon Stone Education）。
>
> 深智數位股份有限公司 +12

...

4-14

4-2 閱讀網頁新聞

> **聯絡方式與服務時間**
> - 客服信箱：service@deepwisdom.com.tw。
> - 電話：02-2732-7925。
> - 服務時間：週一至週五 09:30–18:30（12:00–13:00 為午休時間） 深智數位股份有限公司 +13。

上述除了提供摘要結果，還提供超連結，點選可以進入此網站。

實例 2：您輸入『請摘要「https://www.mcut.edu.tw/」網址內容』。

> 請摘要「https://www.mcut.edu.tw/」網址內容
>
> 以下是對「明志科技大學」（Ming Chi University of Technology，簡稱 MCUT，官網：mcut.edu.tw）重點內容的整理與摘要：
>
> **基本概覽**
> - 學校名稱 / 性質：明志科技大學，是位於臺灣北部（新北市泰山區）的私立科技大學
>   mcut.edu.tw +15
> - 創辦背景：前身為「明志工業專科學校」，由台塑企業創辦人王永慶於1963年成立
>   維基百科 +3

除了可以摘要中文網頁內容，我們也可以要求 ChatGPT 摘要與翻譯美國新聞網站內容

實例 3：您輸入「請摘要下列網頁內容

https://www.usatoday.com/story/tech/news/2024/01/09/walmart-ces-ai-tech/72161108007/」。

4-15

第 4 章　智慧生活的新可能

```
請摘要下列網頁內容
https://www.usatoday.com/story/tech/news/2024/01/0
9/walmart-ces-ai-tech/72161108007/
```

以下是我根據 CBS News 和其他來源整理出來的重點摘要，彙整沃爾瑪（Walmart）在 2024 年 CES 上展示與介紹的 AI 新技術內容：

Walmart 在 CES 2024 展示的新科技亮點

1. 智慧補貨：InHome Replenishment

沃爾瑪推出名為 *InHome Replenishment* 的 AI 功能，針對 Walmart+ 會員，透過學習客戶的購物習慣與使用頻率，準確預測何時需要補貨，例如牛奶等日常用品。系統會自動下單並送貨到家，且允許使用者隨時調整訂單，不再依賴固定的訂閱制，而是能隨時間動態調整。

CBS新聞

4-3 表情符號 - Emoji

「Emoji」一詞就是由「繪（E）」表示圖畫，和「文字（moji）」組成的，也可以稱「表情符號」。Emoji 符號是一種小圖標或表情符號，用於在數位通訊中傳達情感、概念或訊息。它們最初在 1990 年代末由日本手機用戶使用，後來隨著智慧手機和社交媒體的普及而在全球範圍內流行起來。Emoji 符號現在包含了各種各樣的圖像，從簡單的表情（如微笑或悲傷的臉）到動物、食物、運動、工作、天氣現象以及各種符號和物品。

Emoji 的使用可以使文字訊息更加生動、有趣，並有助於跨越語言和文化障礙傳達情感和概念。隨著時間的推移，它們不斷發展和擴展，以反映多元化的文化、生活方式和新概念。Emoji 已經成為數位通訊時代中一種重要的溝通工具，被廣泛使用並漸漸成為文化和語言的一部分。目前 Emoji 是依據 Unicode 標準管理，該標準確保在不同的設備和平台上能夠一致地顯示和使用這些符號。

4-4 生活賀詞的應用

實例 1：您輸入『請用 100 個字描述「漂亮女孩遊火星的故事」，描述內容請適度加上 Emoji 符號』。

> 請用100個字描述「漂亮女孩遊火星的故事」，描述內容請適度加上Emoji符號

一位漂亮女孩 👧 乘坐銀白色太空船 🚀 踏上火星之旅 🔴。她穿著亮紅太空服，在紅色沙丘間探險 🏜️，發現閃閃的外星礦石 💎 與神秘的生物 👽。夕陽下，她拍下壯麗的火星景色 📷，心中充滿冒險與夢想 ✨。

4-4 生活賀詞的應用

在生活中處處有需要說吉祥話的場合，如果成語不太會用，可以使用 ChatGPT 協助我們。這一小節的系列實例，ChatGPT 回應的後半部內容省略。

實例 1：您輸入「請列舉新年的賀詞」。

> 請列舉新年的賀詞

以下列出一些常見且吉祥的新年賀詞，您可以依場合與對象選擇使用：

傳統吉祥賀詞
- 新年快樂，萬事如意
- 恭賀新禧，福運滿門
- 萬事順遂，闔家平安
- 金玉滿堂，吉祥如意
- 歲歲平安，年年有餘

祝福事業與財運
- 生意興隆，財源廣進

4-17

第 4 章　智慧生活的新可能

實例 2：您輸入「今年是農曆龍年，請列舉賀詞」。

> 今年是農曆龍年，請列舉賀詞
>
> 好的，今年是農曆龍年，以下我幫您整理一份**龍年專屬賀詞**，分成不同類型方便使用：
>
> **傳統吉祥賀詞**
> - 龍年大吉，萬事如意
> - 龍騰四海，福運連綿
> - 龍騰虎躍，步步高昇
> - 龍馬精神，平安喜樂
> - 龍鳳呈祥，吉慶安康
>
> **事業與財運祝福**　↓
> - 龍年興旺，財源滾滾

讀者可以自行練習下列題詞 (Prompt)：

- 「請列舉中秋節的賀詞」。
- 「請列舉職場升遷的賀詞」。
- 「請列舉生日的賀詞」。
- 「請列舉婚禮的賀詞」。

4-5　外語學習

這一節的外語學習是以英文為例說明，讀者可以應用到其他語言。

4-5-1　建立英文學習機

讀者可以請 ChatGPT 輸出特定單字與相關的英文單字。

實例 1：您輸入『請翻譯「出國旅遊」為英文，同時輸出相關的英文單字，同時右邊要加註中文翻譯』，註：為了節省篇幅，下列輸出結果沒有完全列印。

4-5 外語學習

```
翻譯:「出國旅遊」

英文:Travel Abroad

相關英文單字及中文翻譯
```

英文單字	中文翻譯
Passport	護照
Visa	簽證
Luggage	行李
Customs	海關
Airport	機場

聊天過程如果需要不斷的輸入上述文字,是一件麻煩的事情。這時我們可以利用訓練 ChatGPT,建立「英文學習機」,未來我們在這個聊天主題輸入單字,ChatGPT 自動輸出相關單字,這樣相當於建立了「英文學習機」,首先點選新聊天 🖉 圖示,下列相當於是訓練 ChatGPT 擔任英文學習機的角色。

實例 2:您輸入『你可不可以做我的英文學習機,當我輸入「中文」時,你輸出此英文和相關的英文單字,同時右邊要有加註中文翻譯』。

> 記憶已更新
> 明白了,我會依照你的要求來做。你可以開始輸入中文句子或單字。
>
> 例如,請輸入你想要翻譯的中文句子或單字。

上述訓練結束,ChatGPT 自動建立了「英文學習輔助」聊天標題,可以參考下方左圖。下方右圖是將此標題名稱改為「英文學習機」

英文學習輔助　　　…　　　英文學習機　　　…

未來點選「英文學習機」聊天標題,只要輸入中文,ChatGPT 就自動將筆者輸入中文翻譯,同時列出相關含中文註解的英文單字。

第 4 章 智慧生活的新可能

實例 2：您輸入「人工智慧」。

> 人工智慧
>
> Artificial Intelligence
>
> - Artificial - 人工的
> - Intelligence - 智慧
> - Machine Learning - 機器學習
> - Neural Network - 神經網路

上述方法非常方便，但是當使用 ChatGPT 久了，會有許多聊天主題，我們無法很快找到「英文學習機」聊天主題。新版的 ChatGPT 有提供建立 GPT 機器人功能，我們可以使用此功能，將「英文學習機」打造成自己的 AI 小助理，未來會做說明。

4-5-2 建立英文翻譯機

這一節將使用 ChatGPT 建立英文翻譯機，建立原理和前一小節類似，首先點選新聊天 🖉 圖示，下列是建立英文翻譯機的實例。

實例 1：您輸入『你現在是「英文翻譯機」，當我輸入「中文」時，你需翻譯成英文』。

> 好的，我明白了。請輸入中文句子，我會幫你翻譯成英文。

註 如果讀者使用 ChatGPT 時，所出現的聊天標題不是「英文翻譯機」，可以自行將此標題名稱改為「英文翻譯機」。

未來點選「英文翻譯機」聊天標題，只要輸入中文，ChatGPT 就自動將筆者輸入中文翻譯成英文，下列是實例。

實例 2：您輸入「今天天氣很好, 是一個適合旅遊天氣」。

> The weather is great today; it's a perfect day for traveling.

上述「英文翻譯機」建立完成，未來即使是一整篇文章，ChatGPT 也可以進行翻譯。與前一小節觀念一樣。如果常常使用，建議可以用 GPT 機器人功能，19-1 節會詳細解說。

4-5-3 文章潤飾修改

筆者所寫的英文是台灣式的英文，這時也可以請求 ChatGPT 協助潤飾語法、語法檢查或單字錯誤修正，下列是筆者的實例。

實例 1：您輸入「請修改與潤飾下列英文

Mr. Jiin-Kwei Hung has ever studied two courses which I taught Mechanical Drawing and Machine Design. In this period, he has ever assisted me for drawing construction and make a book relative mechanical drawings published smoothly therefore, I have a deep image in him.」。

> Mr. Jiin-Kwei Hung has taken two courses with me: Mechanical Drawing and Machine Design. During this time, he assisted me with drawing constructions and contributed to the smooth publication of a book on mechanical drawings. As a result, he has left a strong impression on me.

從上述修改結果，可以看到已經將筆者的台式英文，改造為純美式英文文章了。

第 5 章

ChatGPT 繪圖
開啟心靈畫家的旅程

5-1　從對話到創作 - 探索 AI 繪圖的起點

5-2　ChatGPT 圖像生成 - 從零開始創造藝術術

5-3　即時互動與調整 - AI 助力下的繪畫新體驗

5-4　生成文字與圖像的完美結合

5-5　深入探索 AI 繪圖語法 - 打造你的專屬風格

5-6　創意咖啡館 - AI 藝術靈感的交流空間

5-1 從對話到創作 - 探索 AI 繪圖的起點

ChatGPT 的聊天已經整合了 DALL-E 的繪圖功能，所以我們可以在聊天中要求生成圖像的功能，創作的基本原則如下：

- 語言：可以用中文描述，ChatGPT 會將中文描述翻譯成英文，以符合生成圖像的語言要求，然後傳送給 DALL-E 生成圖像。
- 描述：描述必須是清晰、具體的，以便準確地生成圖像。
- 風格：如果需要模仿特定風格，建議使用描述性語言。所謂的描述性語言是指，例如：如果你想描述梵谷的畫風，你可能會選擇像「生動的」、「筆觸粗獷的」和「色彩鮮豔的」這樣的形容詞。這些詞彙能夠幫助圖像生成工具理解和重現類似梵谷畫風的特徵，而不直接複製或侵犯版權。
- 公眾人物和私人形象：對於公眾人物，圖像將模仿其性別和體型，但不會是其真實樣貌的複製。
- 敏感和不當內容：不生成任何不適當、冒犯性或敏感的內容。
- 圖像大小：可以有下列幾種：
  - 1024x1024：這是預設，相當於是生成正方形的圖像。
  - 1792x1024：這也可稱寬幅或稱全景，它的寬高比是 16:9，許多場合皆適合，例如：用在風景、展場、城市風光攝影，可以讓視覺有更廣的視野，創造一個更豐富的敘事場景，更好的沉浸感，讓觀者感覺自己仿佛在場景中。
  - 1024x1792：可稱全身肖像，這個大小可以展示人物的整體外觀，包括服裝、姿勢和與環境的互動，從而提供對人物更全面的了解。
- 數量：並根據用戶要求調整，每次請求預設是生成一幅圖像。
- 創作描述：一幅畫創作完成，也會有作品描述。

了解上述原則，描述心中所想的情境，ChatGPT 就可以完成你想要的圖像，下列幾小節筆者先用自然語言隨心靈描述，以最輕鬆方式生成創作。創作完成後點選圖像右上角的下載圖示，就可以下載所創作的圖像。

5-1-1　我的第一次圖像創作 - 城市夜景的創作

實例 1：您輸入「請創作舊金山有夕陽的傍晚」，可參考下方左圖。

每一幅創作圖，有 2 張，可以在右上方挑選。

實例 2：「請創作紐約的夜景，天空飄著雪」，可以參考上方右圖。

創作完成後，將滑鼠游標移到左方的下載 ⬇ 圖示，可以參考下圖。

　　按一下，就可以下載創作的圖像，圖像下載的附檔名是 png。PNG（Portable Network Graphics，可攜式網路圖形）是一種無損壓縮的點陣圖檔案格式，由於壓縮過程不會損失畫質，非常適合儲存需要保留細節的圖片，如圖表、截圖、插圖與透明背景圖。它支援透明通道（Alpha Channel），能讓圖片背景呈現透明效果，因此在網頁設計與多媒體製作中廣泛使用。PNG 的副檔名為 .png，常用於取代有損壓縮的 JPEG 與不支援透明的 GIF。

5-1-2　生成不同格式的圖像

　　我們也可以在生成圖像時，告訴 ChatGPT 生成特定格式的圖像。

第 5 章　ChatGPT 繪圖 - 開啟心靈畫家的旅程

實例 1：您輸入「請用全景，創作在跑道上快速滑行的隱形戰鬥機，戰鬥機材質是碳纖維，要有快速滑行的感覺」。

下列是相同 Prompt，ChatGPT 4o 的生圖結果，坦白說 ChatGPT 5 的生圖能力，無法為我們帶來驚喜了。

5-2 ChatGPT 圖像生成 - 從零開始創造藝術

除了聊天方式，還有 2 種方式可以生成圖像：

❑ 創作圖像

請點選輸入框的圖示 ＋ ，然後點選「創作圖像」。

這是 OpenAI 公司鼓吹的方法，遺憾，生圖效果不好。進入此環境後，還可以為創作的圖像選擇風格，如下所示：

實例 1：請輸入「創作一張國際太空人在火星上的逼真圖像，他的腰間戴著一隻巨型鴨子充氣玩具」，可以參考下方左圖。註：下圖 ChatGPT 直接依據需要，生成 1024 x 1792 的圖像。

實例 2：類似 Prompt，但是改為「賽博龐克」風格。請輸入「創作一幅賽博龐克美學圖像：創作一張國際太空人在火星上的逼真圖像，他的腰間戴著一隻巨型鴨子充氣玩具」，可以參考上方右圖。

❏ 用 DALL-E 方式生圖

1. 請點選左側欄的 GPT。
2. 然後點選 DALL-E，可以進入 DALL-E 的生圖環境。

這一章節起的圖像，若不特別註明，大都用此完成。

5-2-1 CES 會場

實例 1：您輸入「請用全景生成 2030 年 CES 拉斯維加斯展，會場的畫面」。

5-2-2 古羅馬競技場

實例 1：您輸入「請繪製古羅馬競技場」。

第 5 章　ChatGPT 繪圖 - 開啟心靈畫家的旅程

5-2-3　一生必遊之地 - 全景繪製

首先筆者輸入「請推薦一生必遊的 5 個景點」，下列是 ChatGPT 的推薦。

> 請推薦一生必遊的5個景點
>
> 如果要列出「一生必遊」的五個景點，我會挑選兼顧自然奇觀、歷史文化與獨特體驗的地方，讓每一站都像翻開一本不同的世界之書：
>
> 1. 馬丘比丘（秘魯）
>   古印加文明的遺跡，隱身在安第斯山脈雲霧間，像一座天空之城。登頂的瞬間會有種穿越時空的錯覺。
> 2. 羚羊峽谷（美國亞利桑那州）
>   光影與紅色砂岩雕刻出宛如外星的夢幻曲線，攝影師的天堂。
> 3. 大堡礁（澳洲）
>   世界最大珊瑚礁群，潛入海中就像走進一幅會呼吸的彩色油畫。
> 4. 佩特拉古城（約旦）
>   被紅色岩壁隱藏了兩千年的古城，石雕建築直接刻在山體上，氣勢磅礡。
> 5. 北極光觀賞地（挪威特羅姆瑟或冰島）
>   在寒冷的夜空中，看綠色與紫色的光在星空中舞動，是一種無聲卻震撼靈魂的體驗。

也許讀者有機會旅遊上述景點，不過，我們可以透過 ChatGPT 先認識景點。

實例 1：您輸入「請用全景繪製馬丘比丘（秘魯）」。

實例 2：您輸入「請用全景繪製大堡礁（澳洲）」。

5-8

讀者可以自行測試下列 Prompt。

- 「請用全景繪製羚羊峽谷（美國）」。
- 「請用全景繪製佩特拉古城（約旦）」。
- 「請用全景繪製北極光觀賞地（挪威特羅姆瑟）」。

最後筆者補充，中國拉撒布達拉宮的夜景，最特別的是走到廣場水池後方，可以看到布達拉宮的倒影。

實例 3：您輸入「請用全景繪製中國拉撒布達拉宮的夜景，同時廣場前有布達拉宮的倒影」。

5-9

第 5 章　ChatGPT 繪圖 - 開啟心靈畫家的旅程

5-3　即時互動與調整 - AI 助力下的繪畫新體驗

5-3-1　增加細節

我們也可以與 ChatGPT 用互動方式繪圖，可以參考下列對話實例。

實例 1：您輸入「請繪製奧地利哈爾斯塔特的風景，傍晚，天空飄著雪」，請參考下方左圖。

實例 2：您輸入「請使用上述圖片，增加繪製湖泊上有 3 隻天鵝」，可參考上方右圖。

　　ChatGPT 在奧地利哈爾斯塔特的圖像上成功添加了 3 隻天鵝，效果令人驚嘆。天鵝優雅地浮游於湖面，增添了圖像的寧靜和詩意。背景中的雪景和村莊燈光完美融合，使整體畫面更加和諧。這一創作展示了 ChatGPT 在圖像生成和細節處理上的卓越能力，確實讓人驚艷。

5-3-2　刪除人影

　　巴黎凱旋門總是人潮洶湧，要拍到空無一人的畫面幾乎不可能。不過，我們可以用 ChatGPT 來幫忙，把照片裡的人去掉。

5-3 即時互動與調整 - AI 助力下的繪畫新體驗

實例 1：請在輸入框上傳上述 ch5 資料夾的「凱旋門.jpg」圖像，然後輸入「請將上傳圖像的人像刪除」，可以得到下方左圖的結果。

註　可以將圖像直接拖曳到輸入區。

上述可以看到還有少部分人向存在，下列是繼續要求刪除的實例。

5-11

實例 2：請輸入「有一些小人像漏了刪除」，可以得到上方右圖的結果，相當於人像完全刪除了，可是圖像比例被改為 1024 x 1024。

實例 3：請輸入「你可以不要更改圖像大小嗎」，可以得到下列結果。

> 你可以不要更改圖像大小嗎
>
> 可以，我可以保留原始圖像大小進行處理，僅刪除人像而不裁切或縮放影像。
>
> 如果你願意，我可以直接用你剛剛上傳的原檔尺寸重新處理，把所有人像刪除並保持原始解析度。你要我現在就幫你這樣做嗎？

5-3-3　AI 圖像風格轉換與元素合成

當我們進行 AI 圖像創作時，不僅可以上傳原始圖片，指定 ChatGPT 依據描述的風格生成全新圖像，更能靈活結合不同圖像元素，創作出獨具個人特色的合成作品。

實例 1：進入 ChatGPT 的創作圖像環境，請上傳 ch5 資料夾的一張拿蛋糕的圖像 Hung.jpg，另外上傳書籍封面圖像 Python.jpg，然後輸入 Prompt「請將上傳的圖像改為吉卜力風格，同時手上須拿著上傳的書籍」。

請將上傳的圖像改為吉卜力風格,同時手上須拿著上傳的書籍

可以得到下列結果。

5-4 生成文字與圖像的完美結合

目前 ChatGPT 5 生成的圖案可以含有文字(包含中文),生成含文字的圖片具有廣泛的應用範圍,主要包括以下幾個領域:

- 廣告與行銷:在廣告牌、海報、網絡廣告、社交媒體貼文和宣傳資料中,文字與圖片的結合可以有效傳達廣告訊息,吸引目標受眾。
- 教育與培訓:教學資料、課程海報或說明性圖表中的文字可以幫助解釋和補充視覺訊息,提高學習效果。
- 社交媒體:在社交媒體上,圖片配文字是一種流行的內容格式,用於表達情感、分享想法或傳播訊息。

- **企業報告與呈現**：商業呈現、年報或訊息圖表中結合文字和圖片可以清晰地傳遞複雜的商業訊息和數據。
- **新聞與出版**：在新聞報導、雜誌文章、書籍封面和電子出版物中，圖文結合可以增強敘事效果和視覺吸引力。
- **個人用途**：例如，創建個性化的賀卡、邀請函或紀念品。
- **網站與應用設計**：在網站和應用界面設計中，圖文結合可用於創建吸引人的用戶界面和提升用戶體驗。
- **藝術創作**：在數位藝術、攝影和圖形設計中，文字和圖像的結合可以用來表達藝術家的創意和觀點。

如果說 ChatGPT 5 搭配 DALL-E，這個功能有缺點，是生成的圖像比較沒有驚喜，可以參考下列實例。

實例 1：您輸入「創建一幅專為書籍 'ChatGPT 5' 設計的海報。海報中央突出展示書名 'ChatGPT 5'，使用現代且引人注目的字體，字樣在視覺上應該非常突出。背景設計應反映高科技和創新的主題，可以使用數字或程式碼圖案的抽象設計。在書名下方簡短地介紹書籍，例如 '市面上最全面的 ChatGPT 指南 '，字體清晰但不搶眼。整個海報的色調應該是專業而現代的，可能包含藍色、灰色或黑色的元素，以與技術主題相協調。海報的整體風格應該是清晰、專業且吸引人，適合吸引技術愛好者和專業人士的注意。」，可以參考下方左圖。

實例 2：您輸入「這個風格我喜歡 , 請改為 1024 x 1024」，結果可以參考上方右圖。

下列實例 3 是另一個 Prompt 實例。

實例 3：您輸入「為書名「ChatGPT 5」設計一張高科技、未來感的海報，標題置中，以粗體、現代感、發光的字體呈現。背景包含複雜且動態的數位科技元素 - 發光的電路板圖案、全息 HUD 介面元素、3D 網格、流動的霓虹藍與青色光軌、二進位碼雨，以及抽象的數據可視化圖形。整體設計應該讓觀者感到沉浸、尖端且專業，具有深度與多層透明效果。標題下方加上一句簡短副標語：「市面上最全面的 ChatGPT 指南」，使用簡潔、低調的字體。色彩方案以深藍色、黑色為基底，搭配霓虹藍與青色的光效，凸顯科技主題。採用超高解析度、電影感光影、真實反射與細膩細節」。

這個 Prompt 的「全息 HUD 介面元素」解釋如下：

- 全息（Holographic）
    - 指的是立體投影或科幻中常見的「光影立體影像」，有透明、發光、漂浮感。
    - 在設計裡，會用半透明線條、藍色 / 青色光暈、細網格來呈現。
- HUD（Head-Up Display，抬頭顯示器）
    - 原本應用於戰機、汽車等，將速度、導航、數據等資訊投射到駕駛員視線前方的透明屏幕上，讓人不必低頭看儀表。
    - 在視覺設計中，HUD 代表各種懸浮在畫面上的透明數據圖層，例如圓形雷達圖、儀錶刻度、座標網格、浮動的數字與圖示。
- 全息 HUD 介面元素
    - 就是將 HUD 的數位資訊呈現方式，與全息的立體投影感結合。
    - 例子：科幻電影《鋼鐵人》中，鋼鐵人頭盔內的視覺介面；或者《星際大戰》裡的全息投影作戰圖。

下列是此實例所生成的 2 張圖。

5-5 深入探索 AI 繪圖語法 - 打造你的專屬風格

前面章節筆者使用輕鬆、閒聊方式生成圖片，比較正式的語法應該如下：

主角　　描述　　風格　　大小 1024x1024

- 主角：可以是人物、動物、場景、物體等，如果要更進一步需要敘述，可以分成下列個別說明：
  - 人物：年齡、性別 … 等。
  - 場景：地點、環境 … 等。
  - 動物：年齡、形狀、大小或是顏色。
- 描述：敘述主角的細節，例如：所在地點 (室內、森林、太空中、火星 …)、季節、節日 (新年、中秋節、聖誕節 …)、時間 (早上、中午、傍晚、晚上)、動作、天氣 (下雨、下雪、晴天、極光)、鏡頭 (5-1-9 節說明) … 等。
- 風格：日本動漫、浮世繪、梵谷、3D 卡通、迪士尼、皮克斯、水彩、水墨畫、素描、剪紙風格、科幻 … 等。
- 大小：寬高比是預設 1024x1024，或 1792x1024 或 1024x1792。

5-5-1 正式語法實例

一幅畫一定會有一個主角、描述、風格與大小，如果描述不全，則使用預設值，所以發揮創意完整描述很重要。在 ChatGPT 互動式聊天繪圖過程，由於 ChatGPT 會記住與我們的聊天，所以描述一幅畫後，如果只是部分風格或描述改變，可以簡短敘述新風格，即可完成與原意相同但是風格改變的畫。

實例 1：您輸入「一個可愛的女孩，在鄉間小路散步，聖誕節，色鉛筆風格」，結果可以參考下方左圖。

實例 2：您輸入「日本動漫風格」，結果可以參考上方右圖。

實例 3：您輸入「梵谷風格」，結果可以參考下方左圖。

實例 4：您輸入「3D 卡通風格」，結果可以參考上方右圖。

在 AI 繪圖領域，早期可以生成許多藝術家風格的畫作，ChatGPT 目前內容政策是不允許生成<u>現代藝術家風格</u>的圖片。例如：現代的藝術家「宮崎駿風格」、「莫內風格」…等。如果需要模仿特定風格，建議使用描述性語言。所謂的描述性語言是指，例如：如果你想描述梵谷的畫風，你可能會選擇像「生動的」、「筆觸粗獷的」和「色彩鮮豔的」這樣的形容詞。這些詞彙能夠幫助圖像生成工具理解和重現類似梵谷畫風的特徵，而不直接複製或侵犯版權。

實例 5：您輸入「請用宮崎駿風格創建，16 歲的帥氣男生站在火車站，傍晚，手上拿一本書」。本實例因為與政策不合，所以出現下列訊息。

> 請用宮崎駿風格創建, 16歲的帥氣男生站在火車站, 傍晚, 手上拿一本書
>
> 抱歉，你的這個請求違反了我們的內容政策，所以我不能為它生成圖像。
> 你可以提供一個新的提示，我可以幫你用其他安全的方式創作出接近你想要風格的畫面。你希望我幫你重新構思一個合適的版本嗎？

5-5-2　ChatGPT 輔助生圖的 Prompt

在使用 ChatGPT 時，我們也可以描述想要的情境，然後請 ChatGPT 協助我們生成 Prompt。

實例 1：您輸入「我想要設計一個「帥氣的魔術師，在拉斯維加舞台表演，很酷、炫的魔術」，你可以為此給我 Prompt 的提示嗎」。

> 當然可以，這是一個適合的提示：
>
> "一位帥氣的魔術師在拉斯維加斯的舞台上表演。舞台燈光炫目，背景是繁華的城市夜景和閃爍的霓虹燈。魔術師穿著時尚的黑色禮服，動作優雅且充滿自信。他正在進行一個令人驚嘆的魔術表演，手中浮現出神秘的光芒和魔法效果。舞台四周的觀眾目瞪口呆，整個場景充滿了魔幻和炫酷的氛圍。"
>
> 這樣的提示應該能夠捕捉到你想要的「酷」與「炫」的效果。

這個實例，ChatGPT 也生成了圖像。

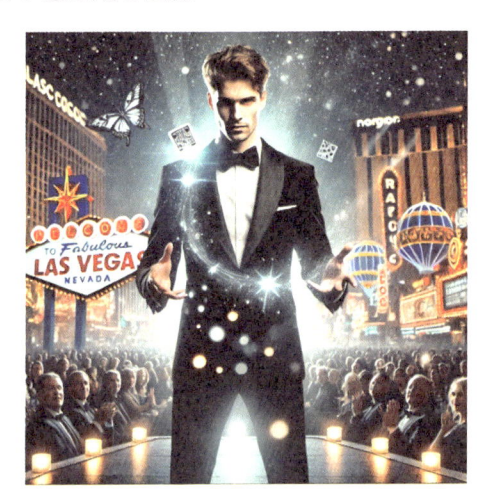

下列是使用 ChatGPT 生成的 Prompt，改為全景，讓 ChatGPT 生成圖像。

實例 2：您輸入「請用全景生成，一位帥氣的魔術師在拉斯維加斯的舞台上表演。舞台燈光炫目，背景是繁華的城市夜景和閃爍的霓虹燈。魔術師穿著時尚的黑色禮服，動作優雅且充滿自信。他正在進行一個令人驚嘆的魔術表演，手中浮現出神秘的光芒和魔法效果。舞台四周的觀眾目瞪口呆，整個場景充滿了魔幻和炫酷的氛圍。」

5-5-3 賀詞生成圖像

4-4 節筆者介紹了生活賀詞的應用，祝福的詞語也可以搭配 ChatGPT 生成圖像，可以參考下列實例。

實例 1：您輸入「請生成一張圖片祝福朋友生日快樂」，請參考下方左圖。

實例 2：您輸入「請生成一張圖片祝福 Merry Christmas」，請參考上方右圖。

5-5-4 食材規劃

每天面對各類食物，如果不知道如何烹飪，也可以請教 ChatGPT。

實例 1：您輸入「我的冰箱有食材，「雞胸肉、番茄、蛋、洋蔥、蒜頭、意大利麵、蘑菇、青椒、牛肉、青菜」，請給我烹飪建議」。註：下列省略部分輸出。

> 你可以用這些食材製作一道美味的意大利麵。以下是兩種不同的烹飪建議：
>
> **雞胸肉番茄意大利麵**
>
> 材料：
> - 雞胸肉
> - 番茄

5-5 深入探索 AI 繪圖語法 - 打造你的專屬風格

...

> 6. **混合**：將煮好的牛肉和意大利麵加入鍋中，攪拌均勻，使麵條裹上醬汁，調整鹽和胡椒的味道。
>
> 7. **上菜**：將意大利麵盛入盤中，即可享用。
>
> 這兩道菜既簡單又美味，使用了你冰箱裡的食材。希望你喜歡！

...

> 6. **混合**：將煮好的雞胸肉和意大利麵加入鍋中，攪拌均勻，使麵條裹上醬汁，調整鹽和胡椒的味道。
>
> 7. **上菜**：將意大利麵盛入盤中，即可享用。
>
> **牛肉青菜意大利麵**

有了烹飪建議後，也可以請 ChatGPT 生成圖像。

實例 2：您輸入「請為雞胸肉番茄意大利麵生成圖像」，可以參考下方左圖。

實例 3：您輸入「請為牛肉青菜意大利麵生成圖像」，可以參考上方右圖。

5-21

第 5 章　ChatGPT 繪圖 - 開啟心靈畫家的旅程

5-6　創意咖啡館 - AI 藝術靈感的交流空間

5-6-1　高雅的創意咖啡館

筆者想在湖邊開一家創意店，此店白天是一間咖啡館，晚上則是酒吧，由此方向或主題，讓 ChatGPT 運用其大規模數據庫和語言模型，為我們創造出獨特且富有吸引力的名稱。期待這種方法能夠產生具有創意、符合用戶需求且富有敘事性的名稱，從而使咖啡店在市場上脫穎而出。

實例 1：您輸入「為我的咖啡店想出五個高雅的名字，這家咖啡店晚上會變成酒吧 - 就像「The Page Turner」那樣。並附上一個簡短的句子解釋它的意思！」。

> **ChatGPT**
> 1. 「日夜咖啡酒館」
>   - 含義：這個名字代表著白天是咖啡館、晚上變成酒吧的特性，「日夜」強調從早到晚的轉變，既有咖啡的清新也有酒精的醇厚。
> 2. 「曉月酒咖」
>   - 含義：「曉月」象徵日出到月升的時間變化，代表店裡從早晨提供咖啡到夜晚轉為酒吧的特色，結合了咖啡和酒的元素。
> 3. 「晨昏酒咖間」
>   - 含義：「晨昏」指的是日出和日落，代表著店鋪從白天的咖啡時間到夜晚的酒吧時光，強調了時間上的轉換和兩種不同的氛圍。
> 4. 「暮光咖酒坊」
>   - 含義：「暮光」意味著傍晚時分，象徵著店鋪從白天的咖啡廳演變為夜晚的酒吧，暗示了一天之中的美好時刻和轉變。
> 5. 「日日夜夜咖啡吧」
>   - 含義：這個名字直接表達了店鋪從早到晚的經營理念，「日日夜夜」強調無論白天或夜晚，都能在這裡找到適合的飲品和氛圍。

上述 ChatGPT 為咖啡館取了很有創意的名稱，因此，筆者再執行一次了解其他名稱，可以得到下列結果，下列也是非常好的店名創意。

> **ChatGPT**
> 1. 「晨夜雅韻」
>   - 含義：這個名字代表著從早晨的咖啡到夜晚的酒吧，「晨夜」強調日夜的轉換，而「雅韻」則暗示著無論是咖啡時光還是酒吧時刻，都充滿著優雅和韻味。
> 2. 「日暮琴酒」
>   - 含義：「日暮」象徵著咖啡店日間的溫暖陽光轉變為酒吧夜晚的微醺氛圍，而「琴酒」則意味著店中不僅有美酒，也有悠揚的音樂，營造出一種文藝氣息。
> 3. 「墨香酒語」
>   - 含義：這個名字中的「墨香」代表著咖啡的香氣，而「酒語」則是夜晚酒吧的輕鬆對話，象徵著從文學般的咖啡時光到愜意的夜晚閒聊。
> 4. 「琥珀曦月」
>   - 含義：「琥珀」指的是咖啡的色澤，「曦月」則代表日出和月升，暗示著店鋪從清晨到深夜的美好時光，兼具清新與浪漫。
> 5. 「詩意時光」
>   - 含義：這個名字強調無論是日間的咖啡時刻還是夜晚的酒吧時光，都充滿了詩意和創意，營造出一種文藝復興般的氛圍。

ChatGPT 對咖啡店命名的協助展現了其獨特的創造力和深厚的語言理解能力，透過用戶提供的主題，它能夠生成符合需求且具有故事性的名稱，這種方法不僅提供了創意豐富的選擇，而且還幫助咖啡店在市場中獨樹一幟，吸引顧客。

> **註** 「The Page Turner」在字面上的意思是「翻頁者」或「譜頁翻轉者」。這個詞常用於音樂領域，特別是在古典音樂演奏中，指的是在演奏過程中幫助演奏者翻譜的人。這個角色對於確保流暢的演奏至關重要，尤其是在演奏長篇大作時。
>
> 然而從比喻的角度來看，「The Page Turner」也可以指引起劇烈轉變或新章節開始的事件或經歷。比如在生活中的一個轉折點，或是一個引人入勝、令人難以放下的故事。
>
> 在提到的情境中，將咖啡店命名意境使用「The Page Turner」，這是暗示場所不僅僅是一個日常的休憩空間，還是一個在日間和夜晚呈現不同面貌、帶來新體驗和故事的地方。白天它是一個咖啡館，而到了晚上則轉變成一個酒吧，就像生活中的一頁被翻過，展現出新的篇章。

第 5 章　ChatGPT 繪圖 - 開啟心靈畫家的旅程

5-6-2　創意咖啡館的外觀圖像

實例 1：您輸入『請為「日夜咖啡酒館」創作戶外看的全景外觀圖像』。

實例 2：您輸入『請為「日夜咖啡酒館」創作戶外看的全景外觀圖像，這個咖啡館座落在湖邊』。

　　這幅咖啡店的圖像展現了優雅和現代感的完美融合，它精心呈現了從日間咖啡館到夜晚酒吧的轉變，透過細膩的燈光和佈局設計，營造出一種溫馨而邀請的氛圍，整體而言，這幅圖像不僅抓住了場所的獨特性，也成功地傳達了其雙重功能的魅力。

第 6 章

資料處理與分析

6-1　文件上傳與內容分析

6-2　表格與數據分析（含 Excel、CSV）

6-3　PDF、Word、PPT 的自動化摘要與編輯

6-4　AI 視覺 - 閱讀與分析圖像文件

第 6 章　資料處理與分析

在現代資訊環境中，資料的型態日益多元，不僅包含文字檔與表格檔，也包括簡報、PDF，以及大量的圖像檔案。無論是分析文件內容、整理數據，還是理解圖片資訊，AI 工具（如 ChatGPT）都能協助我們自動化處理、快速提取重點，並轉換為可用的資訊。本章將以實務案例展示如何運用 ChatGPT 與相關工具，完成多種資料型態的上傳、解析、重組與分析，涵蓋文字、表格、簡報到圖像的完整流程，讓讀者能以一套方法應對不同的資料處理需求。

6-1 文件上傳與內容分析

在資料處理工作中，能快速將文件上傳並進行內容分析，是提升效率的重要環節。本節將介紹文件上傳時支援的各種檔案格式與方式，說明 AI 如何解析文件的流程與背後的關鍵技術，並探討文字內容的抽取與主題辨識方法。最後，透過實際案例展示如何在短時間內掌握長篇文件的核心重點。

6-1-1　支援的檔案格式與上傳方式

在文件處理與分析系統中，常見支援的檔案格式包括 文字檔（.txt）、Word 文件（.doc、.docx）、PDF 文件（.pdf）、Excel 試算表（.xls、.xlsx）、CSV 檔（.csv）以及 簡報檔（.ppt、.pptx）。上傳方式可分為三大類：

- **本機檔案上傳**：直接從電腦或行動裝置選擇檔案，適合單次、即時的分析需求。
- **雲端整合上傳**：透過 Google Drive、Dropbox、OneDrive 等雲端儲存服務讀取檔案，方便跨裝置與團隊協作。
- **URL 或 API 上傳**：輸入檔案所在網址或透過 API 直接傳送檔案內容，適合需要自動化與批次處理的情境。

在實務應用中，建議依檔案大小、格式相容性與資料安全需求，選擇最合適的上傳方式，以確保分析流程順暢並維持資料完整性。

6-1-2　AI 文件解析流程與關鍵技術

AI 文件解析能將上傳的檔案轉換為可理解的結構化資訊，是後續摘要、分析與視覺化的基礎。AI 文件解析流程通常包含以下步驟：

1. 檔案讀取與格式識別：系統先辨識檔案類型（如 PDF、Word、Excel），並選擇對應的解析模組，確保正確擷取文字、表格與圖片。
2. 內容擷取與清理：將文件中的文字、段落、表格數據與影像抽取出來，並移除多餘空白、特殊符號與格式錯誤，確保資料整潔。
3. 結構化處理：依段落、章節或標題層級，將內容轉換為結構化資料，方便後續分析與檢索。
4. 語意理解與標註：使用自然語言處理（NLP，Natural Language Processing）技術進行詞性標註、關鍵詞擷取、命名實體辨識（NER，Named Entity Recognition）與語境分析，理解內容的主題與脈絡。
5. 多媒體元素識別（選用）：若文件包含圖片或表格，可啟用光學字元辨識（OCR，Optical Character Recognition）與表格結構分析，將影像中的資訊轉換為可分析的文字或數據。

關鍵技術包括 OCR 光學字元辨識、自然語言處理、語意分析模型、關鍵詞抽取演算法與文件結構解析器。透過這些技術，AI 能將原本複雜、多格式的文件內容，轉化為可用的數位資料，並為摘要、分類、情緒分析等應用打下基礎。

6-1-3　文字內容抽取與主題辨識

文字內容抽取的目標是從文件中擷取有價值的資訊，去除冗餘與不相關的內容，保留對分析與決策有用的部分。其步驟如下：

1. 文本擷取：將文件中的純文字部分抽離，排除版面設計元素（如頁首頁尾、浮水印、頁碼）及多餘符號，確保資料乾淨。
2. 資訊篩選：透過關鍵詞比對、句子權重計算（如 TF-IDF，Term Frequency–Inverse Document Frequency）、正則表達式等方法，找出與分析目標相關的句子或段落。
3. 語言清理與正規化：統一文字編碼、轉換全半形、去除停用詞（Stop Words），為後續語意分析做準備。

主題辨識則是在抽取內容的基礎上，透過「自然語言」處理與「主題模型」分析文本的語意結構，識別文章的主要議題與次要議題。例如，一份市場報告可能會被辨識為「消費者行為分析」、「競爭對手動態」、「未來市場預測」等主題。

在實務應用中，文字內容抽取與主題辨識可廣泛用於新聞摘要、研究報告分析、客服紀錄歸納、法規條文歸類等情境，幫助使用者快速理解大量資料並聚焦核心重點。

6-1-4　快速獲取長篇文件重點

長篇文件往往資訊龐雜，透過 AI 技術可在短時間內萃取重點，協助快速理解內容並加速決策。

實例 1：本書 ch6 資料夾，有「marketing.pdf」文件，請上傳輸入框，然後輸入「請摘要此文件重點」，如下：

可以得到下列摘要結果。

這份上傳的 PDF 是《史上最強 Python 入門邁向頂尖高手 王者歸來 第4版(全彩印刷)》的行銷簡介，重點如下：

- **全新第4版特色**
  - 更新 Python 最新語法 **match-case**
  - 導入 **VS Code x GitHub Copilot** 的 AI 開發實戰
  - 新增 **mp4 影片設計、裝飾器(decorator)**新詮釋
  - 修訂超過 120 處細節，提升專業度與精緻度

...

- **主要應用主題**
  - **基礎與進階語法**：科學計算、機器學習、事件處理、航空公司航線查詢
  - **物件導向**：庫存管理、車輛、學生類別
  - **隨機數、時間、檔案管理、異常處理、正則表達式**等實戰案例
  - **影像處理、GUI 設計、詞雲、json、csv、shelve**
  - **網路爬蟲**：市場研究、社交媒體與新聞監控、評論分析、招聘訊息蒐集
  - **控制周邊、多工作業、多媒體、AI 視覺**等應用

整體來說，這本書標榜是從入門到高手的完整 Python 學習指南，兼顧最新技術、AI 開發趨勢與豐富的實務案例。

我們也可以讓 ChatGPT 將摘要結果，提供檔案格式的下載連結。

實例 2：請提供 Word 格式的下載連結。

❏ **ChatGPT 與雲端連線**

這一節實例 1 上傳的檔案，是本書所附讀者資源，在 ch6 資料夾。可能讀者已經將這個檔案下載到個人裝置，所以可以很容易上傳。ChatGPT 也允許連線雲端 Google Drive 或 OneDrive 上的檔案，這時需要執行與 Google Drive（或是 OneDrive）的連線，可以參考下列畫面。

連線時，會需要填寫雲端的帳號和密碼，連線成功後，就可以從雲端上傳檔案到 ChatGPT。

6-2 表格與數據分析（含 Excel、CSV）

在商業與研究分析中，表格與數據是決策的重要依據。Excel 與 CSV 是最常見的資料格式，能承載龐大且多元的資訊。本節將探討如何有效匯入這些資料，並透過基本統計與數據清理確保品質，進一步利用 AI 自動生成圖表與可視化結果，讓分析更直觀。最後，透過案例示範從原始數據中提煉出商業洞察的完整流程，協助讀者將數據轉化為具體行動建議。

6-2-1　Excel 與 CSV 資料匯入方法

正確匯入 Excel 與 CSV 資料，是確保分析順利進行的第一步，能避免格式錯誤與資料遺失問題。在表格與數據分析流程中，匯入資料的方式會影響後續處理的效率與準確性。常見匯入方法如下：

❏ **直接上傳檔案**
- Excel（.xls、.xlsx）：系統能讀取多個工作表，保留欄位格式與公式。
- CSV（.csv）：以逗號分隔的純文字檔，適合大量資料與跨系統傳輸，但需注意編碼（如 UTF-8）避免亂碼。

❏ **雲端服務匯入**

透過 Google Drive、Dropbox、OneDrive 連接，直接選取檔案匯入，適合多人協作與隨時更新資料。

❏ **URL 或 API 匯入**

輸入檔案網址或透過 API 擷取即時數據（如金融行情、銷售紀錄），適合需要自動化與動態資料更新的情境。

❏ **匯入時的注意事項**
- 確認欄位名稱與資料格式一致（日期、數字、文字類型）
- 檢查空白欄位與缺失值
- 對於 CSV 檔，需確認分隔符號（逗號、分號或 Tab）與編碼格式

❏ **中文字型上傳**

在使用 ChatGPT 依據上傳的中文資料進行數據分析並生成圖表時，若未安裝中文字型，圖表中的中文字可能無法正常顯示。因此，建議在分析前先上傳適用的中文字型檔，例如 NotoSansTC-Bold.otf，以確保圖表呈現正確且美觀的中文內容。讀者可以搜尋該字型，然後下載，也可以用下列短網址下載：

　　https://is.gd/YDflXA

正確的匯入流程不僅能保留資料完整性，也能減少後續清理與轉換的工作量，為後續分析奠定穩固基礎。

6-2-2 基本統計與數據清理技巧

基本統計與數據清理是確保分析結果可靠的重要步驟，能協助發現資料問題並建立穩固的分析基礎。在進行數據分析前，必須先檢視資料品質並執行必要的清理工作，確保數據的完整性與一致性。流程與技巧如下：

1. 基本統計檢查
   - 描述統計：計算平均數、中位數、最大值、最小值與標準差，快速了解資料分佈狀況。
   - 分佈檢視：利用直方圖、箱型圖檢查數據是否有異常值或極端值。

2. 缺失值處理
   - 刪除法：對分析影響不大的空白列或欄直接刪除。
   - 填補法：以平均值、中位數或預測模型補齊缺失值。

3. 異常值處理
   - 識別方法：透過統計閾值（如 3 倍標準差）、IQR（四分位距）或視覺化方式找出異常值。
   - 處理方式：視情況刪除、修正或保留以供特殊分析。

4. 格式與類型統一
   - 確保數字、日期、文字格式一致（例如統一日期格式為 YYYY-MM-DD）。
   - 將文字類別資料轉換為標準化的分類代碼，方便分析與比對。

5. 資料標準化與正規化（選用）
   - 當變數量級差異過大時，可進行標準化（Z-score）或正規化（0～1 區間縮放），以提升模型訓練效果。

透過上述步驟，可有效減少分析偏差與錯誤，並讓後續的數據建模、可視化與決策更精確可靠。

上述許多工作，可以交給 ChatGPT 檢查與處理。

實例 1：在 ch6 資料夾有一個「門市咖啡銷售 .csv」檔案，內容如下：

第 6 章　資料處理與分析

	A	B	C	D	E	F	G	H
1	日期	門市	城市	品項	數量	單價	金額	付款方式
2	2025/1/19	新莊店	新北市	抹茶拿鐵	3	172	516	現金
3	2025/1/14	松山店	臺北市	摩卡	3	110	330	行動支付
4	2025/2/8	中正店	臺北市	拿鐵	1	142	142	行動支付
5	2025/1/9	新店店	新北市	抹茶拿鐵	2	141	282	信用卡
6	2025/1/16	桃園站前店	桃園市	美式咖啡	3	70	210	信用卡
7	2025/2/28	板橋店	新北市	濃縮	1	51	51	信用卡
8	2025/1/24	台南南紡店	臺南市	摩卡	2	102	204	信用卡
9	2025/3/23	新竹巨城店	新竹市	美式咖啡	5	74	370	現金
10	2025/2/6	新莊店	新北市	美式咖啡	2	77	154	信用卡
11	2025/2/27	松山店	臺北市	濃縮	1	83	83	信用卡
12	2025/2/19	中正店	臺北市	抹茶拿鐵	3	177	531	現金
13	2025/1/24	板橋店	新北市	拿鐵	4	118	472	現金
14	2025/1/8	新店店	新北市	濃縮	3	60	180	信用卡
15	2025/2/11	高雄巨蛋店	高雄市	焦糖瑪奇朵	1	149	149	信用卡
16	2025/2/7	中正店	臺北市	卡布奇諾	5	137	685	信用卡
17	2025/3/24	台南南紡店	臺南市	卡布奇諾	4	114	456	信用卡
18	2025/3/27	桃園站前店	桃園市	焦糖瑪奇朵	2	154	308	信用卡
19	2025/2/15	中正店	臺北市	抹茶拿鐵	5	179	895	信用卡
20	2025/3/22	台南南紡店	臺南市	濃縮	3	57	171	行動支付
21	2025/2/11	台中逢甲店	臺中市	美式咖啡	1	95	95	現金

實例 1：請上傳上述檔案，然後輸入「請檢視我上傳的資料，列出欄位名稱、資料筆數、前 5 列內容」。

門市咖啡銷售.csv
試算表

＋　請檢視我上傳的資料，列出欄位名稱、資料筆數、前5列內容。

可以得到下列結果。

你的資料檢視結果如下：
- 欄位名稱：日期、門市、城市、品項、數量、單價、金額、付款方式
- 資料筆數：20 筆
- 前 5 列內容：

日期	門市	城市	品項	數量	單價	金額	付款方式
2025-01-19	新莊店	新北市	抹茶拿鐵	3	172	516	現金
2025-01-14	松山店	臺北市	摩卡	3	110	330	行動支付
2025-02-08	中正店	臺北市	拿鐵	1	142	142	行動支付
2025-01-09	新店店	新北市	抹茶拿鐵	2	141	282	信用卡
2025-01-16	桃園站前店	桃園市	美式咖啡	3	70	210	信用卡

6-2 表格與數據分析（含 Excel、CSV）

實例 2：請計算每個數值欄位的平均數、中位數、最大值、最小值與標準差，並以表格呈現。

> 請計算每個數值欄位的平均數、中位數、最大值、最小值與標準差，並以表格呈現。

以下是數值欄位的統計結果：

欄位	平均數	中位數	最大值	最小值	標準差
數量	2.70	3.00	5	1	1.38
單價	113.10	112.00	179	51	41.64
金額	314.20	246.00	895	51	220.87

實例 3：請檢查資料中是否有缺失值，列出缺失比例超過 5% 的欄位，並建議補值或刪除方式。

> 請檢查資料中是否有缺失值，列出缺失比例超過 5% 的欄位，並建議補值或刪除方式。

檢查結果顯示：

- 本資料集中 **沒有任何欄位的缺失比例超過 5%**，甚至沒有發現缺失值。
- 因此不需要進行補值或刪除動作，可以直接進入 **異常值檢測**。

實例 4：請檢查單價與數量欄位是否有異常值（超過 3 倍標準差），並以表格列出這些記錄。

> 請檢查單價與數量欄位是否有異常值（超過 3 倍標準差），並以表格列出這些記錄。

檢查結果顯示：

- **單價** 與 **數量** 欄位中，沒有任何超過 **3 倍標準差** 的異常值。
- 資料在數值分佈上相當穩定，可以直接進行下一步的格式統一與分類標準化。

實例 5：這是執行日期格式統一，以及要求提供下載連結。請輸入：

1. 將日期格式統一為 YYYY-MM-DD。
2. 請提供 Excel 格式的下載連結

第 6 章 資料處理與分析

```
1. 將日期格式統一為YYYY-MM-DD。
2. 請提供Excel格式的下載連結

已完成日期格式統一（YYYY-MM-DD），並將資料存成 Excel 檔案：
[下載檔案]
下載 門市咖啡銷售_清理完成.xlsx
```

6-2-3　AI 輔助生成圖表與數據可視化

AI 在圖表生成與數據可視化上的應用，能大幅簡化資料分析流程，適合非專業分析人員及需要快速產出圖表的場景。主要步驟與應用如下：

1. 資料讀取與清理：可參考上一小節內容。
   - 上傳 Excel 或 CSV 檔後，AI 自動辨識欄位型態（數值、文字、日期）並完成缺失值與格式處理。
   - 範例：自動將「金額」欄設為數值型，將「日期」統一為 YYYY-MM-DD。

2. 圖表類型建議：AI 根據資料特性與分析目的推薦合適的圖表類型：
   - 趨勢分析 → 折線圖
   - 分佈觀察 → 直方圖、箱型圖
   - 比例比較 → 圓餅圖、環狀圖
   - 分類比較 → 長條圖、群組條圖

3. 自動生成圖表
   - 使用自然語言指令即可產生圖表，例如輸入：「請繪製 2025Q1 各城市營收長條圖」。
   - AI 會自動設定標題、座標軸、顏色與圖例，並確保圖表易於閱讀。

4. 案例應用
   - 以「門市咖啡銷售」資料為例，AI 可生成：
   - 每月營收折線圖，顯示季節性變化
   - 各品項銷售比例圓餅圖，凸顯熱門產品
   - 不同付款方式的銷售金額長條圖，分析顧客支付習慣

6-2 表格與數據分析（含 Excel、CSV）

透過 AI 輔助，不僅能快速完成資料視覺化，還能即時根據需求調整圖表類型與樣式，縮短從資料到洞察的時間，並提升報告與簡報的專業度。

實例 1：每月營收折線圖，顯示季節性變化，為了顯示中文字型，此例需拖曳中文字型檔案至輸入框。

NotoSansTC-Bold.otf
檔案

＋　每月營收折線圖，顯示季節性變化

執行後可以得到下列結果。

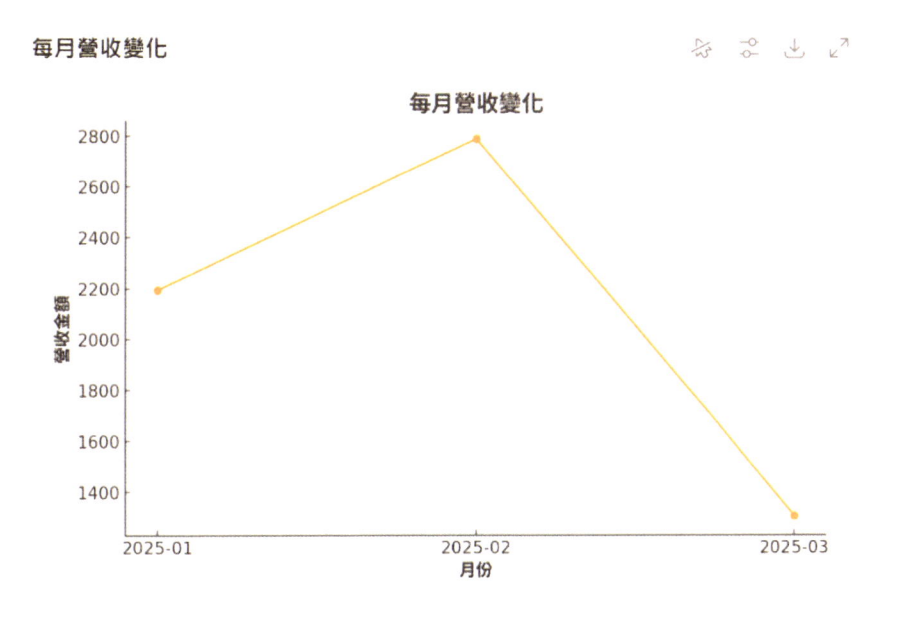

每月營收變化

實例 2：各品項銷售比例圓餅圖，凸顯熱門產品。

各品項銷售比例圓餅圖，凸顯熱門產品

可以得到下列結果。

6-11

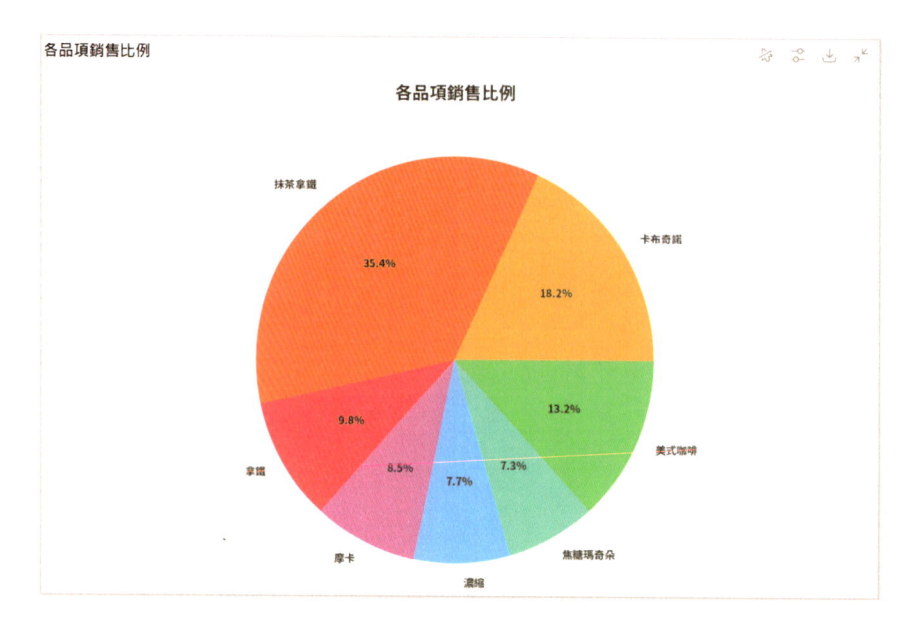

第 6 章　資料處理與分析

各品項銷售比例

- 抹茶拿鐵 35.4%
- 卡布奇諾 18.2%
- 美式咖啡 13.2%
- 拿鐵 9.8%
- 摩卡 8.5%
- 濃縮 7.7%
- 焦糖瑪奇朵 7.3%

實例 3：不同付款方式的銷售金額長條圖，分析顧客支付習慣

不同付款方式的銷售金額長條圖，分析顧客支付習慣

可以得到下列結果。

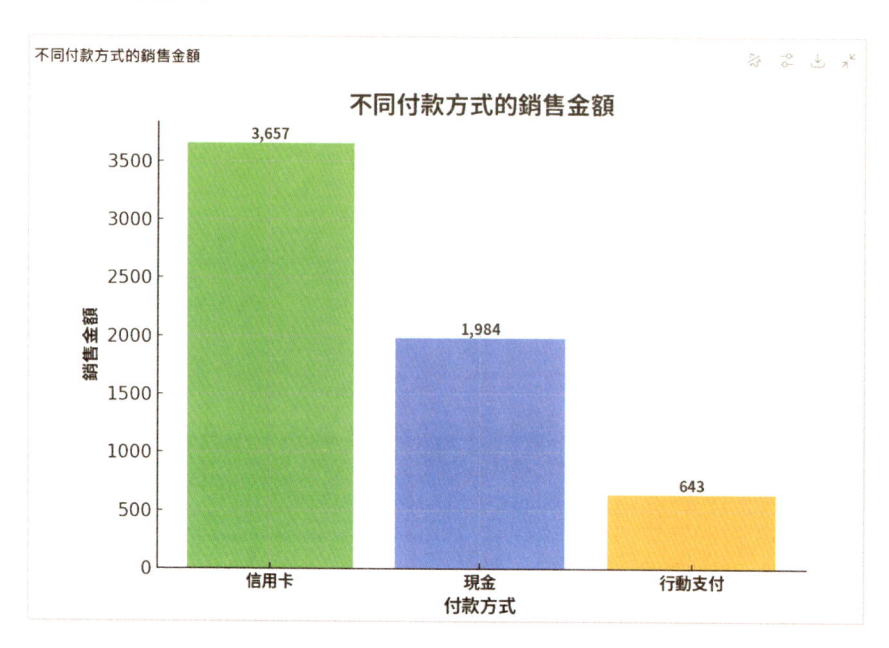

不同付款方式的銷售金額

- 信用卡：3,657
- 現金：1,984
- 行動支付：643

6-12

6-3　PDF、Word、PPT 的自動化摘要與編輯

在辦公應用中，PDF、Word 與 PPT 是最常見的文件格式，然而手動整理與編輯這些檔案往往耗時費力。透過 AI 與自動化工具，我們可以快速擷取 PDF 關鍵內容、生成 Word 摘要並自動套用格式，或將 PPT 簡報重新編排並凸顯重點。本節將依格式分別介紹高效處理方法，並以實例示範如何將會議文件一鍵整理與分享，讓文件處理流程更智慧化與專業化。

6-3-1　PDF 內容擷取與重組

PDF 文件的特性是排版固定、跨平台顯示一致，常用於正式文件與報告，但編輯與整理不易。

透過 AI，可以：

- 快速擷取重點並重組內容，提升處理效率。
- 將重組後的內容輸出為 Word、Markdown、PPT 或新 PDF，方便後續編輯或直接發佈。

我們可以用下列 Prompt，閱讀與整理 PDF 文案：

- 將 PDF 檔拖曳至 ChatGPT 視窗，等待檔案讀取完成。
  - Prompt：請讀取我上傳的 PDF 檔，並列出每一頁的標題或第一句內容。
- 擷取文字內容。
  - Prompt：請擷取 PDF 檔中的所有文字，移除頁碼與浮水印，並依原始段落分行。
- 若 PDF 含有表格與圖片，擷取表格與圖片（如有需要）。
  - Prompt：請擷取文件中的所有表格內容，轉成可編輯的 Markdown 表格。
  - Prompt：若有圖片，請生成簡短的圖片說明（caption）。
- 內容清理與結構化。
  - Prompt：請將文字內容依主題重新分組，並建立層級式標題結構（H1～H3）。
- 生成摘要與關鍵詞。

第 6 章 資料處理與分析

- ■ Prompt：請將整理後的內容濃縮成 5 段摘要，每段不超過 100 字，並提供 10 個關鍵詞。
- ● 重組成其他格式。
  - ■ 請將整理後的內容轉換成 Word 格式，並保持標題層級與段落格式。
  - ■ 請將整理後的摘要轉換成 PPT 大綱格式，每頁 3 ~ 5 個重點。

6-1-4 節筆者已經有實例介紹，讀取 PDF 文件，然後摘要內容，同時提供下載連結。這一節將直接使用讀取 PDF 文件，然後生成 PPT 簡報檔案的下載連結。

實例 1：讀取 PDF 文件，然後建立簡報檔案，同時提供下載連結。

> 機器學習與道德倫理.pdf
> PDF
>
> 請讀取我上傳的 PDF 檔，依內容編輯製作 10 頁簡報，包含標題、重點條列，並生成 pptx 檔供下載。

筆者測試時，第一次 ChatGPT 發生小錯誤顯示訊息如下：

> 我嘗試直接生成 PPTX 檔時發生了系統連線錯誤，不過我仍可以幫你分兩步完成：
> 1. 先為你整理好 10 頁簡報的大綱內容
> 2. 再用 Python 或 PowerPoint 自動化指令，讓你本地生成 pptx 檔
>
> 你要我先把「10 頁簡報內容」文字版完整給你，讓你直接複製到 PowerPoint 裡，還是要我改用另一種方式嘗試在線上直接生成 pptx？

筆者輸入「請再執行一次生成 pptx 檔供下載」，就成功了。

> 已根據你的 PDF 內容生成 10 頁簡報，並轉存為 PPTX 檔案：
>
> 下載 機器學習與道德倫理_簡報.pptx
>
> 你要我接下來幫這份簡報加上圖片與設計主題，讓它更適合直接簡報使用嗎？

可以發現這是一個比較陽春的簡報檔案，內容如下：

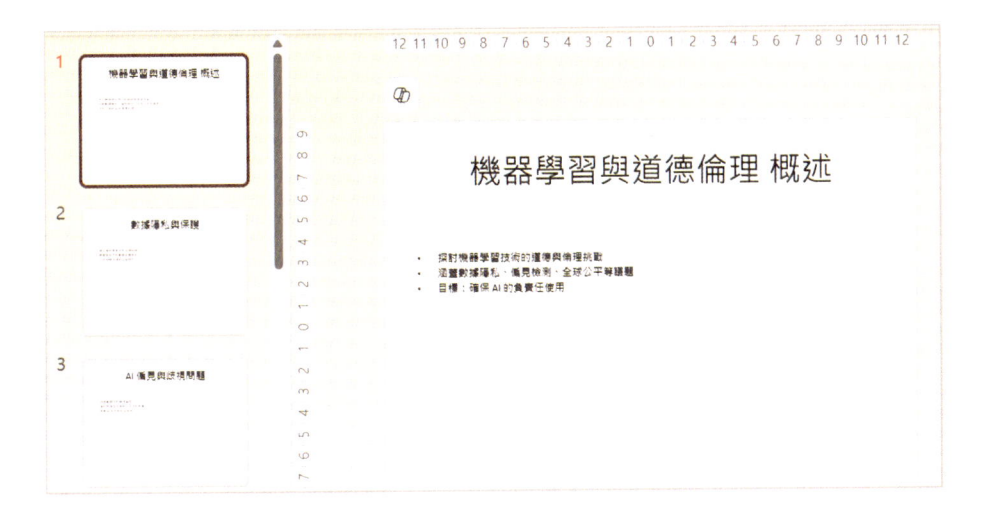

相信未來可以提供豐富圖文並茂的簡報檔案。

6-3-2　Word 文件自動化摘要與格式調整

　　Word 文件常用於報告、計劃書、合約與會議紀錄等，但人工整理與排版往往耗時。AI 輔助工具可將這些流程自動化，大幅提升效率。

- 文件讀取與內容解析
    - AI 能直接讀取 .doc 或 .docx 格式，識別標題、段落、表格與圖片。
    - 對於結構清晰的文件，可自動建立章節目錄與段落索引。
- 自動摘要生成
    - 根據設定的長度（如全文的 10% 或固定字數）生成摘要。
    - 支援多種摘要風格：條列重點、段落式概要、關鍵詞清單。
    - 範例：將 20 頁會議紀錄縮短為 1 頁要點清單。
- 格式調整與統一
    - 標題層級自動套用一致的樣式（Heading 1, Heading 2…）。
    - 統一字型、字級、行距與段落間距，去除多餘空白。
    - 表格與圖片可自動調整對齊方式與大小。
- 增強可讀性

- 自動檢查標點符號、錯字與中英文間距。
- 在段落間加入小標題或重點標註，提升閱讀流暢度。

● 輸出與應用
- 可將調整後的文件匯出為 Word、PDF，或轉為簡報大綱。
- 適用於定期報告、政策文件、內部培訓教材等情境。

● 多份文件的統一整合
- AI 可同時讀取多個 Word 文件，將內容依章節或主題合併成一份完整檔案。
- 在整合過程中，能自動去除重複段落、統一格式與目錄，確保最終文件一致且有邏輯。
- 範例：將 5 份部門報告合併成一份年度總結，並自動生成統一的封面與目錄。

● 文件拆分
- 依章節標題、頁數範圍或關鍵詞將 Word 文件自動分拆為多個小檔案。
- 適合將大型手冊、培訓教材、會議紀錄按主題分成獨立文件，方便不同人員使用或分發。
- 範例：將 100 頁的員工手冊拆成「制度篇」「福利篇」「操作指南篇」三個檔案。

實例 1：請為 ch6 資料夾內的檔案「機器學習與道德倫理.docx」，建立摘要。

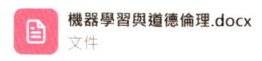

機器學習與道德倫理.docx
文件

請為上傳的檔案建立摘要

以下是你上傳的《機器學習與道德倫理》檔案摘要：

摘要

本章探討機器學習在應用過程中面臨的主要道德與倫理議題，涵蓋數據隱私、AI 偏見、公平性、責任開發，以及社會影響等層面。

1. **數據隱私與保護**
   - 強調隱私權在機器學習中的重要性，以及保護個人數據免於未授權使用的必要性。

6-3　PDF、Word、PPT 的自動化摘要與編輯

...

> 5. 社會影響與道德倫理挑戰
> - AI 對就業與經濟的影響包括自動化造成失業、技能需求變化、新職缺創造與收入不平等。
> - 涉及心靈哲學問題，如 AI 是否具意識與道德地位、人類與 AI 共存等議題。
> - 全球公平問題涵蓋資源分配不均、數位鴻溝、全球就業衝擊與技術普及合作的重要性。

實例 2：請為檔案「機器學習與道德倫理 .docx」，建立簡報檔案，同時提供下載連結。

> 請建立簡報檔案，同時提供下載連結。
>
> 已根據檔案內容建立簡報並完成摘要整理：
>
> 下載 機器學習與道德倫理_摘要簡報.pptx

實例 3：請將檔案「機器學習與道德倫理 .docx」，拆分成 5 個子檔案，同時提供下載連結。現在對 ChatGPT 而言，主要處理的是 pptx 檔案，所以筆者重新上傳檔案。

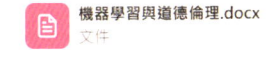

> 機器學習與道德倫理.docx
> 文件
>
> 請將上傳的檔案拆分成5個Word格式的子檔案，同時提供下載連結。
>
> 已將 Word 檔案拆分為 5 個子檔案，以下提供下載連結：
> 1. 下載 Part 1
> 2. 下載 Part 2
> 3. 下載 Part 3
> 4. 下載 Part 4
> 5. 下載 Part 5

實例 4：請將上述下載的檔案上傳，然後輸入 Prompt：「請將上傳的 5 個檔案組成一個 Word 檔案，然後提供下載連結。

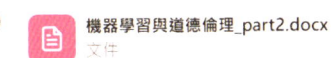

> 機器學習與道德倫理_part1.docx　　機器學習與道德倫理_part2.docx　　機器
> 文件　　　　　　　　　　　　　　　文件　　　　　　　　　　　　　　　文件
>
> ＋　請將上傳的5個檔案組成一個Word檔案,然後提供下載連結

6-17

第 6 章　資料處理與分析

上述執行後，看到的畫面將如下所示：

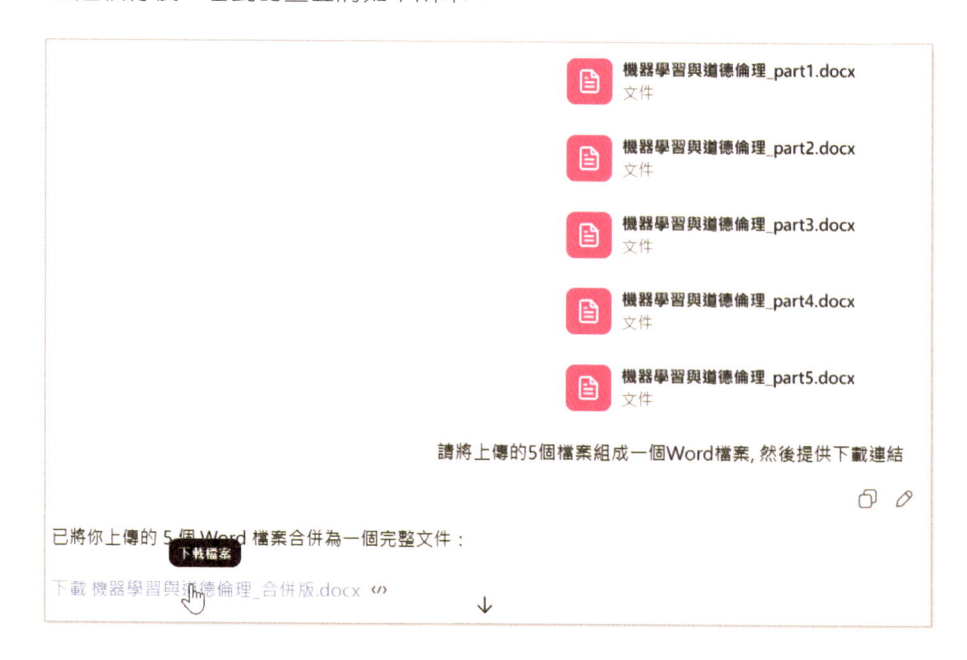

已將你上傳的 5 個 Word 檔案合併為一個完整文件：

下載 機器學習與道德倫理_合併版.docx

6-3-3　案例 - 會議文件一鍵整理與分享

使用 ChatGPT 搭配其檔案處理、摘要生成與檔案輸出功能，可以在會議結束後快速整合多種格式的資料，完成整理、摘要與分享，省時又高效。

❏ 上傳多格式會議資料 - 生成會議摘要

在「ch6/ 會議記錄」資料夾內有 4 個檔案，其名稱與功能如下：

1. 會議記錄範例 .docx（Word 格式）
   - 功能與用途：模擬會議秘書撰寫的正式會議記錄，包含會議日期、與會人員、主要討論內容與摘要。
   - 測試重點：檢查 ChatGPT 讀取 Word 內容、擷取主要議題、生成摘要的能力。
2. 專案簡報範例 .pptx（PowerPoint 格式）
   - 功能與用途：模擬會議中簡報的投影片，包含會議概要與專案進度細節。
   - 測試重點：讓 ChatGPT 自動整理 PPT 的要點，轉成文字摘要或重組為不同風格的簡報。
3. 會議事項追蹤範例 .xlsx（Excel 格式）
   - 功能與用途：模擬會議中的行動事項追蹤表，包含議題、負責人與完成期限。
   - 測試重點：測試 ChatGPT 匯總 Excel 資料、生成任務清單、排序或過濾資訊的能力。
4. 錄音轉文字範例 .txt（純文字格式）
   - 功能與用途：模擬會議錄音轉寫的逐字稿，記錄發言者對話與討論過程。
   - 測試重點：檢查 ChatGPT 解析逐字稿、提取關鍵資訊、歸納成簡短摘要的能力。

實例 1：請將上述檔案上傳，同時輸入「請整合我上傳的檔案內容，生成 500 字內的會議摘要，並列出主要議題、決策與後續行動項目」。

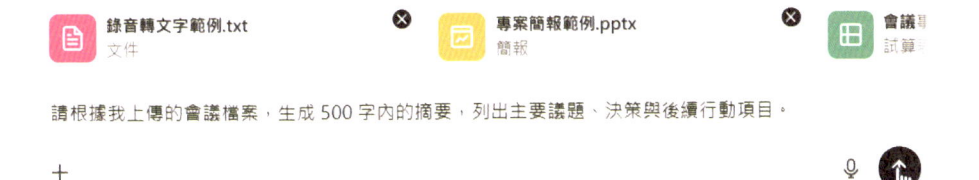

可以得到下列結果。

第 6 章　資料處理與分析

> **會議日期**：2025-08-13
> **與會人員**：Alice、Bob、Charlie
>
> **會議摘要**
> 本次會議主要針對專案 A 進度與客戶新增需求進行討論。專案完成度約 60%，其中模組 1 已完成，模組 2 開發延遲，需額外兩週時間，預計於 9 月中完成；模組 3 尚未開始。客戶昨日提出系統整合相關的新需求，由 Charlie 進行影響分析，並於下週三（8 月 20 日）提交評估報告。下次會議將檢視新需求的可行性與對時程的影響，並更新專案進度。
>
> **主要議題**
> 1. 專案 A 當前進度與延誤原因
> 2. 客戶新增系統整合需求
> 3. 下次會議安排與準備工作
>
> **決策**
> 1. 模組 2 開發延期兩週，目標完成日為 2025-09-15
> 2. 新需求影響分析需於 2025-08-20 完成並提交
>
> **後續行動項目**
> - **Bob**：負責完成模組 2 開發（期限：2025-09-15）
> - **Charlie**：提交新需求影響分析（期限：2025-08-20）
> - **Alice**：統籌會議安排與進度跟進（期限：2025-08-20）

❏ 整理與重組內容

使用指令讓 ChatGPT 重新編排，例如可以輸入 Prompt：「請將摘要依「議題背景 → 討論要點 → 決策結論 → 行動計畫」格式整理，並用標題區分。」

❏ 輸出多種格式

輸入 Prompt：「請將整理後的內容輸出為 Word 和 PPT 檔案，並提供下載連結」。ChatGPT 生成可下載的 .docx 與 .pptx 檔，套用簡單設計主題，方便直接使用。

❏ 即時分享與權限建議

ChatGPT 可生成雲端共享說明，例如：

- 上傳至 Google Drive / OneDrive。
- 設定僅限與會者可檢視。
- 在郵件或團隊聊天工具貼上連結與摘要。

6-4　AI 視覺 - 閱讀與分析圖像文件

當上傳「.jpg」、「.png」或「.gif」文件後，ChatGPT 可以進行以下幾種分析：

❏ 圖像內容識別
- 識別和描述圖像中的物體、人物、場景等。
- 為圖像中的元素提供標籤或分類。
- 為圖像建立創意文字、詩、詞等。

❏ 顏色分析
- 識別圖像中主要的顏色和顏色分布。
- 分析顏色的搭配和視覺影響。

❏ 風格和藝術分析
- 識別圖像的藝術風格或流派（如印象派、現代主義等）。
- 分析圖像的藝術特點和美學價值。

❏ 面部識別和表情分析（僅限不涉及隱私和敏感內容）
- 識別圖像中人物的面部特徵。
- 分析人物的表情和情緒。

❏ 圖像品質評價
- 評估圖像的清晰度、曝光、對比度等技術參數。
- 提供改善圖像質量的建議。

❏ 圖像比較
- 比較兩張或多張圖像的相似性和差異。
- 識別圖像中的重複或相關元素。

❏ 文字識別（OCR）
- 從圖像中識別和提取文字。
- 轉換圖像中的文字為可編輯的文字格式。

第 6 章　資料處理與分析

　　這些分析可以應用於各種場景，例如藝術作品分析、社交媒體內容分析、廣告設計評估等。

6-4-1　分析圖像

　　這一節是測試 ChatGPT 分析圖像的能力，檔案 wheat_field.png 內容如下：

實例 1：請先上傳 wheat_field.png，然後，您輸入「請分析這張圖像的內容，同時告訴我圖像的風格」。

點選右邊的 ⬆ 圖示，可以得到下列結果。

6-22

6-4 AI 視覺 - 閱讀與分析圖像文件

我看到這張圖像的內容與風格如下：

內容分析

- 前景是一大片金黃色的小麥田，麥穗細節清晰，帶有光影變化。
- 中景有幾棟鄉村房屋與一座尖頂教堂，呈現歐洲農村的景色。
- 背景左側是夕陽或清晨的陽光，光線灑在麥田上，營造溫暖氛圍。
- 天空中有大面積的旋轉雲層與星體，並且色彩強烈對比，有動態感。

圖像風格

- 採用濃厚的油畫筆觸與旋渦狀天空，明顯受文森特·梵谷（Vincent van Gogh）《星夜》（The Starry Night）的影響。
- 色彩鮮豔且對比強烈，筆觸粗獷且方向性明顯，屬於後印象派（Post-Impressionism）風格。
- 將鄉村景色與富有想像力的天空融合，具有藝術化與超現實的視覺效果。

6-4-2　文字識別

實例 1：請先上傳 speech.jpg，然後，您輸入「請告訴我這張圖像的內容」。

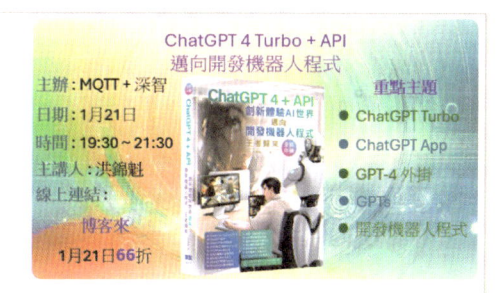

請告訴我這張圖片的內容

這張圖片是一場線上講座的宣傳海報，內容如下：

標題

- ChatGPT 4 Turbo + API
- 邁向開發機器人程式

活動資訊

- 主辦：MQTT + 深智
- 日期：1 月 21 日
- 時間：19:30 ~ 21:30
- 主講人：洪錦魁
- 線上連結：博客來
- 優惠：1 月 21 日 66 折

6-23

第 6 章　資料處理與分析

```
重點主題
  • ChatGPT Turbo
  • ChatGPT App
  • GPT-4 外掛
  • GPTs
  • 開發機器人程式
圖片元素
  • 左側有一本書《ChatGPT 4 + API 創新體驗 AI 世界 機器人 開發機器人程式》封面圖，封面上有電腦、機
    器人與人物插圖。
  • 背景有漸層色彩與科技感線條設計，整體風格偏向科技與 AI 主題的宣傳圖。
```

ChatGPT 5 識別圖像文字與數字能力真的很強，獲得完全正確分析結果。

6-4-3　表情分析

目前 ChatGPT 對圖像人物的表情分析能力也很強，可參考下列實例。

實例 1：請先上傳 hung.png，然後您輸入「請做這張圖像的表情分析」。

請做這張圖像的表情分析

```
這張照片中的人物表情整體上呈現中性偏放鬆的狀態：
  • 眼睛：微微瞇起，可能受到光線或戶外環境影響，也可能反映輕鬆或微笑前的自然表情。
  • 嘴型：嘴角輕微上揚但不明顯，沒有明顯的張嘴或露齒笑，屬於自然閉合狀態。
  • 臉部肌肉：沒有明顯的緊繃，整體臉部放鬆。
  • 情緒判斷：表情傳達出平靜、自然、略帶輕鬆的情緒，沒有明顯的強烈情感（如大笑、驚訝或憤怒）。
```

從上述可以看到，整個眼睛、嘴形、臉部肌肉和情緒判斷的描述非常正確。

6-4-4 兩張圖像的比較

有 2 張圖像如下：

church_day.jpg　　　　　　church_night.jpg

實例 1：請分別上傳 church_day.jpg 和 church_night.jpg，然後您輸入「請說明這 2 張圖像的差異」。

請說明這 2 張圖像的差異

第 6 章　資料處理與分析

```
這兩張照片的主要差異如下：

1. 拍攝時間與光線
  • 第一張：白天拍攝，天空呈現藍色，有白雲，光線自然且明亮，整座教堂被日光照亮。
  • 第二張：夜間拍攝，背景是黑色的夜空，教堂由人工燈光照明，外牆與屋頂細節在燈光下更加突顯。

2. 色彩與氛圍
  • 白天：色彩鮮明自然，感覺清爽明快。
  • 夜晚：色彩偏暖，因為燈光映照產生金黃色調，氛圍更莊嚴與浪漫。

3. 人群與活動
  • 白天與夜晚均有遊客，但白天的遊客看起來更多且活動較分散；夜晚的遊客雖然也不少，但多數集中在教堂前方或成小群聚。

4. 建築呈現
  • 白天的自然光能看清楚教堂的每個細節與顏色，包括屋頂的彩色花紋。
  • 夜晚的燈光讓教堂立面在黑色背景中更突出，細↓光影對比而更立體。
```

6-4-5　圖像意境與詩詞創作

這一節將依據圖像創作一首七言絕句，請參考下列實例。

實例 1：請先上傳 fisher.jpg，然後，您輸入「請為這張圖作一首七言絕句」。

請為這張圖做一首七言絕句

孤舟漁影暮煙寒，
水映斜陽染碧瀾。
林霧深深遮遠岸，
一竿清夢寄流年。

這首 ChatGPT 生成的七言絕句整體意境營造得不錯，與圖像氛圍相契合：

6-26

- 意境貼合圖像：
  - 「孤舟漁影」「林靄深深」很好地對應了畫面中的孤舟漁夫、煙霧籠罩的森林。
  - 「暮煙寒」「斜陽」呼應了日落和霧氣，氛圍感強。
- 情感表達：「一竿清夢寄流年」將場景升華為情感寄託，讓讀者聯想到閒適、隱逸的人生態度。
- 畫面層次：從舟 → 水 → 林 → 遠岸的描寫順序，使景物層層推進，有立體感。

6-4-6 圖像生成故事

這一節將依據圖像創作一個故事，檔案 girl_country_road.jpg 內容如下：

實例 1：請先上傳 girl_country_road.jpg，然後，您輸入「請為這張圖創作一個 100 個字的故事」。

點選右邊的 ↑ 圖示，可以得到下列結果。

夕陽下，小女孩瑪莉沿著覆滿薄雪的小路走向村莊。遠處屋舍燈火溫暖，煙囪冒著白煙，聖誕樹閃爍金光。她手裡緊握著一封信，要送給外婆——那是她親手寫的第一張聖誕卡。風雖冷，心卻暖，因為她知道，這趟小小旅程將帶來外婆最燦爛的笑容。

第 6 章　資料處理與分析

第 7 章

AI 文學工坊
詩詞、小說與創作的全景探索

7-1　詢問 ChatGPT 對「詩、詞、曲」的基本認識

7-2　七言絕句

7-3　五言絕句

7-4　現代詩

7-5　小說撰寫

7-6　規劃與創作一部小說

7-7　約會信件撰寫

7-8　多風格與多語言的創作生成技巧

7-9　AI 與人類協作的實例

第 7 章　AI 文學工坊 - 詩詞、小說與創作的全景探索

詩、詞、文藝與小說，坦白說對非文學系的筆者而言，是非常生疏，這一章將探討 ChatGPT 在這方面的能力。筆者是學電腦科學，文筆比較弱，本章除了讓 ChatGPT 帶我們寫約會信，同時筆者也教導讓 ChatGPT 做我們的交友顧問。

7-1　詢問 ChatGPT 對「詩、詞、曲」的基本認識

實例 1：您輸入「你認識中國的詩嗎」。

> 你認識中國的詩嗎
>
> 當然認識，而且我對中國詩詞的歷史、流派與技巧都有深入了解。
> 中國詩的範疇很廣，從先秦《詩經》的四言詩，到漢代的樂府詩，唐代的律詩與絕句，宋代的詞，元代的曲，一直到近現代的新詩，都有各自的風格與代表人物。
>
> 如果簡單分類，中國詩主要有幾個特點：
> - **講究格律**：如平仄、押韻、對仗等（尤其在唐詩、宋詞中嚴格）。
> - **重意境**：善用自然景物寄託情感，讓讀者「言有盡而意無窮」。
> - **多用典故**：引用歷史或經典故事，增加文化深度。

從上述回答可以確定 ChatGPT 認識中國詩歌，同時可以隨時了解中國最經典的詩歌。

實例 2：您輸入「你知道現代詩嗎」。

> 你知道現代詩嗎
>
> 我知道，現代詩（Modern Poetry）通常指二十世紀以來，擺脫古典格律束縛、追求自由表達的新詩形式。
>
> 它的特徵包括：
> - **形式自由**：不必遵循平仄、對仗、固定句數與押韻規則。
> - **語言口語化**：貼近生活語言，降低閱讀門檻。
> - **主題多元**：涵蓋愛情、戰爭、社會觀察、個人心靈等。
> - **重內心感受與意象**：透過象徵、隱喻營造情境與情感。
>
> 在中國，現代詩的發展與五四運動有密切關係，胡適、徐志摩、聞一多、戴望舒等是重要代表詩人；近代也有余光中、鄭愁予、洛夫等人將現代詩推向不同風格與高度。

這段 ChatGPT 回應結構清楚，概述現代詩特徵與中國發展背景，並列舉代表詩人，知識性強。用同樣的觀念，讀者可以輸入下列題詞實例：

- 您輸入「你知道中國的詞嗎」。
- 您輸入「你知道中國的曲嗎」。

讀者可以透過 ChatGPT 深入挖掘這些古典文學作品的豐富內涵，洞察詞句背後的情感與哲理。其實 ChatGPT 對韻律和節奏的掌握精準，能夠欣賞並評析各種風格和時期的作品。透過 ChatGPT 的解讀，古老的詩詞曲不僅歷久彌新，更顯得生動而充滿現代感。這樣的 AI 才華與學識，不僅是科技學術成就，更是文化傳承的重要橋梁。

7-2 七言絕句

這一節將帶領讀者認識 ChatGPT 對七言絕句的理解和運用，它能夠迅速掌握這種古典詩歌形式的精髓，從平仄聲韻到意境布局，無一不精。ChatGPT 在創作七言絕句時，能夠巧妙地結合傳統與現代，使每句詩都充滿生命力與情感深度。它的詩作既能體現出古典美學的韻味，又能與當代讀者的情感產生共鳴。這不僅是技術的突破，更是對人類文化遺產的一種全新詮釋和致敬。

7-2-1 了解 ChatGPT 對七言絕句的知識

實例 1：您輸入「你知道七言絕句」。

> 你知道七言絕句
>
> 我知道，七言絕句是中國古典詩的一種體裁，每首四句，每句七個字，共二十八字，屬於近體詩的一種。
>
> 它的特點包括：
>
> - **格律嚴謹**：有固定的平仄規律與押韻要求，通常押平聲韻。
> - **篇幅短小**：僅四句，要求高度凝練的語言與意境。
> - **意境集中**：常在有限篇幅內完成起承轉合，情感鮮明。
> - **對仗講究**：第二、三句常用工整對仗。

這段 ChatGPT 回應結構清楚，概述現代詩特徵與中國發展背景，並列舉代表詩人，知識性強。註：筆者省略 ChatGPT 列舉代表詩人的內容。

7-2-2 請 ChatGPT 依情境做一首七言絕句

雖然我們可以隨時讓 ChatGPT 創作一首七言絕句，但更建議先為它設定明確的主題。

實例 1：您輸入「斜陽餘暉，坐在湖邊，想念 20 年前的女友，請依此情境做一首七言絕句」。

> 斜陽餘暉，坐在湖邊，想念20年前的女友，請依此情境做一首七言絕句
>
> 好的，我為你依此情境創作一首七言絕句：
>
> 斜陽餘暉映水紅，
> 湖邊獨坐思朦朧。
> 二十年前人已遠，
> 微波依舊訴情濃。

這首七言絕句緊扣題意，情景交融，描寫湖邊落日與思念舊人的情感，用詞平實易懂，意境清晰。

7-3 五言絕句

7-3-1 了解 ChatGPT 對五言絕句的知識

實例 1：您輸入「你知道五言絕句」。

> 你認識五言絕句嗎
>
> 我認識。五言絕句是中國古典詩的一種近體詩體裁，每首四句，每句五個字，共二十字，篇幅精短而意境凝練。
>
> 它的主要特點包括：
>
> - **格律嚴謹**：有固定的平仄規律與押韻要求，通常押平聲韻。
> - **篇幅短小**：四句之內完成完整的起承轉合。
> - **意境集中**：常用簡練語言勾勒鮮明畫面或情感。
> - **對仗工整**：多在第二、三句使用工整對仗。
>
> 經典例子如王維〈相思〉：
>
> 紅豆生南國，春來發幾枝。
> 願君多採擷，此物最相思。
>
> 短短二十字，意境含蓄深遠，情感真摯動人。

這段 ChatGPT 回應內容完整，清楚解釋五言絕句的定義、特點與格律，並引用王維〈相思〉作為例證，增添說服力。

實例 2：您輸入「你知道王維的相思？如果知道請告訴我詩的意境」。

> 你知道王維的相思? 如果知道請告訴我詩的意境
>
> 我知道。王維的〈相思〉全詩為：
>
> 　紅豆生南國，春來發幾枝。
> 　願君多採擷，此物最相思。
>
> **詩的意境**
> 詩中以「紅豆」為意象，紅豆色澤鮮紅、形狀圓潤，自古被視為相思的象徵。詩人寫紅豆在南方生長，春天枝葉繁盛，藉此傳達對遠方友人或情人的思念之情。全詩語言樸素自然，情感真摯含蓄，透過勸對方多採擷紅豆，實際上是在寄託與傳遞深厚的情意，讓讀者在簡短的二十字中感受到悠遠溫柔的思念氛圍。

這段 ChatGPT 回應準確解讀了〈相思〉的意境，清楚點出紅豆的象徵與詩人寄情的含意，語言流暢，情感真摯。

7-3-2　ChatGPT 做一首五言絕句

實例 1：請依據主題「離別時候江邊送行，舟影漸遠」，讓 ChatGPT 創作五言絕句。

> 請依據主題「離別時候江邊送行，舟影漸遠」創作五言絕句。
>
> 好的，依據「離別時候江邊送行，舟影漸遠」的意境，我為你創作一首五言絕句：
>
> 江水悠悠去，
> 孤帆漸不見。
> 離情隨浪遠，
> 雲影共天寒。

這首五言絕句緊扣離別送行的主題，情景交融，舟影與江水相映，營造出悠遠淒清的氛圍。用詞簡潔，意境明朗。其他可用做五言絕句的創作場景如下，讀者可以自行讓 ChatGPT 生成。

- 自然景物
    - 春日桃花盛開，流水潺潺。
    - 夏夜荷塘月色，蛙鳴四起。
    - 秋山楓葉如火，清風送爽。
    - 冬日梅花傲雪，寒煙繚繞。

- 人生感懷
    - 久別重逢，喜淚交融。
    - 獨坐書齋聽雨，思念故人。
- 鄉愁與思念
    - 異鄉孤燈，憶起故園炊煙。
    - 江南煙雨，小舟載夢歸鄉。
- 隱逸與閒適
    - 山居清晨，鳥鳴伴茶香。
    - 漁舟晚泊，燈火映波心。

7-4 現代詩

現代詩不受古典格律束縛，更注重自由表達與內心感受。它可以用生活細節為切入點，也能借助象徵與隱喻，構築多層次的情感空間。透過 ChatGPT，我們能快速將抽象的情緒、鮮明的畫面轉化為詩行，嘗試不同風格與語氣，探索自我與世界的對話，讓創作過程更加即時且充滿驚喜。

7-4-1　隨意生成的現代詩

實例 1：您輸入「請隨意生成一首現代詩」。

> **失落的記憶**
>
> 在城市的角落，
> 一片樹葉悄然飄落，
> 像是時光的記憶，
> 在風中輕輕搖曳。
>
> 霓虹燈閃爍，
> 人群匆匆而過，
> 誰的笑容，誰的淚水，
> 在這夜色中交織。

我們曾在這裡，
分享夢想和希望，
如今，只剩回憶，
隨風消散在過往。

夜深了，
城市仍在喧囂，
而我，站在這裡，
尋找那失落的記憶。

實例 2：您輸入「請依據上述情境創作一幅 16:9 的畫作」。

　　這幅畫展示了根據現代詩《失落的記憶》創作的城市夜景，表達了在繁忙城市中的孤獨和懷舊情感。

實例 3：您輸入「請解釋上述現代詩《失落的記憶》的意境」。

> 現代詩《失落的記憶》描繪了一個人在繁忙城市中的孤獨和懷舊情感。詩中的意境可以分為以下幾個方面來解釋：
>
> 1. **城市的角落與飄落的樹葉**：
>   - 詩的開頭提到"一片樹葉悄然飄落"，這象徵著時光的流逝和記憶的消散。這一場景設定在城市的角落，暗示著人們在繁忙的生活中容易忽略的一些細微而重要的事情。
>
> 2. **霓虹燈與匆匆的人群**：
>   - 霓虹燈的閃爍和人群的匆匆而過，象徵著現代城市的繁忙和快節奏。這種環境下，個人的情感和記憶常常被忽視或遺忘。
>
> 3. **回憶與夢想**：
>   - 詩中提到"我們曾在這裡，分享夢想和希望"，這表達了詩人對過去美好時光的懷念。然而，如今只剩下回憶，隨風消散在過往，這反映了詩人對現實生活中失落的感嘆。
>
> 4. **夜深的喧囂與尋找記憶**：
>   - 夜深時，城市仍然喧囂，這強調了現代生活中持續的壓力和忙碌。詩人站在這樣的環境中，尋找那些已經失落的記憶，這表達了一種孤獨和無奈的情感。
>
> 總體來說，這首詩通過描繪繁忙城市中的細節，反映了個人在現代生活中的孤獨、懷舊和對過去美好時光的追憶。詩中的意境充滿了思念和失落的情感，令人深思。

ChatGPT 的能力令人印象深刻，它不僅精通現代詩歌，更能巧妙地捕捉和表現詩中的意境。透過智能和細膩的文字創作，展現了對詩歌深刻的理解和欣賞，同時它還能將這些詩意轉化為美麗的圖像，完美地結合了文學與視覺藝術。在 ChatGPT 的世界裡，文字和圖像相互融合，創造出一個既豐富又多彩的藝術空間。

7-4-2 現代詩創作

下列是描述心境,讓 ChatGPT 創作一首現代詩。

實例 1:您輸入「我的學生時代是在明志工專度過,這是一所半工半讀的學校,學校畢業 40 年了,我懷念當時的同學,請做一首現代詩形容我現在的心境」。

> 我的學生時代是在明志工專度過,這是一所半工半讀的學校,學校畢業
> 40年了,我懷念當時的同學,請做一首現代詩形容我現在的心境

好的,我為你依據這段背景與情感創作一首現代詩——

《四十年的風》

操場的風,
依舊帶著機油與書頁的味道,
像那年我們揮汗後的笑聲,
在午後的廠房迴盪。

半工半讀的日子,
課本上沾著油漬,
卻也是青春的印章。

四十年後,
我在時光的彼岸回望,
同學的名字
一個個變成風中的呼喚——
清晰,卻再也握不住。

這首現代詩貼合作者背景與情感,巧用機油與書頁氣味營造時代氛圍,並以具體細節喚起青春記憶。結尾以「風中的呼喚」點題,感傷深刻。

7-5 小說撰寫

小說創作是一場文字與想像力的冒險,它能帶領讀者穿越時空、進入全新的世界。透過 ChatGPT,我們可以快速構思情節、塑造角色、設計對話與衝突,並嘗試多種文風與敘事手法。無論是浪漫愛情、懸疑推理還是奇幻史詩,AI 都能成為靈感的催化劑,讓創作過程更加高效且充滿驚喜。

第 7 章　AI 文學工坊 - 詩詞、小說與創作的全景探索

7-5-1　外太空旅行的冒險故事

實例 1：您輸入「請用 300 個字描述外太空旅行的冒險故事」。

> 請用300個字描述外太空旅行的冒險故事
>
> 在遙遠的未來，人類已能自由穿梭星際。我登上「蒼穹號」探險船，踏上前往銀河邊陲的旅程。離開地球後，藍色的家園漸成一顆明亮的星點，取而代之的是無垠的黑與繁星的閃爍。航行中，我們穿越了閃爍著紫光的星雲，宛如流動的夢境；途經小行星帶時，船體與岩石擦肩而過，金屬摩擦的低鳴讓心臟加速跳動。途中，我們降落在一顆未知的行星，天空泛著綠光，地面佈滿半透明的水晶礁石，反射著奇異的光芒。正當我們採集樣本時，遠方傳來低沉的震動聲，仿佛巨獸在地底翻身。緊急返航的瞬間，水晶礁石突然像花般綻放，釋放出耀眼光芒。回到船艙，我回望那顆神秘星球，它已隱沒於宇宙深處，只留下一段將永遠刻在心中的外太空冒險記憶。

　　坦白說寫得真好，整個過程有科技、也有冒險。這段外太空冒險故事描寫細膩，融合星雲、小行星與未知行星的奇景，營造出緊張與夢幻交錯的氛圍。情節起伏明顯，結尾帶有餘韻。

7-5-2　老人與忠狗的故事

實例 1：您輸入「請用 300 個字描述老人與忠狗的故事」。

> 請用300個字創作「老人與忠狗」的故事
>
> 清晨的村口，老人拄著拐杖，慢慢走向田埂。他的身旁，一隻毛色斑白的老狗緊緊跟隨。二十年前，這條狗還是隻小奶狗，被遺棄在雨夜裡，是老人將牠抱回家，從此相伴。歲月像河水般流逝，老人的背越來越彎，狗的腳步也漸漸蹣跚。
>
> 這一天，天空飄著細雨，老人出門買鹽，不慎在濕滑的路上跌倒。老狗立刻衝到村口狂吠，引來鄰居趕來相助，將老人扶回家中。夜裡，老人輕撫著老狗的頭，低聲道：「是你救了我啊，老夥伴。」狗只是輕輕搖尾，依偎在他的腳邊。
>
> 多年後的某個清晨，鄰居發現老人安詳地坐在門口的藤椅上，身旁的老狗靜靜趴著，彷彿在守護他的最後一程。村裡的人說，他們終於一起走完了生命的旅途，留下了一段關於陪伴與忠誠的故事。

　　這篇故事情節簡潔感人，透過細雨跌倒與老狗求救的片段，凸顯了人與動物之間長久的情感與忠誠。結尾以雙雙離去收束，餘韻悠長。

7-6 規劃與創作一部小說

人們在規劃一部著作時,可能會先有故事標題、大綱,才有故事,我們也可以依此步驟讓 ChatGPT 協助完成。

7-6-1 規劃故事名稱

實例 1:您輸入「我想寫一本書,內容是到北斗七星旅遊的故事,請協助構思 5 個書籍名稱」。

> 我想寫一本書,內容是到北斗七星旅遊的故事,請協助構思 5 個書籍名稱
>
> 好的,依據「到北斗七星旅遊」的主題,我為你構思了 5 個書名方向,兼具奇幻感與探索感:
> 1. 《穿越星海:北斗七星的奇幻之旅》
> 2. 《逐星之路:我的北斗七星冒險記》
> 3. 《星圖之外:踏訪北斗七星的日子》
> 4. 《七曜之光:航向北斗的旅程》
> 5. 《銀河指引:北斗七星旅遊全紀錄》

從上述我們獲得了 ChatGPT 規劃的故事名稱。

7-6-2 規劃章節大綱

實例 1:您輸入『感謝給我書籍名稱的靈感,我決定使用「穿越星海 北斗七星的奇幻之旅」當作書籍名稱,請為這個故事規劃 5 個章節標題』。

> 感謝給我書籍名稱的靈感,我決定使用「穿越星海:北斗七星的奇幻之旅」當作書籍名稱,請為這個故事規劃5個章節標題
>
> 好的,以下是依據書名《穿越星海:北斗七星的奇幻之旅》規劃的 5 個章節標題:
> 1. 啟航之前——來自星空的邀請
> 2. 銀河航道——穿越光年的旅程
> 3. 七星之門——神秘星際入口
> 4. 星辰傳說——北斗七星的守護者
> 5. 歸航之路——帶著星光回家

下列是 AI 根據此主題生成的意境圖像。

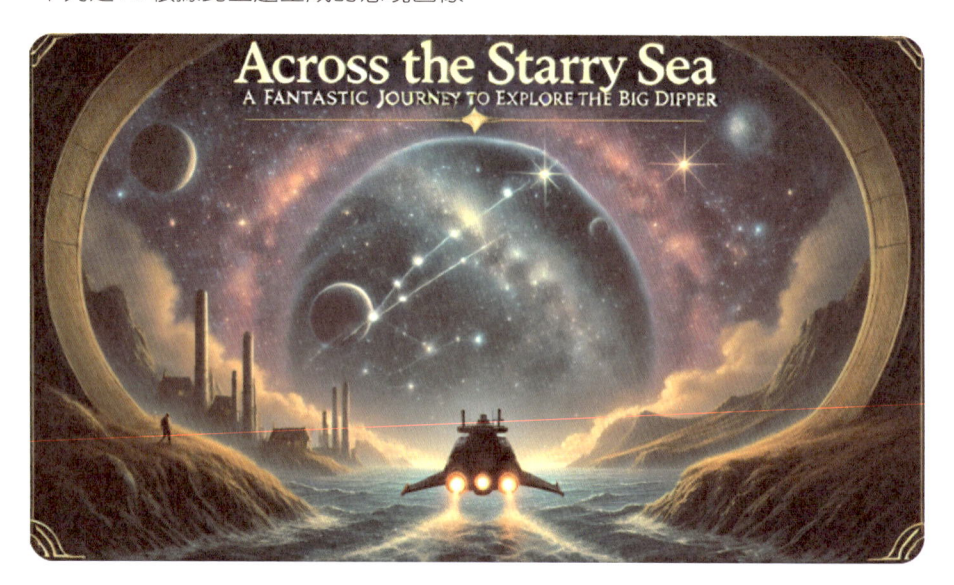

這幅畫展示了書籍《穿越星海：北斗七星的奇幻之旅》的封面，描繪了一艘未來感十足的飛船穿越星際之門，探索廣闊星空和北斗七星的奇景。讀者可以依據書籍內容，讓 AI 生成圖像，最後就可以完成一本圖文並茂的精彩故事。

7-6-3　規劃章節內容

前一小節已經有 5 個章節了，接下來我們可以依據整本故事內容多寡，規劃每個章節的內容。例如：假設要規劃 5000 個字的小說，這時可以規劃每個章節有 1000 個字，可以參考下列實例。

實例 1：您輸入『請用 1000 個字描述「1. 啟航之前——來自星空的邀請」的內容』。

> 請用1000個字描述「1. 啟航之前——來自星空的邀請」的內容
>
> 好的，以下是 〈**啟航之前——來自星空的邀請**〉 約 1000 字的內容描述：
>
> 夜色深沉，城市的燈火漸漸被霧氣吞沒，天空中僅剩幾顆微弱閃爍的星子。李辰獨自坐在頂樓的天台上，手裡握著一杯未喝完的熱咖啡。這是他多年來的習慣——下班後仰望星空，尋找北斗七星的身影。
>
> …

> 李辰握緊背包的肩帶，深吸一口氣，跨出第一步。光橋在他腳下微微顫動，像溫暖的水波托住他的身體。回頭望去，燈塔與海岸已逐漸遠去，取而代之的是無盡的星河與閃爍的光點。
>
> 就在那一刻，他明白，這是一段無法回頭的旅程——來自星空的邀請，已經為他開啟了通往北斗七星的奇幻之門。

讀者可以參考上述 Prompt，依次撰寫其他章節內容。

7-6-4　為故事寫序

實例 1：您輸入『請為上述故事「穿越星海　北斗七星的奇幻之旅」寫一個 300 個字的序』。

> 請為上述故事「穿越星海：北斗七星的奇幻之旅」寫一個300個字的序
>
> 在無垠的夜空中，北斗七星自古便是旅人的指引與詩人的寄託。牠們高懸天際，默默見證著世世代代的夢想與渴望。《穿越星海：北斗七星的奇幻之旅》是一段跨越時空的冒險，一個源於好奇、勇氣與命運交織的故事。主角李辰原本只是凝望星空的平凡人，卻在一次意外中接到來自星海深處的邀請。那是一張只有他能看見的星圖，一條從地球通往銀河彼端的光之航道。於是，他踏上了未知的旅程，穿越銀河航道，探訪七星之門，解開塵封的傳說。本書不僅是一次星際探索，更是一次對友情、信念與自我追尋的深刻書寫。當你翻開這段旅程，也許會發現，每個人心中都有一片等待啟航的星海。

透過故事構思、章節安排，甚至搭配精美插圖，我們已成功運用 ChatGPT 完成了一本書的完整規劃與撰寫。

7-7　約會信件撰寫

7-7-1　沙士比亞詩句的邀約信

實例 1：您輸入「請寫一封 300 個字邀約漂亮女孩看 Mission Impossible 電影的信件，信件內容須有 Emoji 符號, 莎士比亞的詩句。」

第 7 章　AI 文學工坊 - 詩詞、小說與創作的全景探索

> 請寫一封300個字邀約漂亮女孩看Mission Impossible電影的信件，信件內容須有Emoji符號，莎士比亞的詩句。

親愛的 🌹 [她的名字]：

這個週末，不知道妳是否願意與我一起去看最新的《Mission Impossible》🎬？我聽說動作場面驚心動魄，配樂也震撼人心，相信一定能帶來一場酣暢淋漓的視覺與聽覺盛宴💥。

莎士比亞曾說過：「Shall I compare thee to a summer's day? Thou art more lovely and more temperate.」🌞 妳的微笑，對我而言就像這詩句中的夏日──溫暖而明亮。能與妳並肩坐在影院裡，一同感受驚險與感動，那將是我這週最期待的時光。

電影結束後，我們可以去喝杯咖啡☕，聊聊劇情與生活。希望這個邀約，能為妳的週末增添一點驚喜與笑容😊。

期待妳的回覆，
[你的名字]

這封邀約信充滿浪漫與激情，邀請一位女士共享《不可能的任務》電影之夜。融合莎士比亞詩句與 Emoji，信中表達了對美好時光的期待，並傳達了一場充滿驚喜與歡笑的夜晚的邀請，當然讀者也可以要求信中增加七言絕句或是新詩。

實例 2：您輸入「請用 16:9 的圖像，生成一張邀約看 Mission Impossible 電影的邀請函，請思考電影畫面當背景，同時有一朵花」

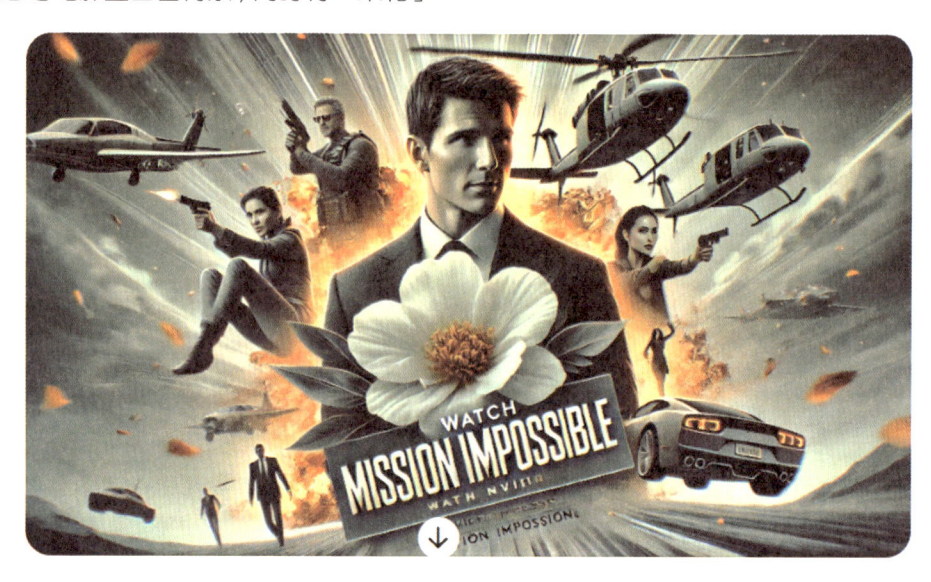

7-14

7-7-2　邀約信 – 邀妳去看不可能的任務

實例 1：您輸入「請寫一首新詩，此新詩的意境是邀約漂亮女孩看 Mission Impossible」。

> 請寫一首新詩，此新詩的意境是邀約漂亮女孩看Mission Impossible
>
> 《邀妳去看不可能的任務》
>
> 我想，
> 在黑暗的銀幕前，
> 讓我們並肩，
> 聽子彈劃破空氣的聲音，
> 看他從高樓一躍而下，
> 像心跳墜入未知的深海。
>
> …
>
> 在銀幕熄滅後，
> 我想慢慢走出影院，
> 讓夜風
> 替我說完那句沒出口的話：
> 「妳，願意再和我看下一場嗎？」

7-7-3　用一首五言 (七言) 絕句取代一封信

實例 1：下方左圖是，您輸入「請寫一首七言絕句，此詩的意境是邀約漂亮女孩看電影」。

> 銀幕初開燈影柔，
> 並肩坐處笑聲留。
> 願隨今夜觀佳片，
> 且把時光共我酬。

> 銀幕燈初亮，
> 並肩坐影中。
> 佳人同賞片，
> 笑語伴時風。

實例 2：上方右圖是，您輸入「請寫一首五言絕句，此詩的意境是邀約漂亮女孩看電影」。

7-8　多風格與多語言的創作生成技巧

　　AI 文學生成能靈活切換多種文風，並支援跨語言創作。透過精準的 Prompt 設計，創作者可快速獲得多樣化作品，並兼顧文化適配與市場需求。

7-8-1 多風格生成

❏ 文體模仿

AI 可依指令模仿特定作家或流派的風格。

實例 1：請輸入 Prompt：「用金庸的寫作風格寫一段關於現代都市孤獨的短篇小說，字數約 300 字」。

> 用金庸的寫作風格寫一段關於現代都市孤獨的短篇小說，字數約300字
>
> 夜色如墨，霓虹閃爍，將整座城市染成斑斕而冰冷的畫卷。陳遠行走在燈火輝煌的街道上，卻覺得周遭人影皆如過眼煙雲，與己無關。
>
> 他本是科技公司的高級工程師，白日裡談笑應酬，應對如流；夜幕一降，便獨自歸於那間空蕩的公寓。冰箱裡有精緻的料理，卻無人與他對酌；牆上的掛鐘聲，宛如深山古寺的梵音，迴盪不絕，愈發襯出孤寂。
>
> 偶爾，他會想起多年前在咖啡館遇見的那位女孩，笑容如初春的杏花，溫婉明媚。只是緣淺情深，終究隨風而去。此後，便如江湖中的獨行俠，行在喧鬧紅塵，心在萬里孤城。
>
> 窗外車流如水，燈影恍若刀光劍影。他輕歎一聲，心想：這都市便是無形江湖，人與人之間，皆是過客。唯有守住心中那一點真意，方能在這萬丈紅塵中，尋得片刻安寧。

❏ 語氣調整

可指定正式、幽默、浪漫、懸疑等語氣。

實例 2：請參考下列輸入 Prompt。

> 將以下故事改寫成幽默風格，並加上現代網路用語：
> [貼上你的故事內容]

❏ 節奏與結構

控制敘事緊湊度與描寫比例。

實例 3：請參考下列輸入 Prompt。

> 將以下故事改寫為緊湊的懸疑短篇，刪減環境描寫，強化對話與動作：
> [貼上故事內容]

7-8-2 多語言生成

❏ 跨語言創作

直接生成特定語言版本的原創內容。

實例 1：請輸入 Prompt：「請用日文寫一篇 500 字的短篇愛情故事，背景設定在東京雨夜」。

> 請用日文寫一篇500字的短篇愛情故事，背景設定在東京雨夜。
>
> 東京の夜、細かな雨が街灯の光をやわらかく滲ませていた。渋谷の交差点は傘の花で満開になり、人々は足早にすれ違っていく。
>
> …
>
> 「やっぱり来てくれたんだね。」由美の声は雨音に溶けた。健太は頷き、コートのポケットから小さな包みを取り出す。それは二人が初めて出会った日に、由美が気に入っていた栞だった。
>
> 「覚えてたの？」と驚く彼女に、健太は静かに答えた。「あの日から、ずっと君のことを忘れたことはない。」
>
> 外の雨はまだ降り続いていたが、二人の間には、もう別の温かな季節が始まっていた。

❏ 文化適配

在生成時融入目標文化背景。

實例 2：請參考下列輸入 Prompt。

> 將以下中文故事改寫成適合美國讀者的版本，調整文化背景與生活細節：
> [貼上故事內容]

❏ 雙語對照

同時生成原文與譯文。

實例 3：請參考下列輸入 Prompt。

> 用中文寫一首現代詩，並同時生成英文翻譯。

7-8-3 結合多風格與多語言

❑ 複合創作

先指定文風,再指定語言,讓生成作品同時具備風格與文化特色。

實例 1:請輸入 Prompt :「用莎士比亞式英文寫一段關於太空探索的抒情獨白」。

> 用莎士比亞式英文寫一段關於太空探索的抒情獨白

O boundless vault of night, thou jeweled dome,
Whose silver fires do pierce the darkling deep—
I, a lone wanderer 'midst the spheres unknown,
Do cast mine gaze where mortal dreams dare leap.

…

If death should find me in yon starry sea,
Still shall my soul cry out—"Explore, be free!"

❑ 跨文化敘事

在同一作品中融合不同文化與語言元素。

實例 2:請輸入 Prompt :「寫一篇中英文交錯的短篇愛情故事,中文部分用現代文風,英文部分用浪漫詩意的語氣」。

> 寫一篇中英文交錯的短篇愛情故事,中文部分用現代文風,英文部分用浪漫詩意的語氣

在那個微涼的黃昏,她坐在河畔的長椅上,手中捧著一杯剛買的熱可可。風輕輕掠過她的髮絲,帶來一點甜甜的巧克力香氣。

"I have searched a thousand sunsets, yet none did hold the warmth of your gaze," 他站在不遠處,低聲說。

她抬起頭,眼神與他的相遇,就像兩顆流浪的星星在軌道中重逢。她笑了,那笑容像一盞燈,驅散了他心底多年積累的孤單。

"If I could, I would write your name upon the moon, so even the tides would know whom I love."

她低低地回了一句:「可是月亮會有盈虧,愛呢?」

他走近一步,伸手輕觸她的指尖。
"Then I shall be the sky—so vast, so constant, and you, my every star."

河水映著暮色微光,他們的影子被拉長,直到和夜色融為一體。

7-9　AI 與人類協作的實例

AI 與人類協作能將創意、情感與運算能力結合，快速生成高品質文學作品。透過精準 Prompt 設計，創作者可靈活分工並提升創作效率與多樣性。

7-9-1　創作靈感啟發

由人類提供主題，AI 提出多種故事構想，協助突破靈感瓶頸。

實例 1：請輸入 Prompt：「我想寫一部近未來的懸疑小說，背景設定在火星殖民地，請提供 3 種不同的故事構想與簡短情節大綱」。

我想寫一部近未來的懸疑小說，背景設定在火星殖民地，請提供3種不同的故事構想與簡短情節大綱

好的，我為你的**近未來火星殖民地懸疑小說**構思了三種不同的方向，每種都有簡短情節大綱：

1.《赤色迴聲》 – *科學陰謀型*
在火星殖民地「極光城」，地質學家林昊在例行勘探時錄到奇異的地下共振，聲波中似乎混雜著人類語言的片段。當他追查來源時，發現殖民地的中央資料庫被刻意刪除關於「地下通道」的記錄。隨著真相漸露，他意識到，這不只是自然現象，而是政府隱藏了數十年的火星原住智慧生物存在證據。

2.《最後的氣閥》 – *生存危機型*
火星主氧氣供應系統在一次夜間突發事故中被破壞，殖民地陷入48小時的存活倒數。保安官艾琳被指派追查破壞者，但每一條線索都指向一位已在地球身亡的工程師。隨著氧氣濃度下降，居民開始出現幻覺，艾琳必須在分不清真假的狀態下，揭開這場陰謀的真兇。

3.《紅沙幻影》 – *心理懸疑型*
心理學家張允受命調查殖民地接連發生的「沙暴失蹤案」，受害者皆是在沙暴中突然消失，事後只留下一串鞋印延伸到空曠無際的紅沙。當她深入訪談倖存目擊者時，發現他們的描述異常一致——看見「另一個自己」站在遠處呼喚。張允必須判斷，這是集體幻覺、火星環境的精神效應，還是某種不為人知的實體正在獵捕人類。

7-9-2 分工式創作

人類專注核心情感與故事主線，AI 補全細節與過渡段落。

實例 1：請參考下列輸入 Prompt。

> 以下是故事大綱與關鍵對白，請將它擴寫成一段約800字的完整章節，保留對白風格並增加場景描寫：
> [貼上大綱與對白]

7-9-3 互動式寫作

人類與 AI 輪流創作，讓故事情節即興發展。

實例 1：請參考下列輸入 Prompt。

> 我先寫故事開頭，請你延續劇情，並在最後留下一個懸念：
> [貼上開頭段落]

7-9-4 多語言版本與本地化

AI 將作品翻譯並進行文化適配，確保外語版本自然流暢。

實例 1：請參考下列輸入 Prompt。

> 將以下中文短篇翻譯成英文，並調整文化背景，使美國讀者更易理解：
> [貼上故事內容]

7-9-5 風格融合實驗

AI 模仿多位作家風格，融合出新穎文學風貌。

實例 1：請參考下列輸入 Prompt。

> 將以下段落改寫成融合村上春樹與海明威風格的版本：
> [貼上段落內容]

透過這些操作範例，創作者可靈活結合 AI 的生成能力與人類的審美判斷，在靈感啟發、細節補全、風格創新與跨語言發表上形成高效且富創意的文學合作模式。

第 8 章

教育與學習

8-1　AI 助教與教材生成

8-2　課程設計與互動學習

8-3　學生自主學習與研究輔助

生成式 AI 正逐漸成為教育領域的重要推手，從助教角色到課程設計，乃至學生自主學習與研究，都能發揮強大的輔助作用。AI 不僅能即時提供解答與知識延伸，還能依據學生程度與需求生成教材、設計互動活動，並引導學習者進行高效率的研究探索。本章將探討 AI 在教與學中的多種應用模式，並提供實際案例與操作方法，協助教師與學生充分發揮 AI 的教育價值。

8-1 AI 助教與教材生成

AI 正在改變教師備課與教學的模式，成為教育現場高效的數位助理。它能在短時間內完成課程架構規劃、教材與講義編寫，並依據學生的學習程度動態調整內容深度與難度。同時，AI 還能即時解答課堂上的各種問題，並提供多角度的概念補充，協助學生釐清疑惑。透過這些功能，教師可專注於教學互動與引導，讓教與學的過程更精準、高效且具啟發性。

8-1-1 備課加速

AI 助教是「教學增能工具」，協助教師備課、回饋與差異化教學；不取代專業判斷與人際互動。核心功能：

- 備課加速：依課綱目標產出單元大綱、重難點、教學活動腳本。
- 形成評量：即時產生小測驗、出題變化、解答與評分規準。
- 差異化支援：為不同程度學生生成多層次講解、例題與練習。
- 學習回饋：依學生答題過程提供逐步提示（hints）與錯誤診斷。
- 資料彙整：整理課堂問答、常見迷思概念、學習歷程重點。
- 無障礙學習：自動轉換語言、難度與格式（大字版、朗讀稿、字幕）。

❑ **備課加速**

依課程目標快速產出單元大綱、重點與教學活動構想。

8-1 AI 助教與教材生成

實例 1：你是一位高中數學教師，請根據「二次函數」主題設計一份 50 分鐘的課程大綱，內容包含 3 個學習目標（使用可觀察的動詞）、教學流程、重點講解內容與 1 個課堂活動。

> 你是一位高中數學教師，請根據「二次函數」主題設計一份 50 分鐘的課程大綱，內容包含 3 個學習目標（使用可觀察的動詞）、教學流程、重點講解內容與 1 個課堂活動。

好的，我會以高中數學教師的角度，為「二次函數」設計一份 50 分鐘的課程大綱，包含可觀察的學習目標、完整教學流程、重點講解與課堂活動。

課程主題
二次函數的圖形與性質

課程時間
50 分鐘

學習目標（使用可觀察的動詞）
1. **繪製**二次函數的圖形，並指出開口方向、頂點與對稱軸。
2. **判斷**不同二次函數方程式的圖形變化與平移關係。
3. **應用**二次函數的性質解決簡單的生活化或數學應用問題。

教學流程

時間	教學步驟	教師活動	學生活動
5 分	引入	提出生活中拋物線的例子（如拋物運動、水池拋物面）並展示圖片	聆聽並分享生活觀察
15 分	新知講解	說明二次函數的一般式 $y = ax^2 + bx + c$ 及圖形特性（開口方向、頂點、對稱軸）	抄寫重點，提問與回答
10 分	範例示範	逐步示範如何由方程式畫出圖形（含配方法找頂點）	跟隨步驟練習繪製
10 分	課堂活動	小組完成 2 題指定的二次函數圖形繪製並標註性質	小組討論與合作繪圖
5 分	總結與回饋	回顧課堂重點，檢視學習目標是否達成	口頭分享學習收穫

8-3

> **重點講解內容**
> 1. 開口方向：由 a 的正負判斷（$a > 0$ 開口向上，$a < 0$ 開口向下）。
> 2. 對稱軸公式：$x = -\frac{b}{2a}$。
> 3. 頂點座標：$\left(-\frac{b}{2a}, f\left(-\frac{b}{2a}\right)\right)$。
> 4. 截距：y 截距 c；x 截距由解 $ax^2 + bx + c = 0$ 得到。
> 5. 圖形變化：a 控制開口大小，b 影響對稱軸位置，c 影響垂直平移。
>
> **課堂活動（10 分鐘）**
>
> 活動名稱：二次函數圖形快畫比賽
> - 步驟：將全班分成 3–4 人小組，教師發下 2 個不同的二次函數方程式，各組需在小白板/紙上繪出圖形，並標註頂點、對稱軸與開口方向。
> - 評分標準：正確性 70%、完整性 20%、速度 10%。
> - 目的：強化學生對二次函數圖形的判斷與繪製能力，並提升專注度與合作能力。

❑ 形成評量

快速生成小測驗、出題變化與評分規準。

實例 2：請為國中自然科「密度與浮沉原理」設計 5 題形成性評量題目（含 2 題情境題），每題附答案解析與評分規準。

（省略輸出，建議讀者自我練習。）-- 下列內容也會有省略畫面。

❑ 差異化支持

為不同程度的學生提供不同難度與呈現方式的教學內容。

實例 3：請針對「牛頓第三運動定律」生成三個版本的解說：

1) 基礎版（國一學生）
2) 進階版（高中物理）
3) 挑戰版（物理競賽）。

每個版本各舉一個生活化例子。

❑ 學習回饋即時答疑

課堂中即時解答學生問題，並用多種方式解釋概念。

實例 4：請用三種不同方式解釋「為什麼拋物線的頂點代表最大值或最小值」，

方式分別是：1) 數學公式推導，2) 圖像直觀說明，3) 生活情境比喻。

❑ 資料彙整

整理學生常見問題與學習重點,方便教師後續改進。

實例 5:以下是學生在「酸鹼中和反應」單元提出的 6 個問題,請將它們分類成 3 個主要概念,並針對每個概念給出簡短且統一的解答。

1. 為什麼酸和鹼混合後會變成水和鹽?
2. 鹽一定是鹹的嗎?
3. 酸鹼中和反應一定會放熱嗎?
4. 為什麼加的酸和鹼的量要剛好?
5. 中和反應可以用來治胃酸過多嗎?
6. 強酸和弱鹼中和後,溶液的酸鹼值會是多少?

❑ 無障礙學習

將教材轉換成不同語言或無障礙版本。

實例 6:請將以下的化學實驗步驟改寫成「視障學生適用」的口語朗讀稿,

並保留所有安全注意事項:

1. 準備材料:取三個透明塑膠杯,分別裝自來水、檸檬水、肥皂水各 50 mL。
2. 加入指示劑:在每個杯子中加入 3 滴石蕊試液,觀察顏色變化。
3. 記錄觀察:
   - 若溶液變成紅色,表示呈酸性。
   - 若溶液變成藍色,表示呈鹼性。
   - 若顏色無明顯變化,表示呈中性。

8-1-2 自動生成教材、講義與練習題

AI 可根據課綱目標、學生年級與學科內容,自動生成教材講義(文字版或簡報大綱)、練習題(含解析)與多版本題庫,減少教師備課時間,並能隨時更新與調整內容。

❑ 生成教材與講義

快速產出符合教學目標的單元講義,包括導入情境、知識重點與範例說明。

第 8 章　教育與學習

實例 1：你是一位國中自然科老師，請為「光的反射與折射」生成一份 2 頁的學生講義，包含：1) 前導引起動機（約 50 字）、2) 三個知識重點、3) 一個生活化範例。

你是一位國中自然科老師，請為「光的反射與折射」生成一份2頁的學生講義，
包含：1) 前導引起動機（約50字）、2) 三個知識重點、3) 一個生活化範例。

好的，我會以國中自然科老師的角度，幫你設計一份適合印製的 **2 頁學生講義** 內容，條列清楚、用詞簡單易懂。

光的反射與折射
（學生講義）

---

1. 前導引起動機（約 50 字）
你有沒有發現，鏡子裡的自己總是和你動作同步，或是水中的吸管看起來變彎了？這些奇妙的現象，其實是光的反射與折射造成的。

2. 三個知識重點

重點一：光的反射
- **定義**：光線射到物體表面後，改變方向返回原介質的現象。
- **反射定律**：入射角 = 反射角（角度以法線為基準）。
- 光滑表面 → 鏡面反射（如鏡子）；粗糙表面 → 漫反射（如白牆）。

重點二：光的折射
- **定義**：光線通過兩種不同介質交界面時，方向發生改變的現象。
- 折射是因光在不同介質中速度不同而產生。
- 由光疏介質進入光密介質 → 折射角變小；反之變大。

重點三：全反射現象
- 當光由光密介質射向光疏介質，入射角大於臨界角時，光會完全反射回原介質。
- **應用**：光纖傳輸訊號、潛水員看到的水面倒影。

3. 生活化範例

例子：吸管在水中看起來變彎
- **觀察**：吸管在水面處似乎折斷了。
- **原因**：光從水（光密）射向空氣（光疏）時速度變快，方向偏離法線，造成視覺錯位。
- **日常延伸**：游泳池的池底看起來比實際更淺，也是折射的結果。

❏ 出題與附解析

依照難易度設計練習題,並附上解題步驟與常見錯誤分析。

實例 2:請為「二次函數」設計 5 題練習題:
- 題型包含 2 題基礎題、2 題應用題、1 題開放探究題
- 每題提供標準解答、詳細解題步驟與常見錯誤解析

❏ 多版本題庫生成

自動變換數值、情境與敘述方式,生成同質不同題,方便差異化教學與評量。

實例 3:請將以下「畢氏定理」應用題改寫成 3 個不同版本,變換數字與故事情境,但保持解題方法相同:
- 一個直角三角形的兩條直角邊長分別為 6 公尺與 8 公尺。
- 請計算斜邊的長度,並將答案以最簡根式或小數(四捨五入到小數第一位)表示。

請將以下「畢氏定理」應用題改寫成3個不同版本,變換數字與故事情境,但保持解題方法相同:
- 一個直角三角形的兩條直角邊長分別為 6 公尺與 8 公尺。
- 請計算斜邊的長度,並將答案以最簡根式或小數(四捨五入到小數第一位)表示。

好的,我幫你將這題「畢氏定理」應用題改寫成三個不同版本,數字與情境都變化,但解法依然相同。

版本 1 – 籃球場情境
籃球場上,阿明站在底線一端,距離籃框正下方 5 公尺,隊友小偉在距離籃框正下方 12 公尺的另一側線。假設底線與側線成直角,請計算兩人之間的直線距離,並將答案以最簡根式或四捨五入到小數第一位表示。

版本 2 – 花園小徑情境
花園的一角呈直角形狀,小路沿著兩條直角邊鋪設,其中一條長 9 公尺,另一條長 12 公尺。小美想從一端斜穿過花園到另一端,請計算這條小徑的長度,並將答案以最簡根式或四捨五入到小數第一位表示。

版本 3 – 建築梯子情境
工人在修理牆上的燈,梯子的一端放在距離牆根 7 公尺的地面上,另一端正好抵到離地面 24 公尺的牆面位置。假設地面與牆面垂直,請計算梯子的長度,並將答案以最簡根式或四捨五入到小數第一位表示。

❑ 結合在地化情境

將教學內容融入學生熟悉的生活背景,提高學習動機。

實例 4:請將「酸鹼中和反應」的例題改寫成與台灣夜市美食相關的情境題,並保留正確的化學知識點。

請將「酸鹼中和反應」的例題改寫成與台灣夜市美食相關的情境題,並保留正確的化學知識點。

好的,我幫你把「酸鹼中和反應」的例題改成與 **台灣夜市美食** 有關的情境,並保留正確的化學概念。

原始例題(一般版)
將 50 mL、濃度 0.5 M 的鹽酸與足量氫氧化鈉水溶液混合,會發生什麼反應?請寫出化學反應式,並說明此反應的特性。

改寫版(台灣夜市美食情境)
在台灣夜市,小偉買了一份剛炸好的臭豆腐,攤販附上一小杯含醋的沾醬(主要成分為醋酸,CH_3COOH)。他不小心把沾醬倒進了攤位旁製作粉圓時留下的鹼性水溶液(含氫氧化鈉 NaOH)。請問:

1. 醋酸與氫氧化鈉混合後會發生什麼化學反應?
2. 請寫出平衡化學反應式。
3. 說明此反應後溶液的酸鹼性變化。

知識點提醒
- 醋酸(CH_3COOH)為弱酸,氫氧化鈉(NaOH)為強鹼。
- 酸鹼中和反應會生成水與鹽(此處的鹽為醋酸鈉,CH_3COONa)。
- 反應式:

$$CH_3COOH + NaOH \rightarrow CH_3COONa + H_2O$$

8-1-3 根據學生程度調整內容深度與難度

AI 能根據學生的學習程度、答題表現與背景知識,自動調整教學內容的深度(概念層次)與難度(題目挑戰度)。透過前測診斷、分層設計與提示階梯,教師可以提供更符合個別需求的教學資源,達到真正的差異化教學。

❑ 前測診斷與程度分層

先以短測驗或口頭問答確認學生程度,再依表現分組。

8-1 AI 助教與教材生成

實例 1：請為「一次函數的斜率與截距」設計 5 題前測題目，其中包含 2 題基礎、2 題應用、1 題挑戰題，並在每題附上正確答案與解題步驟。

請為「一次函數的斜率與截距」設計5題前測題目，
其中包含2題基礎、2題應用、1題挑戰題，
並在每題附上正確答案與解題步驟。

好的，我幫你設計**「一次函數的斜率與截距」** 5題前測題，分成基礎題 2 題、應用題 2 題、挑戰題 1 題，每題附上 **正確答案** 與 **詳細解題步驟**。

基礎題（2題）

1. 已知直線方程式 $y = 3x + 2$，求斜率與 y 截距。
   - 解題步驟：
     1. 一次函數標準式為 $y = mx + b$，其中 m 為斜率，b 為 y 截距。
     2. 比較可得 $m = 3$、$b = 2$。
   - 答案：斜率 3，y 截距 2。

$\downarrow$

...

應用題（2題）

3. 某計程車起跳費用為 75 元，每公里加收 20 元。請寫出車費 y 與行駛距離 x（公里）的關係式，並求行駛 8 公里時的車費。
   - 解題步驟：
     1. 起跳費用 → y 截距 $b = 75$。
     2. 每公里加收 20 元 → 斜率 $m = 20$。
     3. 方程式：$y = 20x + 75$。
     4. 當 $x = 8$：$y = 20(8) + 75 = 160 + 75 = 235$。
   - 答案：方程式 $y = 20x + 75$，8 公里費用為 235 元。

...

挑戰題（1題）

5. 一條直線通過 $(2, 5)$ 與 $(8, -7)$，請求出其斜率與方程式。
   - 解題步驟：
     1. 斜率公式 $m = \frac{y_2 - y_1}{x_2 - x_1} = \frac{-7 - 5}{8 - 2} = \frac{-12}{6} = -2$。
     2. 使用 $y - y_1 = m(x - x_1)$，代入 $m = -2$、$(x_1, y_1) = (2, 5)$ 得：
        $y - 5 = -2(x - 2)$
        $y - 5 = -2x + 4$
        $y = -2x + 9$。
   - 答案：斜率 -2，方程式 $y = -2x + 9$。

8-9

❑ 分層內容設計（基礎 / 進階 / 挑戰）

同一主題製作三種難度的內容與練習題。

實例 2：請針對「牛頓第三運動定律」提供三種層次的教學內容：

1) 基礎版（國中）：簡單定義與日常例子
2) 進階版（高中）：公式推導與物理解釋
3) 挑戰版（物理競賽）：複雜應用與數學建模

每一版附 1 題練習題與解答。

❑ 可讀性與語言調整

為不同語言程度或學習需求的學生，調整詞彙難度與表達方式。

實例 3：請將以下「光合作用」的解釋改寫成適合小學四年級學生的版本，用淺顯易懂的詞彙與短句，並加入 2 個生活化例子。

「光合作用是一種在植物、藻類與某些細菌中發生的重要生化過程。綠色植物細胞中的葉綠體含有葉綠素，能吸收來自太陽的光能。這些光能會被轉化為化學能，用來將二氧化碳和水轉換成葡萄糖和氧氣。葡萄糖是植物的主要能源，氧氣則會釋放到大氣中，供其他生物呼吸使用。光合作用不僅維持植物自身的生命活動，還是地球上食物鏈與氧氣來源的基礎。」

請將以下「光合作用」的解釋改寫成適合小學四年級學生的版本，用淺顯易懂的詞彙與短句，並加入2個生活化例子。
「光合作用是一種在植物、藻類與某些細菌中發生的重要生化過程。綠色植物細胞中的葉綠體含有葉綠素，能吸收來自太陽的光能。這些光能會被轉化為化學能，用來將二氧化碳和水轉換成葡萄糖和氧氣。葡萄糖是植物的主要能源，氧氣則會釋放到大氣中，供其他生物呼吸使用。光合作用不僅維持植物自身的生命活動，還是地球上食物鏈與氧氣來源的基礎。」

好的，我會把這段內容改寫成適合**小學四年級**閱讀的版本，用簡單詞彙與短句，並加上兩個生活化的例子。

> **光合作用（小學生版）**
>
> 光合作用是植物自己「做食物」的魔法。綠色的植物裡，有一種叫做**葉綠素**的小幫手，它住在葉片的「葉綠體」裡，能吸收太陽光。
>
> 植物利用太陽光，把空氣中的**二氧化碳**和土壤裡的**水**，變成甜甜的**葡萄糖**（植物的食物），還會做出**氧氣**。氧氣會釋放到空氣中，讓人和動物呼吸。
>
> 光合作用不只讓植物長大，還提供了地球上大部分的食物和氧氣。
>
> **生活例子**
> 1. 白天的樹林空氣特別清新，因為樹木正在製造氧氣。
> 2. 家裡陽台的盆栽放在太陽下，比放在陰暗處長得更快。

8-1-4 即時答疑與概念補充

在課堂或線上學習中，學生隨時可能提出問題或出現理解盲點。AI 可即時充當「智慧助教」，針對學生的提問給出循序漸進的引導，並用多種方式（文字、圖像、生活例子）補充說明，以確保學生理解關鍵概念。同時，AI 還能將學生常見問題歸納分類，供教師後續優化教案。

❑ 蘇格拉底式引導提問

實例 1：你是一位英文老師，學生問：「為什麼 'have been' 和 'has been' 用法不同？」，請用蘇格拉底式提問引導學生自己找出答案，每次只提供一個問題或小提示。

❑ 多模態解釋

同一概念用不同方式解釋（公式、圖解、生活化比喻），增加理解機會。

實例 2：請用三種方式解釋「英語現在完成式」：

1) 簡短語法說明
2) 時間線圖示
3) 生活化例子（用旅行經驗作比喻）

❑ 針對性補救教學

根據學生錯誤答案，判斷可能的迷思概念並補救。

實例 3：學生在英文文法題中將 "He has went to school." 判為正確，請分析他可能的迷思概念，並設計一個迷你練習來糾正錯誤。

8-2 課程設計與互動學習

隨著生成式 AI 的快速發展,課程設計與教學互動迎來全新模式。AI 不僅能協助教師高效規劃課程與拆解單元,還能創造貼近真實的情境化、模擬化學習環境,提升學生的參與感與沉浸度。同時,AI 可即時生成互動問答、學習遊戲與評估回饋,讓教與學的過程更靈活、有趣且具針對性。本節將透過案例展示如何將 AI 聊天機器人融入課堂,打造高互動性與個人化的學習體驗。

8-2-1 AI 輔助課程規劃與單元拆解

AI 可依課綱、學習目標與學生特性,快速規劃整學期或單元的課程架構,並將其拆解為明確的學習目標、教學活動與評量方式。教師可用 AI 生成初稿,再依自身教學風格與班級情況微調,提升備課效率。

☐ **課程架構規劃**

依據主題與課時數,生成包含學習目標、教學順序與活動安排的課程藍圖。

實例 1:你是一位高中歷史老師,請根據「第一次世界大戰」主題,規劃為期 4 週的課程架構,包含每週的學習目標、核心知識點、主要教學活動與形成性評量方式。

你是一位高中歷史老師,請根據「第一次世界大戰」主題,規劃為期4週的課程架構,包含每週的學習目標、核心知識點、主要教學活動與形成性評量方式。

好的,以下是以**「第一次世界大戰」**為主題,規劃的 **4 週高中歷史課程架構**,每週包含學習目標、核心知識點、主要教學活動與形成性評量。

課程主題

第一次世界大戰(World War I)

第 1 週:戰爭的背景與爆發

學習目標   ↓

...

> **第 4 週：巴黎和會與歷史意義**
>
> **學習目標**
> 1. 描述巴黎和會的主要條款與參與國立場。
> 2. 解釋凡爾賽條約對德國的影響。
> 3. 評估第一次世界大戰的歷史意義與後續影響。
>
> ...
>
> **主要教學活動**
> - 模擬巴黎和會談判（學生扮演不同國家代表）
> - 分析凡爾賽條約原文摘錄
> - 製作「第一次世界大戰影響圖」
>
> **形成性評量**
> - 模擬會議發言表現
> - 完成戰爭影響的思維導圖

❏ 單元拆解

將一個大主題拆分成多個可操作的小單元，方便分段教學與檢核學習進度。

實例 2：請將「基礎 Python 程式設計」課程拆解為 8 個單元，每個單元需包含：單元名稱、學習目標（使用可觀察動詞）、重點內容、練習活動與評量方式。

❏ 跨學科結合

將課程主題與其他學科連結，設計跨領域的學習方案。

實例 3：請設計一個跨領域課程，結合「生物的光合作用」與「化學反應原理」，規劃成 3 個單元，包含學習目標、實驗活動與評量方式。

❏ 彈性調整

根據學生的程度與學習速度，自動調整單元的內容深度與活動難度。

實例 4：以下是「英文時態」的課程大綱，請將其調整成適合中級程度學生的版本，並在每個單元增加 1 個互動活動以提高參與度。

課程單元：

Present Simple（一般現在式）

- 用法：表達日常習慣、普遍事實。
- 重點：主詞第三人稱單數加 -s /-es。
- 評量：句型轉換練習、日常生活問答。

Present Continuous（現在進行式）

- 用法：表達此刻正在發生的動作或近期計畫。
- 重點：be 動詞 + 動詞 -ing。
- 評量：圖片描述、情境對話。

Present Perfect（現在完成式）

- 用法：描述過去發生但與現在有關的動作 / 經驗。
- 重點：have/has + 過去分詞。
- 評量：經驗分享口頭報告。

8-2-2 創造情境化、模擬化的教學場景

情境化與模擬化教學能將抽象知識轉化為可感知的真實場景，提升學習的投入感與實用性。AI 能依課程主題快速生成故事背景、角色設定、對話腳本、虛擬情境或角色扮演任務，讓學生在模擬環境中練習技能與應用知識。

❑ 情境故事生成

根據課程內容設計生動的故事背景，讓學生代入角色學習。

實例 1：你是一位國中英文老師，請設計一個在「國際機場」的英語對話情境，包含 3 個角色（旅客、櫃台人員、安全檢查員），對話需涵蓋問候語、詢問登機口、行李重量限制三個主題。

> 你是一位國中英文老師,請設計一個在「國際機場」的英語對話情境,包含3個角色(旅客、櫃台人員、安全檢查員),對話需涵蓋問候語、詢問登機口、行李重量限制三個主題。

好的,我幫你設計一個適合國中程度的**「國際機場」英語對話情境**,包含三個角色(旅客、櫃台人員、安全檢查員),並涵蓋 **問候語**、**詢問登機口**、**行李重量限制** 三個主題。

對話情境:At the International Airport
角色:
- Traveler (T) = 旅客
- Check-in Staff (C) = 櫃台人員
- Security Officer (S) = 安全檢查員

T: Good morning!
C: Good morning, sir/ma'am. May I see your passport and ticket?
T: Sure, here they are.

C: Thank you. Are you checking in any luggage?
T: Yes, I have one suitcase. By the way, what is the baggage weight limit?
C: The limit is 20 kilograms for checked luggage. Your bag is 18 kilograms, so it's fine.

T: Great! Could you tell me where my boarding gate is?
C: You will depart from Gate 15. Boarding starts at 9:30 a.m.
T: Thank you very much.

(At the security checkpoint)

S: Good morning. Please put your bag and jacket on the conveyor belt.
T: Okay. Do I need to take out my laptop?
S: Yes, please. And remove any liquids from your bag.
T: Sure. Here you go.
S: All clear. Have a nice flight!
T: Thanks!

如果你需要,我可以幫你**加上中英文對照版**,方便國中生理解並練習口說。你要我加上對照版嗎?

上述如果有需要,也可以請 ChatGPT 增加「中英文」對照。

第 8 章　教育與學習

❑ **模擬職業場景**

建立與課程相關的專業工作環境模擬，供學生進行任務練習。

實例 2：為高中商業課設計一個「開設網路商店」的模擬任務。包含市場調查、產品介紹、客戶服務三個階段。每個階段提供具體情境描述與學生需完成的任務。

❑ **互動式角色扮演**

AI 扮演情境中的一方，與學生即時互動，模擬真實對話與反饋。

實例 3：請扮演一位外國遊客，用英文與我對話。情境是我是一位台北的計程車司機，你要去台北 101。在對話過程中隨機加入路況、付款方式的提問。

❑ **問題與挑戰設計**

在情境中加入挑戰或突發事件，測試學生應變能力。

實例 4：請在「野外求生」的生物課情境中設計 3 個突發狀況。例如缺乏食物、遇到野生動物、暴雨來襲。並引導學生根據課堂學到的知識提出解決方法。

❑ **跨學科情境**

結合不同學科內容，創造跨領域模擬任務。

實例 5：設計一個結合地理與經濟學的模擬活動，情境是學生要規劃一條跨國貿易航線，需考慮氣候、港口位置、運輸成本與貿易關稅。

8-2-3　設計互動問答與學習遊戲

互動問答與學習遊戲能提升學生參與度、專注力與學習動機。AI 可依教學內容快速生成不同類型的問答題、挑戰任務或即時競賽規則，並提供自動化回饋。這些設計可應用於課堂現場、線上學習平台或混合式教學中。

❑ **即時搶答問答**

生成題庫並附答案。

實例 1：請為國中地理「亞洲地形與氣候」設計 10 題即時搶答題，題型為 4 選 1 的選擇題，並在每題後提供正確答案與簡短解析。

> 請為國中地理「亞洲地形與氣候」設計10題即時搶答題，題型為4選1的選擇題，並在每題後提供正確答案與簡短解析。

好的，以下是 **國中地理「亞洲地形與氣候」** 的 10 題即時搶答題，題型為 **4 選 1**，並附上正確答案與簡短解析，方便課堂快速進行與講解。

亞洲地形與氣候即時搶答題

1. 下列哪一座山脈是亞洲與歐洲的分界線之一？
 A. 喜馬拉雅山脈
 B. 烏拉爾山脈 ✅
 C. 天山山脈
 D. 阿爾卑斯山脈
 解析：烏拉爾山脈位於俄羅斯，是歐亞兩洲的地理分界之一。

…

10. 下列哪一個是亞洲的內流湖？
 A. 貝加爾湖
 B. 裏海 ✅
 C. 黑海
 D. 阿拉爾海
 解析：裏海是世界最大的內陸湖泊，無出口流入海洋。

❏ 任務闖關遊戲

將學習目標轉化為多關卡挑戰，學生需完成任務才能進入下一階段。

實例 2：請為高中化學「酸鹼中和反應」設計一個 3 關卡的闖關遊戲，每關包含情境描述、需完成的任務題目，以及正確答案與解析。

❏ 合作解謎挑戰

結合小組合作與問題解決，設計具有故事背景的解謎活動。

實例 3：請為英文課「偵探推理」單元設計一個小組合作解謎遊戲。情境是學生要找出誰偷走了校園圖書館的珍貴書籍，過程需用英文問答收集線索，並在最後給出答案。

❏ 隨機挑戰卡

AI 隨機生成題目卡片，學生抽取後即時作答，增加不確定性與趣味性。

實例 4：請為國小數學「分數運算」設計 20 張挑戰卡，每張卡片包含一題計算題或應用題，難度分為簡單、中等、困難三類。

❑ 排行榜與獎勵系統

設計積分或排名規則，促進學生良性競爭。

實例 5：請為高中歷史「工業革命」設計一套課堂積分系統。包含答對加分、合作加分、創意發表加分等規則，並提供範例排行榜格式。

> 請為高中歷史「工業革命」設計一套課堂積分系統。包含答對加分、合作加分、創意發表加分等規則，並提供範例排行榜格式。

好的，我來幫你設計一套適合高中歷史「工業革命」單元的**課堂積分系統**，讓學生在課堂中透過參與、合作與創意展現來累積分數，增加學習動力。

課堂積分系統：工業革命之星

一、加分項目與規則

加分類別	說明	分數
答對加分	課堂中答對老師提出的即時問題	+3 分
合作加分	小組合作完成任務（如史料分析、地圖標註）並準時提交	+5 分（每位組員）
創意發表加分	在課堂報告或討論中提出有創意的觀點（需與主題相關）	+5 分
額外任務加分	完成額外挑戰題（如補充工業革命影響的案例）	+2～+4 分
助人加分	主動協助同學理解課堂內容，並經老師確認	+2 分

二、扣分項目（可選）

目的是維持秩序與鼓勵積極參與

- 上課不專心、干擾他人：-2 分
- 未完成分組任務：-3 分

三、積分累計方式

- 積分**每週更新一次**，顯示在教室公告欄或投影螢幕。
- 單元結束時（例如 4 週後），根據總積分頒發獎勵（如學習小禮物、加平時分）。

四、範例排行榜格式

排名	學生姓名	答對加分	合作加分	創意發表加分	額外任務加分	總分
1	王小明	15	10	5	4	34
2	李佳玲	12	10	10	2	34
3	張育豪	9	15	5	0	29
4	陳思涵	12	5	5	4	26

註：分數可用不同顏色標示，例如本週最佳進步用綠色標記，第一名用金色標記。

8-2-4 即時學習回饋與評估

即時學習回饋與評估能幫助教師快速掌握學生的學習狀態，並立即提供針對性的改進建議。AI 可在學生完成作業、測驗或課堂活動後，立即分析答案、判斷理解程度，並提供鼓勵、糾錯、延伸練習或學習策略建議，讓學習過程更具互動性與針對性。

❏ 即時答題回饋

學生作答後，AI 立即回饋正誤、原因與補救解釋。

實例 1：請參考下列實例。

> 學生的答案：The water boils at 90°C.
> 正確答案：The water boils at 100°C.
> 請先指出答案錯誤之處，接著用簡單英文解釋正確原因，最後提供1題相似練習題。
>
> 已思考 18s
>
> **錯誤指出**
> 學生把水的沸點寫成 90°C；在標準大氣壓（海平面）下，純水的沸點應為 100°C。
>
> **Simple English Explanation**
> At normal air pressure (1 atm, sea level), pure water boils at 100°C.
> 90°C is below the boiling point, so the water is hot but **not** boiling.
> Boiling point can change with air pressure (e.g., lower on high mountains).
>
> **相似練習題**
> Choose the correct sentence (at sea level):
> A. The water boils at 95°C.
> B. The water boils at 100°C.

❏ 個別化學習診斷

根據多題作答結果，判斷學生強弱項並給出專屬建議。

實例 2：以下是學生在英文時態測驗的結果：

1. Present Simple：3/5
2. Past Simple：5/5
3. Present Perfect：1/5

請分析學生的強項與弱項，並提供 3 個針對弱項的學習建議與練習方法。

❑ 形成性評量報告

將課堂小測或活動結果即時匯整為簡短報告。

實例 3：以下是全班數學小測的統計結果：

平均分數：78 分
高於 90 分：8 人
60～89 分：20 人
低於 60 分：5 人

請生成一份 100 字內的教師回饋建議，並提出下一節課的教學重點安排。

❑ 動態調整教學內容

根據即時評估，AI 建議教師在課堂中即刻調整進度或內容深度。

實例 4：學生在「二次函數」課堂練習中的正確率平均為 55%，請建議我是否應該在下一階段增加例題講解，或加入互動活動，並提供具體做法。

❑ 即時鼓勵與動機提升

AI 在學生完成挑戰或表現進步時，給予正向回饋與鼓勵語。

實例 5：學生在上次英文單字測驗中從 60 分進步到 80 分，請生成 3 句不同的鼓勵訊息，用溫暖、正向的語氣。

8-2-5 結合 AI 聊天機器人的課堂互動模式

將 AI 聊天機器人引入課堂，可作為模擬對話夥伴、答疑助手或遊戲主持人，提供即時互動與個別化回應。這種模式能打破傳統單向授課，讓學生透過與 AI 的多輪對話練習語言、驗證知識、進行情境模擬，並獲得即時的學習回饋，適合語言學習、情境訓練及跨學科探究。

8-2 課程設計與互動學習

❏ **語言對話練習模式**

AI 擔任對話夥伴，根據學生回應即時調整提問與糾正。

實例 1：你是一位英語會話練習夥伴，請與我進行 5 輪對話。主題是「在餐廳點餐」。若我有語法錯誤，請用簡單英文糾正，並提供正確說法。

> 你是一位英語會話練習夥伴，請與我進行5輪對話，
> 主題是「在餐廳點餐」。
> 若我有語法錯誤，請用簡單英文糾正，並提供正確說法。
>
> Sure! Let's start our **5-round restaurant ordering conversation**.
> I'll play the **waiter**, and if you make any grammar mistakes, I'll correct them in simple English and show you the correct way.
>
> Round 1
> **Waiter:** Good evening! Welcome to Sunny Café. How many people are in your party?

讀者須先點選輸入框的語音模式圖示，然後就可以開始和 ChatGPT 語音對話，對話過程 ChatGPT 會糾正錯誤，並提供正確語法。

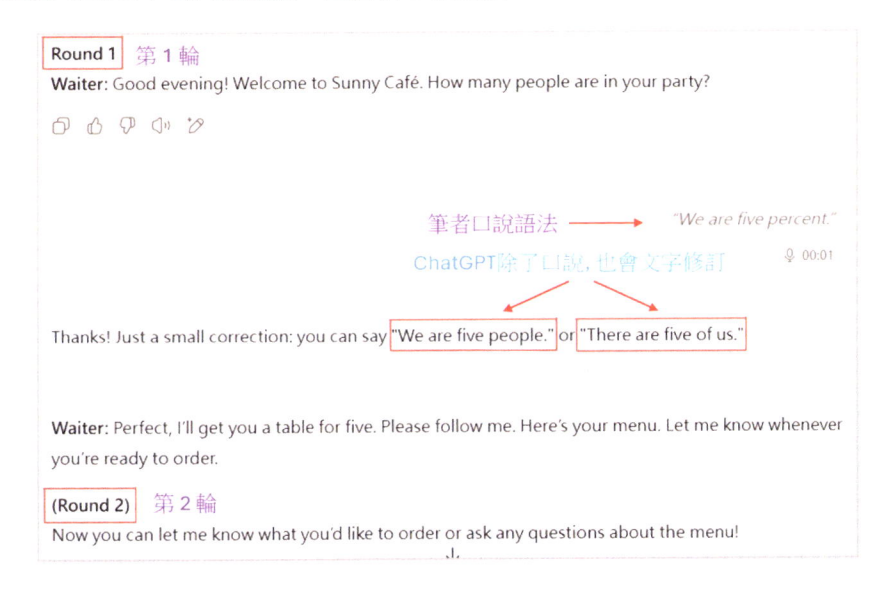

Round 1　第 1 輪
Waiter: Good evening! Welcome to Sunny Café. How many people are in your party?

筆者口說語法 ──→ "We are five percent."
ChatGPT除了口說, 也會文字修訂

Thanks! Just a small correction: you can say "We are five people." or "There are five of us."

Waiter: Perfect, I'll get you a table for five. Please follow me. Here's your menu. Let me know whenever you're ready to order.

(Round 2)　第 2 輪
Now you can let me know what you'd like to order or ask any questions about the menu!

❏ **情境角色扮演模式**

AI 扮演情境中的角色，讓學生在模擬場景中解決問題。

實例 2：你現在是旅行社客服，我是顧客，想預訂一次歐洲旅行。請與我進行對話，詢問我的需求、預算與旅遊日期，並提出 3 種行程方案。

❏ 互動測驗與遊戲模式

AI 擔任遊戲主持人，進行問答、計分與反饋。

實例 3：你是數學課的小測驗主持人，請問我 5 道關於分數加減的題目。每次等我回答後再公布正確答案與簡短解析，並統計我的得分。

8-3 學生自主學習與研究輔助

在自主學習與研究的過程中，AI 能成為學生的智慧夥伴，協助制定學習計畫、追蹤進度，並依個人需求提供專屬的學習資源與路徑建議。它還能幫助學生探索研究主題、整理資料、建立知識圖譜，並引導進行批判性思考與深入探究。透過 AI 的即時回饋與多元資訊整合能力，學生能更有效率地掌握知識重點、拓展學習深度，並在專題研究中產出更完整且具創意的成果。

8-3-1　AI 輔助學習計畫制定與進度追蹤

AI 能根據學生的學習目標、時間安排與能力程度，協助制定個人化的學習計畫，並提供每日、每週或每月的任務分配。在學習過程中，AI 還可協助記錄學習進度、檢視目標達成狀況，並根據完成情況動態調整計畫，使學習過程更有節奏且具持續性。

❏ 學習目標設定與拆解

將大型目標拆解成可執行的小目標，並安排合理的時間順序。

實例 1：我想在 3 個月內通過 IELTS 考試，目標分數 6.5。請依聽力、口說、閱讀、寫作四個部分，為我制定每週學習計畫，並在每個部分列出具體任務與建議練習時間。

我想在3個月內通過 IELTS 考試，目標分數 6.5，
請依聽力、口說、閱讀、寫作四個部分，為我制定每週學習計畫，
並在每個部分列出具體任務與建議練習時間。

好的，我會根據 **3 個月 (約 12 週)** 的時間，為你設計一份 **每週學習計畫**，目標 IELTS 6.5，並依 **聽力、口說、閱讀、寫作** 四部分分配具體任務與練習時間。
我會以 **每週平均 6 天學習**，**每天 2–3 小時** 的節奏安排。

每週學習計畫（12 週）

1. 聽力（Listening）

目標：熟悉英式與澳式口音，掌握抓關鍵字與預測技巧。

每週任務：

- 2 天 × 每天 30–40 分鐘
- 聽 Cambridge IELTS 真題 Listening（每週 1 套 Section 1–4）
- 任務 1：先完整聽一遍並作答
- 任務 2：檢查答案 → 重聽錯題部分，對照 transcript 找出關鍵字
- 任務 3：每週練習 10–15 分鐘的 BBC / ABC News / TED Talks，記下新單字與連讀現象
  小技巧：練習邊聽邊畫關鍵字，尤其是數字、地點、方向、時間。

…

4. 寫作（Writing）

目標：Task 1 熟練圖表分析，Task 2 掌握議論文結構與論點延伸。

每週任務：

- 3 天 × 每天 40–50 分鐘
- 任務 1：Task 1（每週 1 篇）→ 練習描述變化、比較數據、用正確的趨勢動詞
- 任務 2：Task 2（每週 2 篇）→ 使用「引言 + 2–3 段理由 + 結論」結構
- 任務 3：改寫句子，練習同義詞替換避免重複
- 每篇寫完後對照範文，檢查語法錯誤與用詞多樣性
  小技巧：Task 2 開頭段可用「背景 + 改寫題目 + 表明立場」模式快速成稿。

建議每週時間分配（約 12 小時/週）

技能	每週次數	每次時間	每週總時數
聽力	2 次	40 分	1 小時20分
口說	3 次	30 分	1 小時30分
閱讀	3 次	40 分	2 小時
寫作	3 次	50 分	2 小時30分
額外複習/詞彙	每天少量	10–15 分	1.5–2 小時

❑ 時間規劃與任務分配

根據學生的可用時間，分配每日或每週的學習任務。

實例 2：我每天只有 1 小時可以學習程式設計，目標是 2 個月內完成 Python 初階課程，請為我制定每日學習任務表，並確保每週有複習與實作練習時間。

第 8 章　教育與學習

❑ 進度追蹤與檢核

AI 協助建立進度檢核表，學生可定期回報完成狀況，AI 再提供回饋與調整建議。

實例 3：以下是我這週的學習回報：

- 完成 70% 的閱讀計畫
- 聽力練習只做了 2 次，原計畫 4 次
- 寫作練習完成全部

請根據這些數據，幫我分析不足之處，並調整下週的計畫。

❑ 提醒與激勵系統

AI 可提供每日或每週的提醒與鼓勵，幫助維持學習動力。

實例 4：你是我的學習教練，請為我的 TOEFL 學習計畫設計每日提醒訊息，每則訊息需包含今天的任務摘要，以及一句激勵人心的短語。

> 你是我的學習教練，請為我的 TOEFL 學習計畫設計每日提醒訊息，每則訊息需包含今天的任務摘要，以及一句激勵人心的短語。
>
> 太好了！以下是一組可重複循環的 **14 日 TOEFL 每日提醒訊息**（繁中、精簡好執行）。每則包含「今日任務摘要」+「一句激勵話」。你可從今天開始照天數往下做，用完再從第1天重來。
>
> **Day 1**
> 任務：Reading 2篇（各18分鐘計時）+ 錯題分析；學5個學術字根。
> 激勵：「開始小而穩，勝過空想的完美。」
>
> …
>
> **Day 14**
> 任務：本週回顧：統計錯題主因Top3；制定下輪三項改進目標。
> 激勵：「量化回顧，讓努力長出方向。」

❑ 動態調整與優化

依據學生的實際進度與理解程度，AI 動態調整任務順序與難度。

實例 5：我的日文學習計畫原定這週完成 50 個新單字，但我只記住了 30 個，請幫我調整下週計畫，增加複習時間，同時減少新單字數量。

8-3-2 個人化知識圖譜與學習路徑推薦

知識圖譜是將學科中的概念與其關聯以圖狀結構展現，幫助學生理解各概念的前後脈絡與相依性。AI 可以依學生的學習目標與程度，自動生成專屬的知識圖譜，並依此提供最佳的學習順序與學習資源推薦。這能避免學生無序學習、遺漏重要概念，提升學習效率。

❑ 生成知識圖譜

將課程或主題拆解為知識節點，並呈現其關聯性。

實例 1： 請為「高中生物：遺傳學」建立一個知識圖譜。節點需包含基因、DNA、染色體、遺傳定律、突變與遺傳疾病，並標示出節點之間的關聯。

請為「高中生物：遺傳學」建立一個知識圖譜，
節點需包含基因、DNA、染色體、遺傳定律、突變與遺傳疾病，
並標示出節點之間的關聯。

好的，我為「高中生物：遺傳學」建立一個知識圖譜 (Knowledge Graph)，包含您指定的節點，並標示它們之間的關聯。

🦩 **高中生物：遺傳學 知識圖譜**

主要節點 (Nodes)：
- DNA
- 基因
- 染色體
- 遺傳定律
- 突變
- 遺傳疾病

📌 **關聯關係 (Edges)**
1. **DNA → 基因**
   - 基因是 DNA 上的一段序列，攜帶遺傳訊息。
2. **基因 → 染色體**
   - 基因排列在染色體上，每條染色體包含許多↓。

第 8 章 教育與學習

3. **染色體 → 遺傳定律**
   - 染色體的分離與組合（減數分裂過程）是孟德爾遺傳定律的細胞學基礎。
4. **基因 → 遺傳定律**
   - 遺傳定律（如分離定律、自由組合定律）描述基因的遺傳方式。
5. **DNA → 突變**
   - DNA 序列改變即稱為突變。
6. **突變 → 基因**
   - 突變可能改變基因功能，導致蛋白質異常。
7. **突變 → 遺傳疾病**
   - 基因突變可能引發遺傳疾病，例如鐮刀型貧血、囊性纖維化。
8. **基因 → 遺傳疾病**
   - 特定基因缺陷或異常導致遺傳疾病。
9. **染色體 → 遺傳疾病**
   - 染色體數目或結構異常會造成疾病，例如唐氏症（第21號染色體三體）。

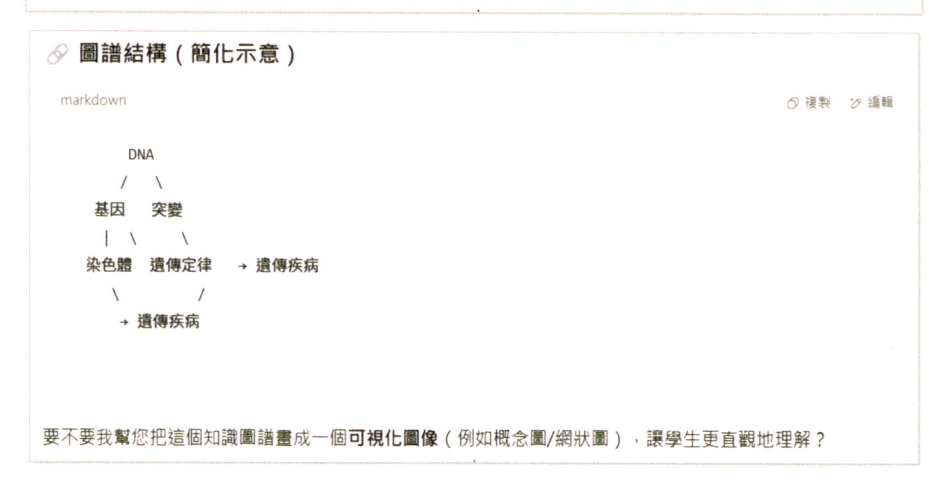

🔗 圖譜結構（簡化示意）

```markdown
            DNA
           /   \
         基因    突變
         | \     \
       染色體 遺傳定律 → 遺傳疾病
           \   /
            → 遺傳疾病
```

要不要我幫您把這個知識圖譜畫成一個**可視化圖像**（例如概念圖/網狀圖），讓學生更直觀地理解？

筆者上傳中文字型，請 ChatGPT 用上傳的字型可視化圖像。

> NotoSansTC-Bold.otf
> 檔案
>
> 請用上傳的中文字型處理, 可視化圖像

8-26

- 第 1 次獲得缺點是少了知識節點間的箭號。

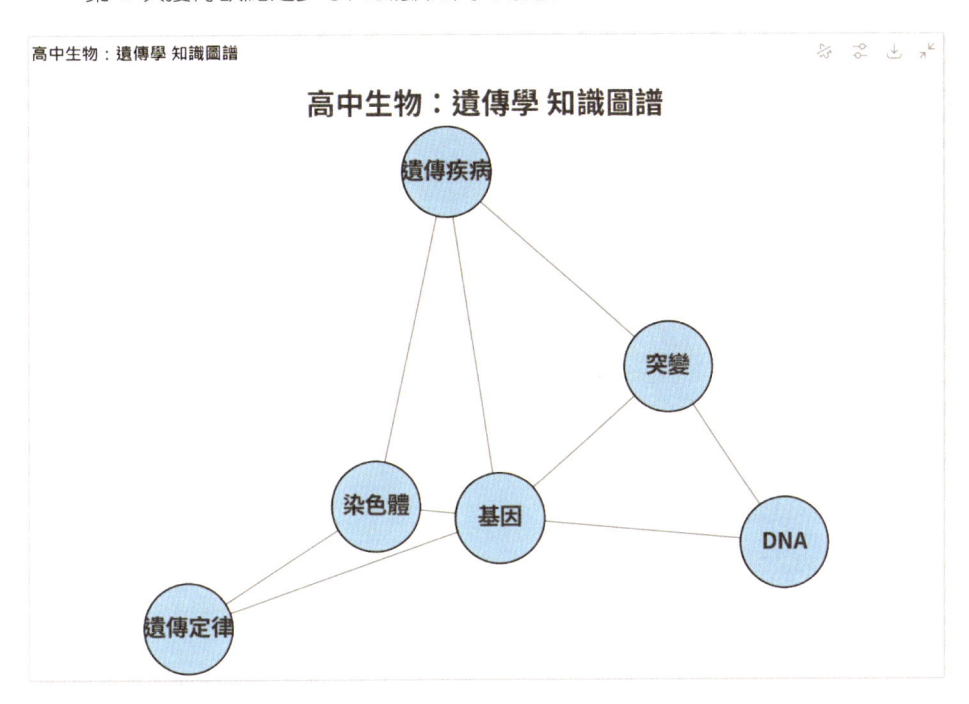

高中生物：遺傳學 知識圖譜

- 筆者表達少了箭頭，則得到下列結果。

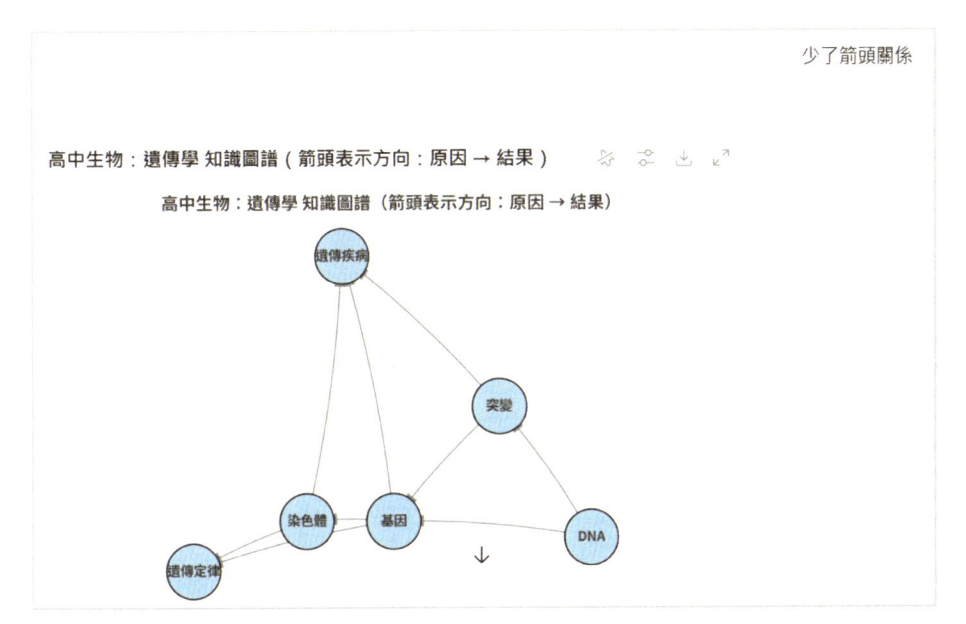

少了箭頭關係

高中生物：遺傳學 知識圖譜（箭頭表示方向：原因 → 結果）

8-27

第 8 章　教育與學習

其實可以看到不完美的箭頭,不過相信 ChatGPT 不斷進步中,也許讀者學習時可以得到完美的箭頭。

- 相同問題,筆者用 ChatGPT 5 Pro 模型處理,可以得到更完整的結果,以及圖表。

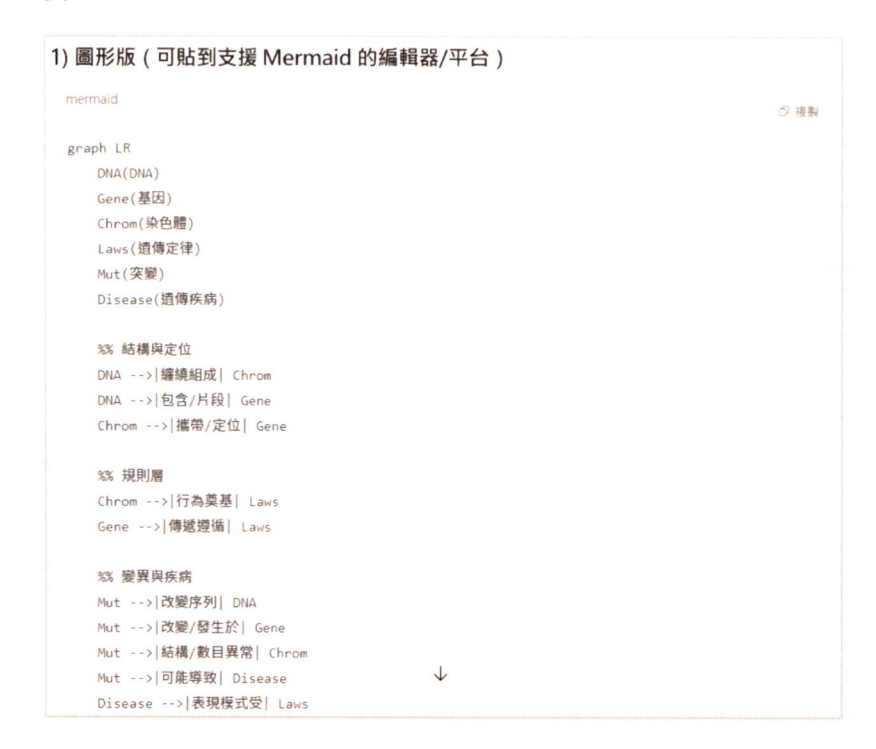

```
1) 圖形版（可貼到支援 Mermaid 的編輯器/平台）
mermaid

graph LR
    DNA(DNA)
    Gene(基因)
    Chrom(染色體)
    Laws(遺傳定律)
    Mut(突變)
    Disease(遺傳疾病)

    %% 結構與定位
    DNA -->|纏繞組成| Chrom
    DNA -->|包含/片段| Gene
    Chrom -->|攜帶/定位| Gene

    %% 規則層
    Chrom -->|行為奠基| Laws
    Gene -->|傳遞遵循| Laws

    %% 變異與疾病
    Mut -->|改變序列| DNA
    Mut -->|改變/發生於| Gene
    Mut -->|結構/數目異常| Chrom
    Mut -->|可能導致| Disease
    Disease -->|表現模式受| Laws
```

↓

高中生物:遺傳學—核心知識圖譜

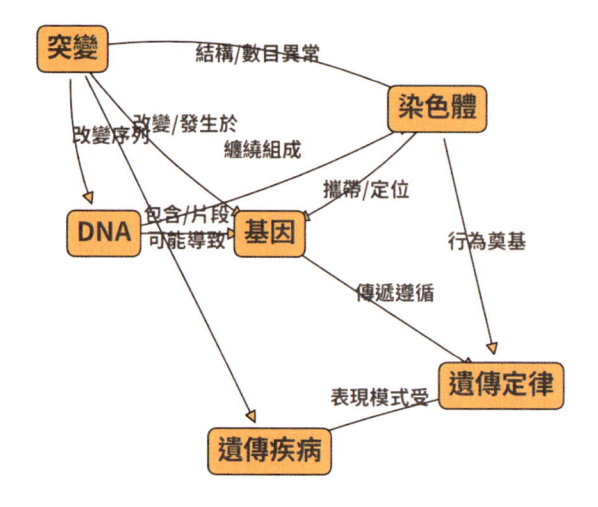

❑ 學習路徑規劃

依學生的程度，推薦合適的學習順序與進度安排。

實例 2：我是初學者，想學習資料科學，請根據知識圖譜為我安排學習路徑，分為基礎、中階、高階三個階段，並在每階段列出 3～5 個核心學習主題。

❑ 資源推薦

依照圖譜與路徑，AI 可推薦教材、影片、練習題或專案主題。

實例 3：請根據「Python 程式設計」的知識圖譜，推薦適合初學者的學習資源，需包含：1 本書、2 個免費線上課程、3 個練習題範例。

❑ 動態調整與更新

根據學生的進度與測驗結果，自動更新知識圖譜與學習建議。

實例 4：我已經完成「Python 基礎語法」與「資料結構」單元，但在「演算法」部分表現不佳，請幫我更新知識圖譜，並調整後續學習路徑與建議資源。

❑ 跨學科知識整合

AI 可將不同學科的知識圖譜結合，幫助學生在專題研究中做跨領域連結。

實例 5：我想做一個「氣候變遷對經濟影響」的專題，請幫我建立一個跨學科知識圖譜，涵蓋地理（氣候）、生物（生態系）、經濟（產業與政策）三個面向。

8-3-3 研究主題探索與資料整理

在學生進行專題研究時，AI 可以協助他們快速探索潛在主題、縮小研究範圍，並蒐集與整理相關資料。透過 AI 的文字生成與分類能力，學生能將龐雜的資訊轉化為清晰的架構，包括關鍵詞彙、摘要、比較表格，甚至初步的研究框架，提升研究效率與系統性。

❑ 研究主題探索與聚焦

從廣泛的興趣出發，逐步聚焦成可行的研究題目。

實例 1：我想做一個關於「人工智慧在教育中的應用」的專題，請幫我提供 5 個具體的研究題目建議，並說明每個題目的研究價值與可能方法。

第 8 章　教育與學習

> 我想做一個關於「人工智慧在教育中的應用」的專題，
> 請幫我提供5個具體的研究題目建議，
> 並說明每個題目的研究價值與可能方法。

很好 👍 「人工智慧在教育中的應用」是一個非常熱門且具實際價值的研究領域。我幫您規劃了 **5 個具體研究題目**，並附上 **研究價值** 與 **可能方法**：

---

1 AI 驅動的個人化學習路徑設計

- 研究價值：
  探討如何利用 AI 建立符合學生程度、興趣與學習速度的學習計畫，提升學習效率與動機。這能解決傳統教育中「一刀切」的問題。
- 可能方法：
  - 使用機器學習演算法（如協同過濾、深度學習）分析學習數據。
  - 建立個人知識圖譜與推薦系統，提供學習資源建議。
  - 在小規模班級中實驗，觀察學生成效提升。

…

5 AI 與教育倫理：教師角色轉變與學生依賴性

- 研究價值：
  探討 AI 介入教育後的倫理議題，包括學生對 AI 的過度依賴、教師專業定位轉變、資料隱私問題。此研究有助於建立教育科技的發展規範。
- 可能方法：
  - 問卷與訪談收集教師與學生的觀點。
  - 分析 AI 工具在教育中的長期影響。
  - 建立教育 AI 應用的倫理框架。

☑ 這五個題目分別涵蓋 **學習成效、回饋機制、互動模式、教育公平、倫理議題**，能從不同面向探索 AI 在教育中的價值。

要不要我再幫您把這五個題目設計成 **專題計畫書的大綱格式**（含研究目的、研究問題、方法、預期成果），方便直接展開專題？
↓

❏ 關鍵詞彙與研究問題生成

AI 可產生研究領域的核心概念、相關關鍵詞與研究問題。

8-30

實例 2：請針對「氣候變遷與農業」生成 10 個相關關鍵詞，並提出 3 個具體的研究問題，每個問題需附上簡短的背景說明。

❏ 文獻與資料整理

AI 可協助整理輸入的資料，並生成摘要或分類表格。

實例 3：以下是三篇關於「電動車發展」的文章摘要，請幫我整理成一個比較表格，欄位包含：研究重點、支持論點、限制或挑戰。

文章一：

電動車技術的核心在於電池能量密度與充電速度的提升。近年來固態電池的研究逐步突破，使續航里程有望大幅提升。然而，成本仍然偏高，量產技術尚未完全成熟。

文章二：

政府補貼與基礎建設是推動電動車普及的關鍵因素。以歐洲為例，多數國家透過購車補貼與免稅政策吸引用戶，同時積極建設公共充電站。但補貼政策的可持續性與財政壓力是一大挑戰。

文章三：

電動車的環境效益主要來自於減少碳排放，但其實電池製造與回收過程仍帶來污染問題。若電力來源仍以燃煤為主，電動車的減排效益將大打折扣，因此能源結構的轉型與回收技術的進步至關重要。

❏ 研究架構初步建立

AI 能將蒐集到的資訊整理為研究框架，協助學生組織內容。

實例 4：我的研究題目是「線上學習對學生學習成效的影響」，請幫我建立一個研究架構。包含：研究背景、研究問題、研究方法、可能結果、限制。

❏ 比較與綜合分析

AI 可幫助學生綜合多來源的資料，辨識出異同與研究缺口。

實例 5：以下是兩組關於「再生能源政策」的資料，請幫我比較它們的異同點，並指出有哪些尚未被研究或討論的問題。

資料一（歐洲案例）：

歐盟自 2009 年起制定《可再生能源指令》（RED），要求成員國在 2030 年前達到至少 32% 的能源來自再生能源。政策重點包括補貼風能與太陽能發電、碳稅制度，以及跨國電網的建設。歐洲的政策強調跨國協調與長期減碳承諾，但也面臨部分國家依賴化石燃料轉型緩慢的挑戰。

資料二（亞洲案例）：

中國與印度近年大力推動再生能源，特別是太陽能與水力發電。中國透過「十四五規劃」提出可再生能源裝機容量目標，並投資電動車基礎設施。印度則以「國家太陽能任務」推動全國性補貼與稅收優惠。雖然這些政策提高了可再生能源的比例，但電網穩定性不足與農村電力覆蓋率低仍是挑戰。

8-3-4 引導學生進行批判性思考與知識延伸

批判性思考強調學生不只是接受知識，而是學會分析、質疑與評估不同觀點。AI 可以透過設計引導式問題，幫助學生比較資料來源、辨識偏見與假設，並延伸思考不同角度的可能影響。同時，AI 還能提供跨領域連結，引導學生把學到的知識應用到更廣的情境，培養高層次思維。

❑ 辨識觀點與偏見

訓練學生檢視文本或資料中隱含的立場。

實例 1：以下是一篇支持核能發展的文章摘要，請幫我分析這篇文章可能存在的立場與偏見，並提出 2 個可以從相反觀點出發的質疑問題。

這篇文章主張核能應該成為未來能源轉型的核心。作者指出，核能是一種穩定且低碳的能源，相較於風能與太陽能更能確保基載電力的供應。文章認為，若要在短期內有效降低碳排放，核能是最具成本效益的選項。此外，作者提到新一代反應爐設計更加安全，能大幅降低核災風險。文章結論強調，各國政府應該增加核能投資，以達到能源安全與氣候目標。

8-3 學生自主學習與研究輔助

> 以下是一篇支持核能發展的文章摘要，請幫我分析這篇文章可能存在的立場與偏見，並提出2個可以從相反觀點出發的質疑問題。
>
> 這篇文章主張核能應該成為未來能源轉型的核心。作者指出，核能是一種穩定且低碳的能源，相較於風能與太陽能更能確保基載電力的供應。文章認為，若要在短期內有效降低碳排放，核能是最具成本效益的選項。此外，作者提到新一代反應爐設計更加安全，能大幅降低核災風險。文章結論強調，各國政府應該增加核能投資，以達到能源安全與氣候目標。

好的，我來幫您分析這篇支持核能發展文章的**立場、偏見**，並提供 **2 個相反觀點的質疑問題**：

> 🔍 **可能的立場與偏見分析**
>
> 1. 立場明確偏向核能
>   - 作者將核能定位為「未來能源轉型的核心」，強調其低碳、穩定、成本效益高，這顯示文章是從核能支持者的角度出發。
>
> 2. 忽略可再生能源的進步
>   - 雖然提到風能與太陽能，但以「不穩定、無法確保基載電力」作為主要批評，可能低估了儲能技術、智慧電網與再生能源快速進展的影響。
>
> 3. 對核能風險的輕描淡寫
>   - 作者提及「新一代反應爐更加安全」，但可能淡化了核能相關的長期風險（如核廢料處理、意外災難的低機率高衝擊特性）。
>
> 4. 成本效益的單一視角
>   - 所謂的「成本效益」可能僅考慮發電成本，而未納入廢料處理、退役成本、保險與事故風險等外部性。
>
> ❓ **從相反觀點出發的質疑問題**
>
> 1. 「即便新一代反應爐更安全，但核廢料的長期處理與存放問題仍未解決，各國是否應該在未找到最終解決方案前，謹慎推廣核能？」
> 2. 「當再生能源技術與儲能系統成本快速下降時，核能龐大的建設與退役成本，真的能保持長期的成本效益嗎？」

❏ 比較不同觀點

讓學生比較不同來源的資料，評估各自的論點強弱。

實例 2：以下是兩篇關於「人工智慧取代人類工作的影響」的資料，請幫我比較它們的論點，並指出哪一篇的證據較有說服力，以及原因。

8-33

第 8 章 教育與學習

資料一（樂觀觀點）：

　　這篇文章指出，人工智慧確實會取代部分重複性與低技能的工作，但同時也會創造新的職位與產業。例如，自動化將減少工廠人力需求，但會增加對機器維護、AI 訓練與數據分析專業的需求。文章引用麻省理工學院的一份研究報告，指出歷史上技術革新往往帶來更多元的就業機會，因此 AI 長遠而言將促進經濟成長與就業多樣化。

資料二（悲觀觀點）：

　　這篇文章強調人工智慧對勞動市場的衝擊極大，特別是對藍領與中階白領工作者。文章舉例客服人員、司機、基層文書處理員都可能在十年內大幅減少，這將造成嚴重的失業問題。作者引用世界經濟論壇的數據，預測到 2030 年全球可能有 8 億人失去工作。文章最後呼籲各國政府必須加強社會保障與再培訓計畫，以避免社會不穩定。

❑ 假設與推論挑戰

　　要求學生思考資料或論點背後的假設，並推論可能後果。

實例 3：有人主張「所有學校應全面改成線上教學」，請分析這個論點背後的假設，並推論若此政策真的實施，可能帶來的三個正面影響與三個負面影響。

❑ 跨領域延伸思考

　　將課堂主題連結到其他學科或現實情境。

實例 4：主題：「氣候變遷」。請分別從科學、經濟與倫理三個角度，各提出一個值得研究或討論的問題，並簡要說明它的重要性。

❑ 提出批判性問題清單

　　AI 可生成引導學生思考的問題清單，用於討論或小組活動。

實例 5：我正在帶領高中生閱讀一篇關於「社群媒體對青少年心理健康的影響」的文章，請生成 5 個批判性思考問題，問題要引導學生從證據、假設、影響與不同觀點角度進行思考。

　　用以上實例，學生不僅能檢視知識表層，還能透過 AI 的引導進行「深度思考」與「跨領域延伸」。

8-3-5　用 AI 工具協助完成專題研究報告

AI 工具能協助學生從專題研究的起始到完成，涵蓋「主題選擇」→「資料蒐集」→「架構規劃」→「撰寫與潤稿」→「視覺化呈現」等全流程。學生在過程中不僅能節省時間，更能透過 AI 的引導學會整理資料、建立論證邏輯，最後完成結構清晰、內容充實的研究報告。

❏ 主題設定與研究問題生成

協助縮小研究範圍，產生具體可行的研究問題。

實例 1：我想做一個關於「再生能源」的專題研究，請幫我提出 3 個具體研究題目，並說明每個題目的研究價值與可行性。

我想做一個關於「再生能源」的專題研究，
請幫我提出3個具體研究題目，
並說明每個題目的研究價值與可行性。

好的 👍 我幫您設計了三個**「再生能源專題研究」**的具體題目，每個題目都包含 **研究價值** 與 **可行性**，方便您評估：

1️⃣ 再生能源與儲能系統的整合研究

- **研究價值：**
  再生能源（風能、太陽能）具有間歇性，若沒有良好的儲能技術，電力供應會不穩定。研究儲能系統（如鋰電池、氫能、抽蓄水力）與再生能源的結合，有助於提升能源使用效率與電網穩定性。
- **可行性：**
  - 收集台灣或國際的再生能源與儲能案例數據。
  - 使用模擬軟體（如 HOMER、MATLAB）建構模型，模擬不同能源組合下的效能。
  - 探討技術成本與未來發展趨勢。

2️⃣ 再生能源在城市建築中的應用：以太陽能為例

- **研究價值：**
  城市用電需求龐大，若能在建築物屋頂或外牆推廣太陽能光電，不僅能降低電費，還能提升能源自主性與永續發展。此研究可提供城市能源規劃的實證參考。
- **可行性：**
  - 選取一個城市或校園作為研究場域，蒐集日照量與建築面積數據。
  - 使用太陽能模組規劃工具，評估潛在發電量與減碳效益。
  - 分析經濟可行性（投資回收期、政府補助政策）。

第 8 章　教育與學習

> **3** 再生能源發展對社會與環境的影響
> - 研究價值：
>   再生能源雖然減少碳排放，但風力機、太陽能板等設施也可能影響景觀、生態或社區接受度。研究再生能源與社會、環境之間的互動，有助於制定更平衡的能源政策。
> - 可行性：
>   - 透過問卷與訪談，調查社區居民對再生能源設施的態度。
>   - 分析再生能源發展對當地生態、土地利用的影響。
>   - 參考國內外案例，提出政策建議。
>
> ☑ 這三個題目分別聚焦在 技術整合、城市應用、社會影響 三個面向，能讓您的專題更全面。
>
> 要不要我幫您把這三個題目整理成 「專題計畫書架構」（研究目的、研究問題、研究方法、預期成果），方便直接展開研究？

❑ 資料蒐集與摘要整理

彙整文獻或資料來源，生成摘要與比較表。

實例 2：以下是三篇關於「電動車發展」的文章摘要，請幫我整理成一個比較表格，欄位包含：研究重點、支持論點、限制或挑戰。

> 「文章可以用實例 1 的資料貼此」

❑ 研究架構與大綱規劃

建立專題研究的章節結構與內容分工。

實例 3：我的研究題目是「再生能源在城市建築中的應用：以太陽能為例」，請幫我設計一個研究報告大綱。包含：研究背景、研究問題、研究方法、主要發現、結論與建議。

> 我的研究題目是「再生能源在城市建築中的應用：以太陽能為例」，
> 請幫我設計一個研究報告大綱，
> 包含：研究背景、研究問題、研究方法、主要發現、結論與建議。

非常好 👍 您的題目「再生能源在城市建築中的應用：以太陽能為例」既具實用性又有學術價值。我幫您規劃了一份 **研究報告大綱**，可直接作為專題研究架構使用：

再生能源在城市建築中的應用：以太陽能為例

研究報告大綱

一、研究背景

- 全球氣候變遷加劇，減碳成為各國能源轉型的目標。
- 再生能源（特別是太陽能）因環保、永續特性，成為能源發展重點。
- 城市建築佔能源消耗比例高，若能結合太陽能，將對降低碳排放有重大貢獻。
- 台灣（或您所在的地區）具備豐富日照資源，適 ↓ 展太陽能。

…

❑ 報告撰寫與內容生成

依照大綱生成初稿，並輔助完成部分章節內容。

實例 4：根據以下研究大綱，請幫我撰寫「研究背景」章節，內容約 300 字，需包含相關統計數據與引用研究。

> 「文章可以用實例 3 的資料貼此」

❑ 語言潤稿與格式優化

檢查語法、改善段落連貫性，並調整成正式學術風格。

實例 5：以下是一段專題研究報告的草稿，請幫我潤稿，使語氣更正式、句子更流暢，並避免口語化表達。

> 「文章可以用先前實例統整貼此」

❑ 視覺化與成果呈現

將報告內容轉換成簡報或圖表，便於口頭發表。

第 8 章 教育與學習

實例 6：請將以下研究結論轉換成一份 PPT 簡報大綱，頁數控制在 8 頁內，每頁需有標題與 3 個要點。

[貼上研究結論]

透過這樣的 Prompt 實例工作流，學生能在 AI 的輔助下完成一份完整的專題研究報告，同時學到 如何規劃、如何寫作、如何表達，而不是單純依賴 AI。

第 9 章

商務與行銷

9-1　行銷文案與 SEO 優化

9-2　廣告與品牌策略

9-3　客戶服務與自動化回覆

第 9 章　商務與行銷

在數位時代，人工智慧已成為商務與行銷的核心驅動力。無論是撰寫行銷文案、進行 SEO 優化，還是制定廣告與品牌策略，AI 都能提供快速、精準且數據導向的輔助。此外，AI 在客戶服務領域的應用，更能即時回應需求、降低人力成本並提升顧客體驗。本章將探討 AI 在商務與行銷中的應用情境，並透過具體實例與技巧，協助讀者掌握如何利用 AI 工具提升行銷效能與競爭優勢。

9-1　行銷文案與 SEO 優化

在數位行銷領域，文案與 SEO 是提升品牌能見度與轉換率的核心要素。AI 不僅能快速生成具吸引力的廣告標語、產品描述與促銷文案，還能透過數據分析提供 SEO 關鍵字建議與內容優化方案。此外，AI 可依不同平台特性（如網站、社群媒體、電子郵件）調整語氣與策略，打造最合適的溝通方式。最後，藉由案例實作，將示範 AI 如何協助完成一篇完整的 SEO 部落格文章，展現其在行銷應用中的價值。

9-1-1　自動生成廣告標語、產品描述與促銷文案

AI 可根據產品特色、目標受眾與行銷平台，自動生成符合需求的文案，並提供不同風格與語氣的選項，方便進行 A/B 測試與精準投放。

❑ **廣告標語生成**

快速產生吸引人的短句，用於廣告或品牌宣傳。

實例 1：我正在推廣一款環保水瓶，目標族群是 18-30 歲的年輕人，請為我生成 5 個廣告標語，風格要年輕、有活力，並突顯環保價值。

9-1　行銷文案與 SEO 優化

> 我正在推廣一款環保水瓶，目標族群是 18-30 歲的年輕人，請為我生成 5 個廣告標語，風格要年輕、有活力，並突顯環保價值。
>
> 好的！我為您的 **環保水瓶** 設計了 5 條符合 **年輕、有活力** 風格的廣告標語，同時突顯 **環保價值**：
>
> 1. 「帶著瓶走，環保不落後！」
>   👉 簡短有力，強調行動與潮流。
> 2. 「你的水瓶，地球的笑容。」
>   👉 把個人選擇與地球幸福連結，增添情感共鳴。
> 3. 「補水不補垃圾，型動由你開始！」
>   👉 年輕化語感，結合「型」與「行動」，展現潮流態度。
> 4. 「一瓶在手，綠色加倍。」
>   👉 簡單、朗朗上口，凸顯環保與便利兼具。
> 5. 「喝出活力，守護未來！」
>   👉 把「補水」與「守護地球」並列，貼合年輕人對健康與永續的重視。

❏ 產品描述生成

為產品撰寫多版本描述，適合不同平台（網站、電商、社群）。

實例 2：請為以下產品撰寫 3 個不同版本的描述：

　　產品：無線降噪耳機

　　條件：1) 電商平台用，強調規格與功能

　　　　　2) 社群媒體用，語氣活潑，100 字內

　　　　　3) 官方網站用，正式且專業

❏ 促銷文案生成

設計限時優惠、折扣活動的宣傳內容。

實例 3：我們即將舉辦「黑色星期五特賣會」，全館商品七折，請生成 3 個促銷文案，分別用於：

　　1) EDM 電子郵件（正式）

　　2) Facebook 貼文（親切活潑）

　　3) IG 限時動態（簡短、有行動呼籲）

第 9 章　商務與行銷

❑ **多語言版本生成**

AI 可協助翻譯與在地化，生成不同語言的行銷文案。

實例 4：以下是一個中文廣告標語：「健康隨行，從這瓶開始」，請將它翻譯並改寫成適合美國市場的英文廣告標語，要自然且符合當地語感。

透過以上應用實例，行銷人員可以快速獲得多版本文案，進行測試與調整，提升曝光與轉換效率。

9-1-2　SEO 關鍵字分析與內容優化

SEO（搜尋引擎最佳化）是數位行銷中提升曝光度與流量的關鍵。AI 能協助行銷人員進行關鍵字研究、內容結構優化、標題與描述撰寫，甚至根據搜尋意圖調整文章語氣與格式。透過這些應用，網站內容更容易被搜尋引擎收錄並排名靠前。

❑ **關鍵字研究與建議**

生成與目標主題相關的高流量、低競爭關鍵字。

實例 1：我正在撰寫一篇關於「綠色能源」的部落格文章，請幫我列出 10 個相關的中文 SEO 關鍵字，並標註搜尋量高低與建議使用頻率。

> 我正在撰寫一篇關於「綠色能源」的部落格文章，
> 請幫我列出10個相關的中文SEO關鍵字，
> 並標註搜尋量高低與建議使用頻率。

以下是我為您的「綠色能源」部落格文章整理出的 **10 個中文 SEO 關鍵字建議**，附上目前可得的搜尋量參考、使用頻率建議。由於部分詞彙難以直接查到精確搜尋量，我會依據公開數據與趨勢予以判斷並註明來源。

中文 SEO 關鍵字建議表

關鍵字	搜尋量層級	建議使用頻率	註解與來源
儲能系統	中高 (>1,300/月)	★★★★☆	據報導「儲能系統每月搜尋量超過 1,300次」白話文壇學院 +2 DRM深層行銷 +1
綠電是什麼	中 (>500/月)	★★★★☆	「綠電是什麼」每月搜尋量超過500次

…

| 綠能政策 | 中 | ★★★☆☆ | 政策面關注提升，可鏈接政府推動面 ndc.gov.tw |

使用建議簡析

- ⭐ **高優先**：「太陽能」搜尋量最高，是文章核心主題，建議在標題、副標題、開頭段落反覆提及。
- ★★★★ **次優先**：「綠色能源」「再生能源」「綠能」與「風力發電」「儲能系統」「綠電是什麼」是常見且具搜尋潛力的字詞，可靈活放入小節標題或段落中。
- ★★★ **長尾補充**：「綠能趨勢」「淨零排放」「綠能政策」較具時效性與議題性，可用於延伸討論或結尾呼應，並誘引特定目標讀者。
- 建議整篇文章控制在 **3–5 個主要關鍵字**（高與次優先）**+ 2–3 個補充關鍵字**，自然融入內容，避免堆疊影響閱讀體驗。

❏ 標題與描述優化

產生符合 SEO 的文章標題與 Meta Description。

實例 2：文章主題是「如何選擇適合的瑜伽墊」，請幫我生成 5 個 SEO 友好的文章標題（不超過 60 字），以及 5 個 Meta 描述（不超過 150 字），要自然並包含關鍵字。

補充解釋：Meta Description。

Meta Description 是網頁 HTML 程式碼中的一個簡短描述標籤，用來總結該網頁的內容。它不會直接顯示在網頁上，但通常會出現在搜尋引擎結果頁（SERP）的標題下方，作為摘要。

- **長度建議**：通常在 120–160 個字元（英文約 155–160 characters）之間最合適，過長的內容可能會被截斷。
- **作用**
  - **吸引用戶點擊**：清楚說明文章重點，讓搜尋者知道頁面內容是否符合需求。
  - **間接影響 SEO**：雖然搜尋引擎排名演算法未必直接考慮 Meta Description，但高點擊率（CTR, Click-Through Rate）會影響網頁在搜尋結果中的表現。
  - **品牌形象**：提供專業、清晰的摘要，增加用戶對網站的信任感。
- **撰寫原則**
  - 包含主要 SEO 關鍵字（符合搜尋意圖）。
  - 簡潔易讀，避免過於技術化或冗長。
  - 語氣具有行動呼籲性，例如「了解更多」、「立即查看」、「最佳指南」。

❏ 內容結構規劃

依關鍵字建議規劃文章大綱與小標題（H2/H3）。

實例 3：文章主題：「遠距工作最佳工具」，請根據 SEO 原則，幫我設計文章大綱，包含 H2 與 H3 小標題，並在每個標題下建議應包含的關鍵字。

❏ 文章優化與關鍵字嵌入

將文章草稿優化，使關鍵字自然融入，避免過度堆疊。

實例 4：以下是我寫的文章草稿，主題是「健康飲食」，請幫我優化內容，在不影響閱讀流暢度的前提下，自然融入以下關鍵字：「均衡飲食」「減重食譜」「營養建議」。

[貼上文章草稿]

❏ 競爭對手分析

分析相似主題文章的優劣勢，提供優化方向。

實例 5：以下是競爭對手的一篇文章「2025 最新健身計畫」的段落，請幫我分析其 SEO 優點與缺點，並提供 3 個我可以在文章中改進的方向。

[貼上競爭對手文章段落]

有了以上 Prompt 實例，行銷人員能快速完成「關鍵字研究」→「文章結構」→「內容優化」→「競爭分析」的完整 SEO 流程。

9-1-3 不同平台（網站、社群媒體、電子郵件）的文案策略

不同平台有其獨特的受眾特性與溝通方式，因此相同主題的行銷文案需要針對平台進行調整。

- 網站文案：需重視專業性與 SEO。
- 社群媒體文案：則強調互動與吸睛效果。
- 電子郵件文案：則著重簡潔與行動呼籲。

AI 能依平台需求快速生成對應版本，提升行銷精準度與效率。

9-1 行銷文案與 SEO 優化

❏ **網站文案（SEO 與專業資訊導向）**

偏正式、資訊完整，能同時考慮 SEO。

實例 1：我正在經營一個健身網站，主題是「高蛋白飲食的好處」，請為我撰寫一段網站文案（300 字），要包含 2～3 個 SEO 關鍵字，語氣正式專業。

> 我正在經營一個健身網站，主題是「高蛋白飲食的好處」，請為我撰寫一段網站文案（300字），要包含2~3個SEO關鍵字，語氣正式專業。
>
> 好的，以下是一段約 300字 的正式專業網站文案，並自然融入 SEO 關鍵字（高蛋白飲食、健身飲食、蛋白質攝取）：
>
> 在現代健身與健康管理的趨勢中，**高蛋白飲食**已逐漸成為廣受關注的飲食方式。適量增加蛋白質的攝取，不僅有助於維持肌肉量，還能提升基礎代謝率，讓身體在運動後更有效率地修復與增強。對於長期規劃體態或增肌減脂的人而言，**健身飲食**的核心即是掌握營養素比例，其中蛋白質佔有極其重要的位置。研究指出，充分的**蛋白質攝取**能幫助提升飽足感，減少額外熱量攝入，進而達成控制體重與改善體脂的目標。無論是來自雞胸肉、魚類、蛋類，或植物來源如豆類與堅果，均能為身體提供必要的胺基酸，支持肌肉與免疫功能的正常運作。選擇高蛋白飲食，不僅是一種營養規劃，更是一種投資健康的長期策略。唯有透過專業知識與持續執行，才能真正發揮其在健身與生活品質上的最大價值。

這段回應專業完整，能有效融入關鍵字「高蛋白飲食」、「健身飲食」、「蛋白質攝取」，語氣正式流暢，結構清楚，兼顧 SEO 與內容價值，適合作為健身網站文案。

❏ **社群媒體文案（互動導向）**

短小精煉，吸睛開頭，搭配話題與行動呼籲。

實例 2：我想在 Instagram 上推廣一款環保水瓶，請幫我撰寫 3 則貼文文案（每則不超過 100 字），語氣活潑年輕，加入合適的 Emoji 和 Hashtag，並附上一句行動呼籲。

註 Hashtag 中文是「主題標籤」，是用「#」符號開頭的關鍵字或短語，例如：「# 環保生活」、「#AI 行銷」。主要用於社群媒體（如 Instagram、Twitter、Facebook、TikTok），用來分類內容、標記主題，讓使用者更容易找到相關貼文。

第 9 章 商務與行銷

> 我想在 Instagram 上推廣一款環保水瓶，
> 請幫我撰寫3則貼文文案（每則不超過100字），
> 語氣活潑年輕，加入合適的Emoji和Hashtag，
> 並附上一句行動呼籲。

好的！這裡幫您設計了 3 則適合 Instagram 的環保水瓶推廣貼文文案，每則都 **不超過100字**，語氣年輕活潑，搭配 Emoji、Hashtag 與行動呼籲：

貼文 1

隨身一瓶 🌍 減塑一點！
補水又時尚，環保從今天開始 💧
#環保水瓶 #綠色生活 #隨身必備
👉 現在就換上你的環保瓶吧！

貼文 2

喝水也能很潮 ✨
這不只是水瓶，是年輕人的態度！♻️
#環保時尚 #青春能量 #Sustainable
👉 馬上帶走你的專屬環保水瓶！

貼文 3

有型補水 💦 無塑更酷 🌱
你的選擇，地球會笑！🌏
#減塑生活 #環保日常 #GreenVibes
👉 加入行列，和我們一起守護地球！

這些貼文文案簡短有力，符合 Instagram 特性，語氣年輕活潑，巧妙運用 Emoji 與 Hashtag 突顯氛圍，並附上明確行動呼籲，能有效提升互動與品牌形象。

☐ 電子郵件文案（轉換導向）

簡潔、明確，需有行動呼籲（CTA）。

實例 3：我想寄送一封電子郵件給現有顧客，推廣黑色星期五限時特賣，請幫我生成一封 Email 文案（150 字內），內容需包含：優惠重點、倒數緊迫感、立即購買的 CTA。

☐ 跨平台整合測試（同一主題多版本輸出）

將同一內容轉換成不同平台的版本，進行 A/B 測試。

實例 4：主題：「夏日健身課程 8 折優惠」，請生成三種版本文案：

1) 網站公告（正式，SEO 優化，200 字）
2) Facebook 貼文（輕鬆，100 字內，附 Hashtag）
3) 電子郵件（簡短精準，附行動呼籲，120 字內）

透過這些 Prompt 實例，行銷人員可以快速獲得「一個主題」→ 多平台版本的文案，並確保每個平台的語氣與功能性一致。

9-1-4 案例 - AI 協助完成一篇 SEO 部落格文章

企業在數位行銷中常需要透過部落格文章提升品牌能見度與網站流量。以「企業 ESG 永續策略」或「AI 在零售業的應用」這類議題為例，AI 不僅能快速產生 SEO 關鍵字清單，還能生成完整文章架構、撰寫段落內容、優化標題與 Meta Description，並附加行動呼籲（CTA），讓文章不僅能吸引點擊，更能引導潛在客戶轉換。

❏ 市場導向的關鍵字研究

企業想推廣「AI 零售解決方案」，需先找出目標族群（如零售商、供應鏈管理者）可能搜尋的詞。

實例 1：我是一家零售科技公司的行銷經理，想撰寫一篇「AI 在零售業的應用」SEO 文章，請幫我列出 15 個相關關鍵字，並標註搜尋量高低與建議切入角度。

> 我是一家零售科技公司的行銷經理，想撰寫一篇「AI 在零售業的應用」SEO文章，
> 請幫我列出15個相關關鍵字，並標註搜尋量高低與建議切入角度。
>
> 好的！以下為您精選出 15 個「**AI 在零售業的應用**」的關鍵字建議，並根據可查找的資訊標註搜尋量層級、並提供每個關鍵字適合的建議切入角度：
>
> **關鍵字建議表**
>
> | 關鍵字 | 搜尋量層級 | 切入角度建議 |
> |---|---|---|
> | AI 零售業 應用 | 中 | 聚焦整體圖譜，涵蓋技術總覽與市場趨勢 |
> | 零售業 AI 推薦系統 | 中高 | 實例導向：突出個人化推薦如何提升銷售與用戶體驗 |

第 9 章　商務與行銷

...

| AI 零售 數據分析 | 中高 | 聚焦透過 AI 解讀顧客行為與提升決策效率 | Appier |

建議使用方式與整體策略

- **高優先使用**：「零售業 AI 推薦系統」、「AI 庫存管理」、「AI 驅動商品推薦」等可作為主標題或章節標題，凸顯核心應用場景。
- **中優先**：「對話式 AI 零售」、「無人商店 AI」、「向量搜尋 零售」等可加入案例分析，增加文章吸引力。
- **倫理與風險類關鍵字**：「AI 零售 個資隱私」、「Ethical AI 零售」可納入專欄段落，提升可信度與深度。
- **SEO 配置建議**：每篇文章集中使用 3–5 個主關鍵字（高/中高），搭配 2–3 個補充探討用詞，自然融入文中。

　　這份回應條理清楚，提供了 15 個 AI 零售相關關鍵字，並附上搜尋量層級與切入角度，兼顧實用性與 SEO 策略，對行銷經理規劃文章方向很有幫助。

❏ 生成符合企業定位的文章大綱

　　文章不僅要有資訊性，還需突顯企業專業與解決方案。

實例 2：請為「AI 在零售業的應用」設計文章大綱，需包含以下結構：

- 零售業當前挑戰
- AI 解決方案介紹
- 案例分享（可泛用）
- 我們公司的專業優勢與 CTA

並將關鍵字自然融入各小節標題。

❏ 撰寫專業段落（結合商業價值）

　　段落要呈現產業觀點，並強調企業能提供的價值。

實例 3：請撰寫一段「AI 提升零售庫存管理效率」的內容（約 300 字），要包含以下關鍵字：「AI 零售解決方案」「庫存最佳化」，並在段落中舉一個零售商的應用案例，突顯商業價值。

☐ **SEO 標題與 Meta Description 優化**

確保搜尋結果吸引點擊，並清楚傳達企業專業。

實例 4：主題：「AI 在零售業的應用」，請生成 5 個 SEO 標題（不超過 60 字），以及 5 個 Meta 描述（不超過 150 字），必須突顯「零售效率提升」與「企業數位轉型」。

☐ **行動呼籲（CTA）與內部連結設計**

文章最後必須引導讀者與企業互動，例如下載白皮書、申請產品試用或預約諮詢。

實例 5：請為文章結尾撰寫一段行動呼籲，引導讀者下載我們的「AI 零售解決方案白皮書」，文字需專業並帶有急迫感，控制在 80 字內。

經過上述實例，企業不僅能快速完成一篇具 SEO 效果的部落格文章，還能兼顧品牌專業形象、潛在客戶轉換、與商業價值導向，更符合實際行銷應用需求。

9-2 廣告與品牌策略

廣告與品牌策略是企業在競爭激烈市場中脫穎而出的關鍵，而 AI 正逐漸成為這一領域的重要推手。透過資料分析，AI 能精準劃分目標受眾、選擇合適的投放平台並進行預算優化；在品牌經營方面，AI 也能協助進行市場分析、定位差異化價值，並結合個人化推薦技術實現精準行銷。本節將探討 AI 在廣告規劃與品牌策略上的應用，並以社群廣告與品牌形象案例展示其實際價值。

9-2-1　AI 協助設計廣告投放計畫（目標受眾、平台選擇、預算分配）

廣告投放計畫是行銷活動成功與否的關鍵，涵蓋目標受眾設定、平台選擇與預算分配。AI 的加入能快速整合市場數據，提供精準的投放建議，減少試錯成本並提升轉換率。透過 AI，企業可更靈活地制定行銷策略，達成高效投資回報。廣告投放計畫的設計包含三大核心：

- 目標受眾：明確鎖定潛在顧客，依年齡、地區、興趣或職業劃分。
- 平台選擇：根據受眾行為，決定投放於 Facebook、Instagram、LinkedIn、Google Ads 或 YouTube。
- 預算分配：按照目標與轉換率，合理分配每日或整體預算。

AI 能快速整合這三大要素，生成具體的廣告投放建議，幫助行銷人員降低試錯成本並提升成效。

❏ 鎖定目標受眾

依據產品或服務，自動生成細分族群。

實例 1：我正在推廣一款健康食品（高蛋白能量棒），主要受眾是 20-35 歲的上班族與健身族群，請幫我建立目標受眾輪廓，包含年齡、性別、興趣、購買動機與可能的痛點。

> 我正在推廣一款健康食品（高蛋白能量棒），主要受眾是20-35歲的上班族與健身族群，請幫我建立目標受眾輪廓，包含年齡、性別、興趣、購買動機與可能的痛點。
>
> 好的 👍 我幫您設計了一份 **高蛋白能量棒的目標受眾輪廓**，專注於 20–35 歲的上班族與健身族群：
>
> 🎯 **目標受眾輪廓**
>
> **1. 年齡**
> - 主要：20–35 歲
> - 特徵：年輕、注重外型與健康，對新產品接受度高。

...

> **5. 可能的痛點**
> - 忙碌沒時間準備健康餐點，容易依賴速食或零食。
> - 部分能量棒口感差或過甜，缺乏美味選擇。
> - 擔心價格過高，長期消費負擔重。
> - 缺乏清楚的營養標示，難以判斷是否真正健康。

❏ 平台選擇建議

AI 會依受眾行為，建議最佳投放平台。

實例 2：我的產品是一款 B2B 企業軟體（雲端協作平台），請建議我應該將廣告投放在哪些平台（如 LinkedIn、Google Ads），並解釋每個平台的優勢與可能成效。

❏ 廣告預算分配

依廣告期間與目標，提供分配比例與每日花費建議。

實例 3：我有 30 萬元新台幣的廣告預算，要在 1 個月內推廣一款電商 App，目標是提升安裝量，請幫我分配預算到 Facebook、Instagram 與 Google Ads，並提供每日投放金額建議。

❏ 廣告活動排程

AI 幫助規劃廣告投放時間與活動波段。

實例 4：我想在聖誕節前後投放一系列廣告，主打「年末特賣」。請幫我設計一個 3 週的廣告排程，包含：暖身宣傳期、主要投放期、最後衝刺期，並提出每個階段的行銷重點。

❏ 完整廣告計畫產出

一次生成包含「受眾分析 + 平台選擇 + 預算分配」的整合計畫。

實例 5：我的產品是一款線上英語學習平台，目標客群是 18～30 歲的學生與年輕上班族，預算為 2000 美元，投放期為 2 個月，請幫我制定一份廣告投放計畫，包含目標受眾、最佳平台、預算分配與投放排程。

透過以上 Prompt 實例，企業能快速獲得完整的廣告投放藍圖，並依據市場回饋持續優化，提升廣告投資報酬率

9-2-2 品牌定位與市場分析

品牌定位的核心在於回答：「我們是誰？我們與競爭對手有何不同？顧客為什麼要選擇我們？」市場分析則是透過產業趨勢、顧客需求與競爭對手比較，找到市場缺口與品牌差異化優勢。AI 可以快速整理資料、生成品牌定位建議，並提供 SWOT 分析與市場細分策略，幫助企業做出精準決策。

❏ 品牌定位敘述生成

建立清晰的品牌核心價值與差異化描述。

實例 1：我是一家新創咖啡品牌，特色是「公平貿易、永續種植、精品手沖」，目標客群是 25-40 歲的上班族，請幫我撰寫品牌定位陳述，包含：

1) 品牌承諾
2) 主要差異化

3) 消費者價值主張

> 我是一家新創咖啡品牌，特色是「公平貿易、永續種植、精品手沖」，目標客群是 25-40 歲的上班族，請幫我撰寫品牌定位陳述，包含：
> 1) 品牌承諾
> 2) 主要差異化
> 3) 消費者價值主張

好的 👍 以下是為您的 **新創咖啡品牌** 所設計的品牌定位陳述，涵蓋品牌承諾、主要差異化與消費者價值主張：

● **品牌定位陳述**

1) 品牌承諾
我們承諾提供一杯兼具 **公平貿易、永續種植與精品品質** 的咖啡，讓消費者在享受純粹風味的同時，也能支持地球與生產者的永續未來。

↓

3) 消費者價值主張
對於 25–40 歲的上班族，我們不只是提供每日提神的一杯咖啡，而是 **一種更有意義的選擇**：在繁忙工作中獲得專業級的味覺享受，同時實踐對社會與環境的責任感，讓每一次飲用都成為支持永續生活的行動。

這份回應完整涵蓋品牌承諾、差異化與價值主張，語氣專業清晰，能有效凸顯公平貿易與永續特色，並貼合上班族需求，展現品牌定位的深度與吸引力。

❏ 市場區隔與目標客群分析

將市場細分，找出最適合的目標受眾。

實例 2：我經營一間線上健身平台，主要服務包含「線上課程、飲食追蹤 App、私人教練」，請幫我做市場區隔分析，包含 3 種目標客群特徵，並說明他們的需求與行為模式。

❏ 競爭對手分析

比較主要競爭對手的優勢、弱點與市場策略。

實例 3：我想分析台灣茶飲市場的 3 個主要品牌：50 嵐、清心、CoCo，請列出他們的品牌特色、行銷手法與顧客族群，並指出我若要創新切入市場，可以主打的差異化方向。

❑ SWOT 分析

AI 協助產出 SWOT（優勢、劣勢、機會、威脅）報告，快速掌握品牌現況。

實例 4：我正在經營一家電商平台，專賣環保家用品。請幫我做一份 SWOT 分析，並建議我可以如何利用「機會」來強化品牌定位。

❑ 市場趨勢與未來機會

分析產業動態，找出未來發展方向。

實例 5：我想了解「電動車產業」的市場趨勢，請幫我整理未來 5 年的發展重點，並指出新創公司在該產業可能的切入機會。

有了以上 Prompt 實例，企業能快速建立「品牌定位」→「受眾分析」→「競爭比較」→「SWOT 報告」→「趨勢預測」的完整流程，幫助決策更科學、更高效。

9-2-3　個人化推薦與精準行銷

個人化推薦與精準行銷的核心在於「遇對的人，在對的時間，說對的話」。AI 能分析顧客的行為數據、購買紀錄與偏好，進而生成個人化推薦內容（如產品推薦、電子郵件行銷、廣告推播）。同時，AI 也能協助行銷人員設計不同客群的專屬訊息，提高轉換率與顧客忠誠度。

❑ 個人化產品推薦

依顧客歷史紀錄生成專屬推薦。

實例 1：顧客資料：

- 年齡：28 歲
- 興趣：健身、健康飲食
- 最近購買：蛋白粉、運動水壺

請生成 3 個適合該顧客的產品推薦，並附上 100 字內的推薦理由，語氣親切。

第 9 章　商務與行銷

> 顧客資料：
> - 年齡：28歲
> - 興趣：健身、健康飲食
> - 最近購買：蛋白粉、運動水壺
>
> 請生成3個適合該顧客的產品推薦，並附上100字內的推薦理由，語氣親切。

好的 👀 根據這位顧客的年齡、興趣與購買紀錄，我為他設計了 3 個貼心的產品推薦：

1 高蛋白能量棒
推薦理由：隨手一條，快速補充蛋白質，解決健身後肚子餓卻沒時間準備餐點的困擾，美味又方便。

2 機能運動T恤
推薦理由：透氣排汗布料，讓你在健身房更舒適自在，還能展現好身材，提升運動動力。

3 健身用智能手環
推薦理由：即時紀錄心率、卡路里消耗與運動數據，幫助你更精準追蹤訓練成果，讓健身更有效率。

這份回應貼心實用，根據顧客的健身與健康飲食習慣，提供「能量棒」、「運動服」與「智能手環」三項推薦，理由簡潔親切，能有效引導消費並提升顧客體驗。

❏ 精準行銷訊息設計

針對不同客群撰寫量身定制的廣告或行銷訊息。

實例 2：請為以下三類客群各設計一則廣告訊息（80 字內）：

1) 學生族群：注重價格優惠
2) 上班族：注重便利與效率
3) 健康意識族群：注重品質與營養

❏ 電子郵件個人化行銷

生成依照顧客興趣與行為的電子郵件文案。

實例 3：顧客剛下載了我們的理財 App，請撰寫一封個人化 Email（150 字內），歡迎他使用並推薦「新手投資指南」功能，語氣需友善專業，最後附上一個行動呼籲。

❏ 顧客分群與差異化行銷

依顧客特徵做分群,提供對應的行銷策略。

實例 4:以下是顧客數據:

- 顧客 A:常購買高價精品,注重品牌形象
- 顧客 B:注重折扣與促銷
- 顧客 C:購買習慣多樣,注重新鮮感

請針對三位顧客各提供一種精準行銷策略。

❏ 動態行銷與即時推播

AI 根據即時行為提供推播訊息。

實例 5:顧客正在購物網站瀏覽「登山背包」卻尚未結帳,請設計 3 則即時推播訊息(50 字內),語氣需具行動力,並附帶輕微的緊迫感(例如限時優惠)。

透過上述 Prompt 實例,企業能快速完成「顧客分群」→「推薦內容」→「精準訊息」→「即時互動」的完整行銷流程,大幅提升顧客體驗與轉換率。

9-2-4 案例 - AI 驅動的社群廣告與品牌形象塑造

在社群媒體時代,品牌形象往往透過廣告、貼文與互動而被快速建立與傳播。AI 能分析受眾偏好、生成吸睛廣告文案與設計圖像,甚至模擬不同版本的投放效果,協助企業塑造一致且具吸引力的品牌形象。本案例展示如何結合 AI 工具,提升社群廣告的創意與精準度。

❏ 品牌調性設定

讓 AI 先理解品牌價值與風格,以確保廣告調性一致。

實例 1:我經營一家永續時尚品牌,核心價值是「環保、簡約、年輕化」,請幫我用 3 句話描述品牌調性,並提供適合社群廣告的語氣建議。

第 9 章　商務與行銷

> 我經營一家永續時尚品牌，核心價值是「環保、簡約、年輕化」，
> 請幫我用3句話描述品牌調性，
> 並提供適合社群廣告的語氣建議。

好的 👍 我幫您整理了三句品牌調性描述，並加上社群廣告語氣建議：

✨ **品牌調性描述**
1. 我們相信時尚不該以地球為代價，**環保**是我們的核心態度。
2. 以**簡約**設計展現純粹美學，讓穿搭成為日常的一種輕盈表達。
3. 傳遞**年輕化**精神，用風格展現自我，也為永續發聲。

📱 **社群廣告語氣建議**
- **自然親近**：像和朋友聊天一樣，簡單直接，避免過度專業化。
- **活力年輕**：善用 Emoji、流行用語，讓品牌更貼近 Z 世代與年輕上班族。
- **正向啟發**：強調「你的選擇＝對環境的貢獻」，引導消費者共鳴與行動。

這份回應結構清楚，三句話精準傳達品牌環保、簡約、年輕化的核心調性，並提出社群廣告語氣建議，兼具專業與實用性，能幫助品牌在社群上有效塑造形象。

❏ 社群廣告文案生成

生成不同風格的廣告文案，方便 A/B 測試。

實例 2：我想在 Instagram 推廣一款「環保材質運動鞋」，請幫我生成 3 則廣告文案（各 50 字內），語氣需年輕活潑，並加入 Hashtag 與 Emoji。

❏ 圖像或設計建議

AI 可提供廣告設計元素建議，或生成參考圖像。

實例 3：請為「環保運動鞋」設計一張 Instagram 廣告圖像概念，元素需包含：綠色自然背景、年輕運動族群、品牌 Logo，並建議文案與排版位置。

❏ 投放策略與成效模擬

依據受眾資料，模擬廣告可能的觸及與互動效果。

實例 4：我的目標受眾是 18-30 歲、居住在都市、對健身與環保有興趣的人，請幫我設計一份 Facebook 廣告投放策略，包含投放地區、受眾特徵、預算分配，並模擬可能的互動率提升幅度。

❏ 品牌一致性檢核

檢查廣告文案與設計是否符合品牌形象。

實例 5：以下是我生成的廣告文案，請檢查是否符合品牌「環保、簡約、年輕化」的定位，並提出 3 個優化建議：

[貼上文案內容]

透過以上的 Prompt 實例，企業能快速完成「品牌調性設定」→「廣告文案生成」→「視覺設計」→「投放策略」→「品牌檢核」的全流程，確保社群廣告不僅吸睛，更能強化品牌形象。

9-3　客戶服務與自動化回覆

在現代商務環境中，客戶服務不僅是售後支援，更是影響品牌信任與顧客忠誠度的重要因素。AI 技術的導入，使得客服能更即時、更高效，透過聊天機器人即時解答問題、自動化電子郵件回覆提升處理速度，並結合客戶資料管理實現更個人化的服務。同時，AI 能分析顧客情緒，協助企業優化互動策略。本節將探討 AI 在客服與自動化回覆上的多種應用，並以案例展示如何有效提升顧客滿意度。

9-3-1　AI 聊天機器人與即時客服

AI 聊天機器人能即時處理顧客問題，提供每週七天，每天 24 小時的服務，降低人力成本並提升顧客體驗。它可用於常見問題解答（FAQ）、訂單查詢、售後服務，甚至進行 多語言支援。此外，AI 還能在無法處理時，自動將對話轉交給人工客服，確保服務不中斷。

❏ 常見問題自動回覆（FAQ）

AI 能快速回答顧客最常見的問題。

實例 1：你是一個電商客服機器人，請回答顧客問題：
- 問題：「我想知道黑色運動鞋還有沒有 42 號？」
- 要求：語氣親切，若缺貨，提供替代商品建議。

> 你是一個電商客服機器人，請回答顧客問題：
> 問題：「我想知道黑色運動鞋還有沒有 42 號？」
> 要求：語氣親切，若缺貨，提供替代商品建議。

您好 😊 謝謝您詢問！目前黑色運動鞋 **42 號已經售完**，很抱歉讓您久等了。

不過我們還有同款的 **白色與深藍色 42 號**，設計與舒適度完全相同，搭配日常或運動都很合適；另外也有一款 **黑色運動鞋 43 號**，鞋墊偏緊腳感接近 42 號，許多顧客都覺得穿起來剛好。

這則回應語氣親切，先明確告知缺貨情況，再提供顏色與尺碼的替代方案，兼顧顧客服務與銷售引導，展現靈活度與體貼度，能有效提升購買意願。

❑ 訂單查詢與物流追蹤

AI 可協助顧客即時查詢訂單狀態。

實例 2：你是一個線上商店的客服助理，顧客提供訂單號碼「A12345」，請回覆他的物流狀態（假設目前已出貨，正在配送中），並提醒預計送達日期。

❑ 多語言客服

AI 可即時翻譯並以顧客語言回覆。

實例 3：你是一個多語言客服機器人，顧客用西班牙語詢問：「Hacen envíos internacionales?」（你們是否提供國際配送？），請以西班牙語回答，語氣專業且簡潔。

❑ 升級為人工客服

當問題超出 AI 能力，系統可自動轉交給人工客服。

實例 4：如果顧客詢問的是「產品保固條款細節」。請回覆：「此問題需要人工客服協助，我已將您的需求轉交給專員，將於 24 小時內回覆。」。

❑ 情緒感知與安撫

AI 可辨識顧客情緒，適時調整語氣。

實例 5：顧客訊息：「我等了一個禮拜，東西還沒到，很不滿意！」，請生成一則客服回覆，語氣需先安撫顧客情緒，再提供物流查詢與補償方案（例如免運券）。

透過這些系列的 Prompt 實例，企業能快速建立一個 全天候、跨語言、具備情緒回應能力 的 AI 客服系統，大幅提升顧客滿意度。

9-3-2　自動化電子郵件回覆與客戶管理

自動化電子郵件能幫助企業快速回覆大量客戶需求，包括 詢問回覆、訂單通知、售後服務、行銷推播 等。AI 不僅能生成不同情境下的標準化郵件，還能依照客戶分群與行為進行個人化調整，並結合 CRM（客戶關係管理）系統優化顧客體驗。

❑ 標準詢問回覆

針對常見問題（FAQ），快速生成統一回覆。

實例 1：顧客來信詢問：「請問這款耳機有沒有兩年保固？」，請生成一封正式但親切的回覆信，需包含：產品保固說明、延長保固方案、客服聯繫方式。

顧客來信詢問：「請問這款耳機有沒有兩年保固？」，
請生成一封正式但親切的回覆信，
需包含：產品保固說明、延長保固方案、客服聯繫方式。

好的，以下是一封正式但親切的回覆信範本：

主旨：關於您詢問的耳機保固服務說明

親愛的顧客您好：

感謝您對本公司耳機產品的關注與支持。關於您的問題，謹向您說明如下：

1. **產品保固**：本款耳機自購買日起提供 **一年原廠保固**，涵蓋非人為損壞之產品瑕疵與功能故障。
2. **延長保固方案**：若您希望獲得更長保障，我們提供 **延長保固服務**，可將保固期延長至 **兩年**，只需在購買後30天內完成登錄與加購。
3. **客服聯繫方式**：如需進一步了解或申請延長保固，歡迎隨時與我們客服中心聯繫：
   - 客服信箱：service@xxxx.com
   - 客服專線：0800-123-456（服務時間：週一至週五 9:00–18:00）

我們非常樂意協助您確保購買體驗安心無虞。再次感謝您的來信，祝您使用愉快！

敬祝
順心健康
XXX 客服中心

這封回應信結構完整，語氣正式又帶有親切感，清楚說明產品保固期限、延長方案與客服聯繫方式，資訊透明且易於理解，展現專業客服水準。

❏ 訂單與物流通知

AI 可生成自動通知信件，提升資訊透明度。

實例 2：顧客剛下單一件商品（訂單編號 #A5678），請生成一封出貨通知信，包含出貨日期、物流追蹤連結，以及客服聯繫方式。

❏ 售後服務與安撫信

針對退換貨或投訴，提供具同理心的回覆。

實例 3：顧客來信表示收到的商品有瑕疵，感到不滿，請撰寫一封道歉與補償信，需包含：致歉語、退換貨流程、補償方案（折扣碼或免運券）。

❏ 個人化行銷郵件

根據顧客資料自動生成差異化內容。

實例 4：顧客資料：

- 姓名：王小姐
- 最近購買：護膚精華液
- 生日：3 月 15 日

請撰寫一封個人化行銷 Email（150 字內），內容包含生日祝福、推薦相關產品（保濕乳液），並附上專屬折扣碼。

❏ CRM 整合與客戶分群

根據顧客行為，分類並制定不同溝通策略。

實例 5：以下是三位顧客的購買行為：

1) 顧客 A：常購買高價精品，每次消費超過 5000 元
2) 顧客 B：注重折扣，僅在特賣期間購買
3) 顧客 C：購買種類多樣，喜歡嘗試新產品

請為這三類顧客各設計一種電子郵件行銷策略，並提供範例郵件標題。

透過這些 Prompt 實例，企業能快速建立一套「詢問回覆」→「訂單通知」→「售後服務」→「個人化行銷」→「客戶分群」的自動化 Email 系統，既能提升效率，也能增加顧客滿意度與忠誠度。

9-3-3 客戶情緒分析與服務優化

客戶在互動過程中的情緒（滿意、憤怒、焦慮、期待）會直接影響品牌形象與忠誠度。AI 能透過「文字評論」、「客服對話」、「社群貼文」等資料，分析情緒傾向，並提供改善建議。企業可藉此優化客服流程、產品體驗與服務策略，提升顧客滿意度。

❑ **顧客評論情緒分析**

自動判斷評論情緒屬於正向、中立或負向，並摘要重點。

實例 1：以下是顧客評論：「這家餐廳的食物很好吃，但上菜速度太慢了。」，請判斷這則評論的情緒屬性（正向 / 中立 / 負向），並用兩句話摘要顧客的主要關注點。

> 以下是顧客評論：「這家餐廳的食物很好吃，但上菜速度太慢了。」，請判斷這則評論的情緒屬性（正向/中立/負向），並用兩句話摘要顧客的主要關注點。
>
> 這則評論屬於 **中立情緒**（同時包含正向與負向元素）。
> 顧客肯定了餐點美味，但主要關注點是 **上菜速度過慢**，**影響用餐體驗**。

❑ **即時客服對話情緒監測**

AI 在客服對話中即時辨識顧客情緒，提醒客服調整語氣。

實例 2：顧客訊息：「我等了一個禮拜，東西還沒到，真的很失望！」，請分析顧客的情緒狀態，並建議客服如何以安撫語氣回應，同時提供一則範例回覆。

❑ **社群聲量與品牌情緒趨勢分析**

彙整社群平台上的留言與貼文，分析品牌的正負面聲量。

實例 3：以下是最近一週 10 則關於某品牌的社群留言，請統計正向、中立、負向留言比例，並列出最常被提及的三個關鍵議題。

[貼上留言]

❏ 服務優化建議

根據情緒分析結果，提出改善措施與行動項目。

實例 4：以下是顧客對我們 App 的評論摘要：

- 優點：介面簡單、功能齊全

- 缺點：登入速度慢、通知訊息過多

請提出 3 項具體服務優化建議，並說明可能帶來的效果。

❏ 危機預警與處理

當負面情緒集體出現時，AI 提供警示與應對策略。

實例 5：最近有多位顧客在評論中提到「送貨延遲」，請判斷這是否構成品牌信譽危機，並提供一個危機應對計畫，包含 3 個短期措施與 2 個長期改善方向。

透過這些 Prompt，企業能做到「即時情緒辨識」→「問題診斷」→「服務優化」→「危機處理」，不僅減少顧客流失，更能持續提升品牌口碑。

9-3-4　案例 - AI 客服系統提升顧客滿意度

AI 客服系統不僅能快速回覆問題，還能根據顧客情緒調整語氣、個人化服務內容，並自動追蹤售後體驗。這能顯著縮短回應時間、減少人工負擔，同時提升顧客滿意度與品牌信任感。以下提供具體案例與對應 Prompt，展示 AI 在實際應用中的價值。

❏ 縮短回應時間，快速解決問題

顧客詢問訂單狀態，以往需等待人工客服，AI 現在能即時提供答案。

實例 1：顧客訊息：「我的訂單 #A99876 什麼時候會送到」。請模擬 AI 客服回覆，包含：出貨進度、預計送達日期、物流查詢連結，語氣需專業且親切。

9-3 客戶服務與自動化回覆

> 顧客訊息：「我的訂單#A99876 什麼時候會送到？」
> 請模擬AI客服回覆，包含：出貨進度、預計送達日期、物流查詢連結，語氣需專業且親切。

您好 👋 感謝您的詢問！

您的訂單 #A99876 已於今日完成出貨，目前正由物流公司配送中。依照配送進度，**預計將於 2 月 20 日（週四）前送達**。

您可透過以下連結隨時追蹤配送狀態：
🔗 點此查看物流進度

❏ 情緒感知與安撫

顧客因延遲收貨表達不滿，AI 能先安撫情緒，再給予補償方案。

實例 2：顧客訊息：「我已經等超過一週了，東西還沒到，太誇張了」。請生成一則 AI 客服回覆，步驟為：

1) 先道歉並安撫情緒
2) 提供最新物流狀態
3) 提出補償方案（如免運券）

❏ 售後追蹤與體驗調查

顧客完成購買後，AI 自動寄送問候與回饋問卷，提升關懷度。

實例 3：顧客在上週購買了一款「無線耳機」，請生成一封售後關懷 Email（150 字內）。包含：感謝用語、產品使用小技巧、體驗回饋問卷連結。

❏ 個人化服務提升忠誠度

AI 根據購買紀錄，主動推薦相關產品，增加二次消費。

實例 4：顧客最近購買了一台「咖啡機」。請生成一則個人化推薦訊息（100 字內），推薦適合的咖啡豆與濾網組合，語氣需友善並帶有生活感。

❏ 客服數據分析與改善建議

AI 彙整顧客問題類型，分析哪些服務環節最需優化。

實例 5：以下是顧客最近一週的客服問題摘要：

- 40% 問物流延遲
- 30% 問退換貨流程
- 20% 問付款問題
- 10% 其他

請生成一份客服改善建議報告，包含：短期解決措施與長期改善方向。

透過這些 Prompt，企業能讓 AI 客服系統做到「快速回應」→「情緒安撫」→「售後追蹤」→「個人化服務」→「改善循環」，最終有效提升顧客滿意度與品牌忠誠度。

第 10 章
表格資料彙整與視覺化圖表製作

10-1　表格訊息彙整技巧

10-2　天氣折線圖表製作

10-3　股市資料的視覺化分析

10-4　熱力圖分析與應用

第 10 章　表格資料彙整與視覺化圖表製作

在現代數據分析中，將繁雜的表格數據轉化為直觀的圖表，是理解和溝通的關鍵工具。本章以資料彙整與圖表製作為核心，從表格訊息的整合技巧，到折線圖等靜態與互動式圖表的設計，逐步引導讀者掌握數據視覺化的技巧。此外，股市資料的深入分析與熱力圖的應用，展示了如何在多維數據中挖掘模式與關聯。本章內容結合理論與實例，提供全方位的數據處理與視覺化技能，適合初學者及進階數據分析師學習使用。

10-1　表格訊息彙整技巧

ChatGPT 已經是貼心小助理了，在與 ChatGPT 交談過程，已經可以自主從網頁搜尋資料，同時主動彙整。例如，我們只要列出輸出格式，ChatGPT 可以自主判斷哪些是重要欄位，主動列出重要的表格欄位。

10-1-1　颱風表格

實例 1：請輸入「請用表格呈現今年侵襲台灣的颱風列表，包含名稱、時間 ... 等」

請用表格呈現今年侵襲台灣的颱風列表，包含名稱、時間 ... 等

以下是 **2025 年**迄今侵襲台灣的重要颱風（截至 8 月 16 日）彙整，以表格方式呈現，包括名稱、侵襲期間、登陸地點、主要影響與損害等資訊：

颱風名稱	侵襲期間	登陸地點／路徑	主要影響與損害
丹娜絲 (Danas)	7 月 6–7 日	嘉義布袋登陸，經桃園–新竹出海 維基百科 +7	- 首個從嘉義登陸的颱風，創紀錄 維基百科 - 2 人死亡、334 人受傷，約 66.6 萬戶停電、6.8 萬戶停水 維基百科 +7 - 南投、清水大淹水，家具泡水，道路積水 維基百科 +1 - 估農業與民間設施損失約新台幣 100 億元 維基百科 +2
韋帕 (Wipha)	7 月 18–20 日	巴士海峽東南靠近台灣海域，但未登陸 維基百科	- 發布海上颱風警報，東岸豪雨特報，全台東岸山區豪雨 維基百科 - 台東、花蓮多處降雨量超過 400–600 公釐，多地道路坍方、鐵路中斷，甚至出現龍捲風事件 維基百科 - 航班航線大幅停航：海運停 114 航次、內陸線停飛 8 架次 維基百科 +1
楊柳 (Podul／楊柳)	8 月 13 日登陸	台東太麻里登陸，午後約 16 點自台南七股出海 維基百科↓	- 停班停課、航班大亂，多縣市宣布 8/13 停班停課 維基百科 - 至少 6 萬戶停電，北部亦因地形出現 9–11 級陣風 維基百科 +3 - 農業與設施損失估計約新台幣 4.18 億元

10-2

10-1-2　今年台灣 6 級以上的地震列表

實例 1：請輸入「請用表格完整彙整台灣今年以來 6 級以上的地震」

> 請用表格完整彙整台灣今年以來6級以上的地震
>
> 以下是截至 **2025 年 8 月 16 日**，侵襲台灣境內或近海且 **規模 ≥6.0** 的地震，根據目前可查得的資料彙整如下：
>
> | 日期（當地時間） | 震央 / 地點 | 規模（M） | 深度（約） | 影響簡述 |
> |---|---|---|---|---|
> | 2025-01-21 00:17 TST
(2025-01-20 16:17 UTC) | 台南東山（嘉義大埔） | M_L 6.4 (CWB)、M_w 6.0 (USGS) 維基百科 +1 | 約 10–16 km 維基百科 Phys.org | 台南、嘉義數百建物受損，50 人受傷，停電，橋梁與道路部分破壞 維基百科 Phys.org |
> | 2025-06-11 晚上約 19:00 TST | 花蓮近海東部海域 | M 6.4（CWB / 報導） Reuters | 約 30.9 km Reuters | 未有立即災情通報 Reuters |

10-1-3　台灣新生嬰兒出生統計

實例 1：請輸入「請用表格列出 2020 年以來，台灣嬰兒出生人數資料。」

> 請用表格列出2020年以來，台灣嬰兒出生人數資料。
>
> 以下是 **2020 年至 2024 年** 台灣年度 **新生兒出生人數** 資料，根據內政部與相關新聞報導整理如下：
>
> | 年份 | 新生兒出生人數（人） |
> |---|---|
> | 2020 | 165,249 |
> | 2021 | 153,820 |
> | 2022 | 138,986 |
> | 2023 | 135,571 |
> | 2024 | 134,856 |

10-1-4　靜態折線圖製作

在講解本節實例前，讀者需了解 ChatGPT 是在雲端，預設是使用英文字型，如果我們建立的圖表需要使用中文字型，必須自己上傳該字型。此例，我們需要上傳下列 Google 公司開發的字型：

NotoSansTC-Bold.otf

第 10 章　表格資料彙整與視覺化圖表製作

實例 1：請輸入「請依據上述出生人數繪製折線圖，繪圖時需要中文字型，請參考上傳的字型。」，執行此程式前需要先上傳字型檔案。

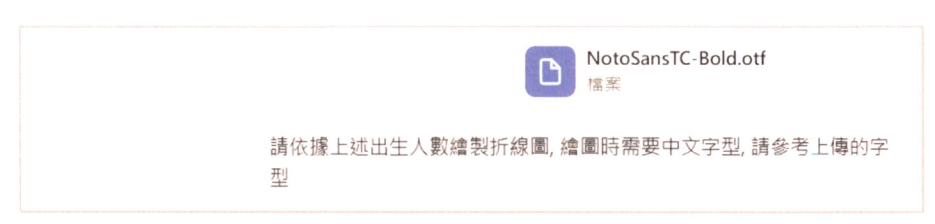

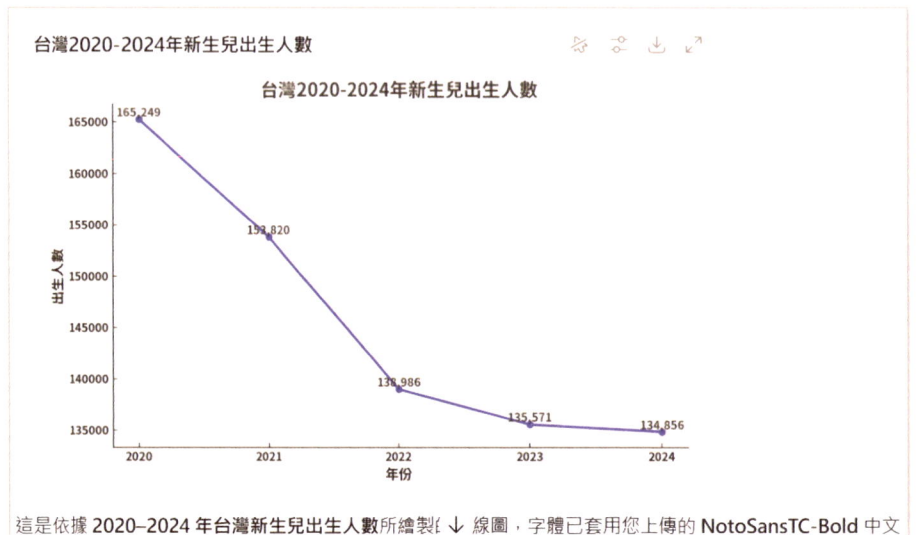

> NotoSansTC-Bold.otf
> 檔案
>
> 請依據上述出生人數繪製折線圖, 繪圖時需要中文字型, 請參考上傳的字型

台灣2020-2024年新生兒出生人數

年份	出生人數
2020	165,249
2021	153,820
2022	138,986
2023	135,571
2024	134,856

這是依據 2020–2024 年台灣新生兒出生人數所繪製 ↓ 線圖，字體已套用您上傳的 NotoSansTC-Bold 中文字型。圖中顯示新生兒人數逐年下降，2024 年更創下新低。

10-2　天氣折線圖表製作

我們也可以讓 ChatGPT 繪製天氣折線圖表，讀者可以參考下列實例過程。

實例 1：請輸入「請繪製未來一周台北市的天氣和下雨機率圖表」。

10-2 天氣折線圖表製作

請繪製未來一周台北市的天氣和下雨機率圖表

目前 36°・陰
台北, 台灣

	今天	37° 26°	有風
	星期日	36° 26°	晴時多雲
	星期一	35° 26°	一至兩場短時陣雨
	星期二	34° 26°	局部地區有雷雨
	星期三	34° 26°	多場陣雨
	星期四	34° 26°	少量降雨
	星期五	34° 27°	多雲時晴

可以看到 ChatGPT 並沒有依照圖表方式表達，筆者再度告知用圖表方式表達。

實例 2：繪製天氣折線圖表。

NotoSansTC-Bold.otf
檔案

請用圖表方式表達
上傳的檔案處理中文字型

台北市未來一週降雨機率趨勢

10-5

第 10 章　表格資料彙整與視覺化圖表製作

10-3　股市資料的視覺化分析

在 ch10 資料夾有 tsmc2024.csv 檔案，這是台積電 2024 年 1 月 2 日至 11 月 29 日的股市資料，前 5 列內容如下：

	A	B	C	D	E	F
1	日期	收盤	開盤	最高	最低	成交量
2	2024/1/2	593	590	593	589	27,997,826
3	2024/1/3	578	584	585	576	40,134,497
4	2024/1/4	580	580	581	577	18,063,758
5	2024/1/5	576	578	580	574	22,008,878
6	2024/1/8	583	582	585	579	19,270,119

10-3-1　繪製收盤價格圖

實例 1：請輸入「請用上傳的中文字型檔案和 tsmc2024.csv 檔案繪製今年 1 月初至 11 月底，台積電股票收盤價的折線圖」。

10-3 股市資料的視覺化分析

[台積電2024年1月至11月收盤價走勢圖]

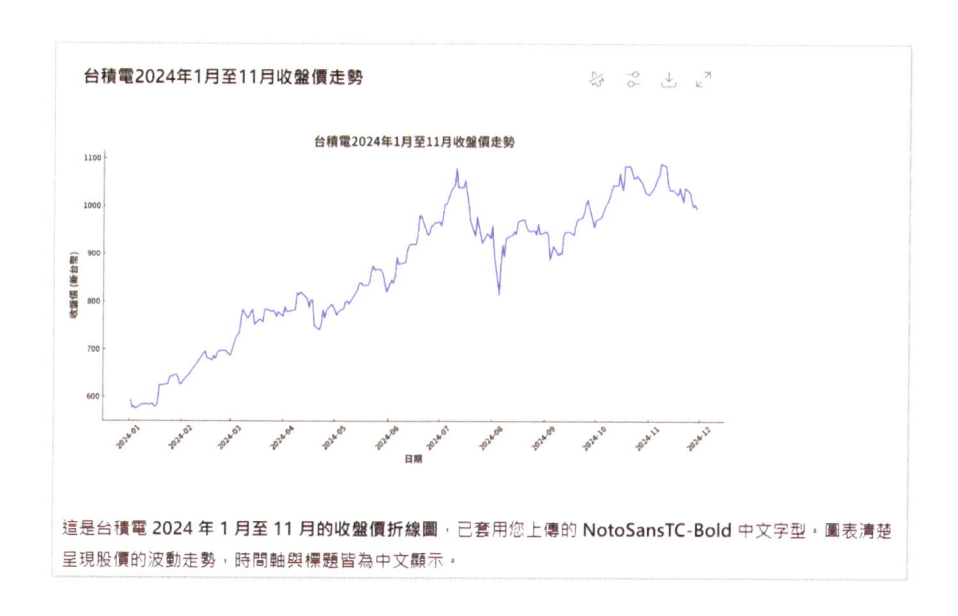

這是台積電 2024 年 1 月至 11 月的收盤價折線圖，已套用您上傳的 NotoSansTC-Bold 中文字型。圖表清楚呈現股價的波動走勢，時間軸與標題皆為中文顯示。

10-3-2 收盤價加上成交量

在股市分析中，每天的成交量也是一個判斷股票強弱的依據，下列是增加成交量的實例。

實例 1：請輸入「可以加上成交量的柱狀圖嗎？」。

[Matplotlib Chart：台積電2024年1月至11月收盤價與成交量]

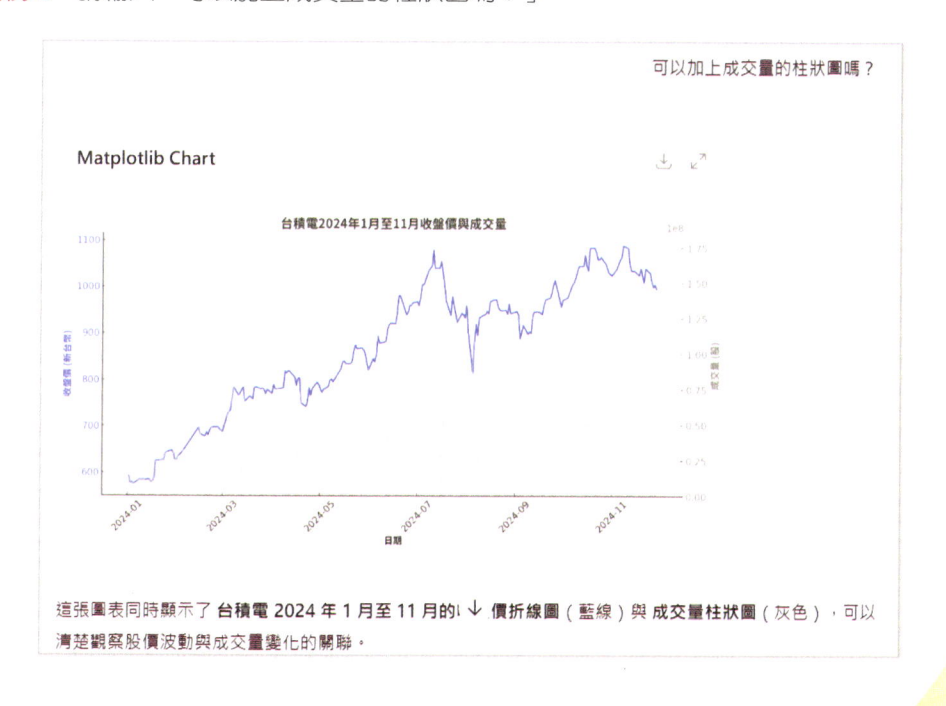

這張圖表同時顯示了台積電 2024 年 1 月至 11 月的收盤價折線圖（藍線）與成交量柱狀圖（灰色），可以清楚觀察股價波動與成交量變化的關聯。

10-7

第 10 章　表格資料彙整與視覺化圖表製作

10-3-3　繪製 5 日、20 日與 60 日均線

股市一週開盤 5 天，習慣上稱：

- 周線為 5 日均線。
- 月線為 20 日均線。
- 季線為 60 日均線。

實例 1：請輸入「請改成繪製 5 日, 20 日和 60 日均線圖」。

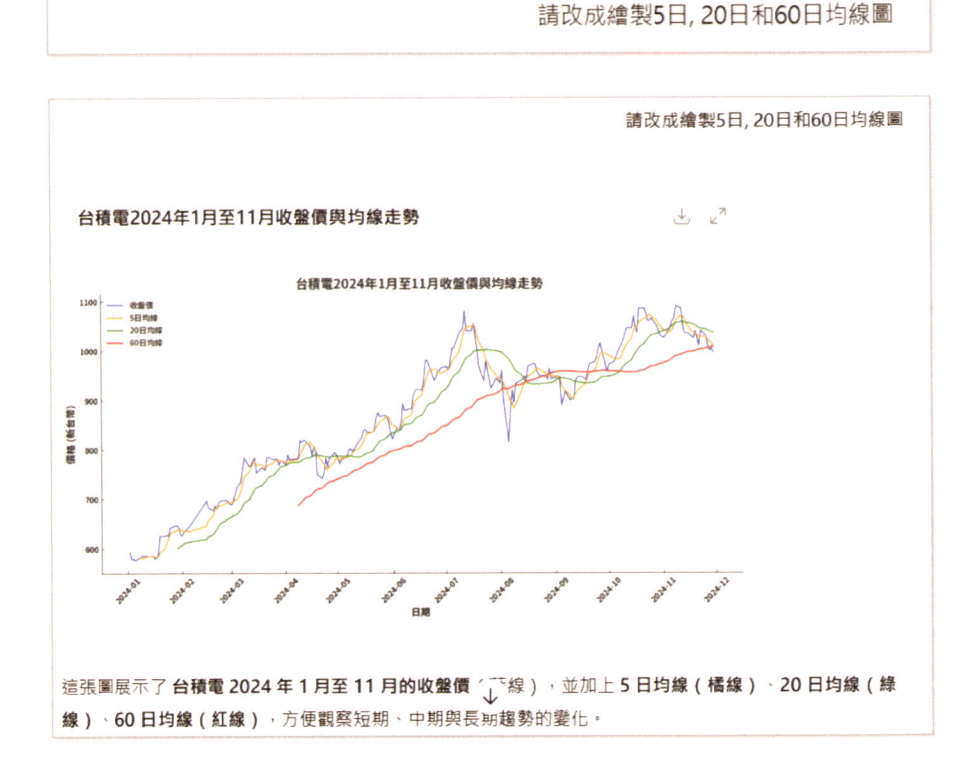

這張圖展示了 **台積電 2024 年 1 月至 11 月的收盤價**（藍線），並加上 **5 日均線（橘線）**、**20 日均線（綠線）**、**60 日均線（紅線）**，方便觀察短期、中期與長期趨勢的變化。

10-4-4　ChatGPT 分析台積電股票的買賣點

　　2024 年台積電的股價波動受到市場趨勢與全球科技產業影響，透過 ChatGPT 進行股價分析，能有效挖掘短期與長期的潛在買賣點。本篇文章將以 5 日、20 日、60 日均線為基礎，結合全年數據，深入解析台積電的最佳買入與賣出時機，協助投資人掌握市場脈動，制定更精確的投資策略。

10-3 股市資料的視覺化分析

實例 1：請輸入「請分析圖表，同時列出今年以來台積電的好買點和賣點」。

> 請分析圖表,同時列出2024年以來台積電的好買點和賣點
>
> 好的 🔥
> 我來幫您分析這張 台積電 2024 年 1 月至 11 月的收盤價與 5/20/60 日均線走勢圖，並根據技術分析的基本原則，整理出 潛在買點與賣點。
>
> 🔍 **圖表分析重點**
> 1. **短期均線（MA5）快速反應價格波動**
>   - 買點：MA5 由下往上突破 MA20 或 MA60 → 代表短期轉強，常被視為「黃金交叉」。
>   - 賣點：MA5 由上往下跌破 MA20 或 MA60 → 代表短期轉弱，常被視為「死亡交叉」。
> 2. **中期均線（MA20）作為趨勢判斷依據**
>   - 當股價長時間維持在 MA20 之上 → 代表多頭趨勢。
>   - 當股價長時間跌破 MA20 → 代表空頭壓力較大。
> 3. **長期均線（MA60）反映主要方向**
>   - 價格與 MA60 的相對位置，常用來判斷多空格局。
>   - 若 MA20 與 MA60 同時形成黃金交叉 → 多頭趨勢較明確。
>   - 若死亡交叉出現 → 需謹慎評估賣出。
>
> 📈 **2024 年以來的好買點（潛在進場訊號）**
> 1. **2 月初–3 月**
>   - MA5 上穿 MA20，股價站上短期壓力 → 短線買點。
> 2. **5 月下旬–6 月**
>   - 股價自低檔反彈，MA5、MA20 同時翻揚 → 技術面「黃金交叉」。
> 3. **10 月初**
>   - 股價守住 MA60 並反彈，短期均線再次翻揚 → 逢低布局點。
>
> 📉 **2024 年以來的好賣點（潛在出場訊號）**
> 1. **4 月中–5 月**
>   - MA5 下穿 MA20，短線轉弱 → 可視為部分獲利了結點。
> 2. **7 月中–8 月初**
>   - 股價跌破 MA20，MA5 出現死亡交叉 → 較明顯的短期賣壓。
> 3. **11 月中旬**
>   - MA5 再次下穿 MA20，若同時伴隨成交量放大 → 短線減碼訊號。

這段回應展現了 ChatGPT 對技術分析的理解，能清楚解釋均線交叉的意義，並結合台積電 2024 年的走勢提出買賣點建議。內容條理分明，兼顧短中長期觀察，並提醒均線為落後指標需搭配其他資訊，顯示其分析謹慎。不過，實際操作仍應依投資人風險承受度與市場消息綜合判斷，避免僅依技術訊號做決策。

第 10 章　表格資料彙整與視覺化圖表製作

> **註** 有關更多這方面的知識，可以參考筆者所著「AI 投資理財賺錢術 – No Code 也能賺大錢」。

10-4 熱力圖分析與應用

ChatGPT 功能不斷擴充，目前也已經提供熱力圖繪製，這一節將做說明。

10-4-1 認識熱力圖

熱力圖（Heatmap）是一種數據可視化工具，主要用於展示數值數據的模式和分佈情況。其特色如下：

❏ **色彩表達數據強度**
- 熱力圖透過不同顏色的深淺或色調變化，表達數據的大小或強度。
- 通常，數據值越高，顏色越深（例如紅色）；數據值越低，顏色越淺（例如藍色）。

❏ **直觀展示數據模式**
- 熱力圖適合展示大規模數據集中值的分佈情況。
- 容易發現數據的異常值、趨勢和群集（Clusters）。

❏ **應用範圍廣泛**
- 地理數據：用於地圖上表示人口密度、氣候變化或其他地理相關數據。
- 相關性矩陣：用於統計學和機器學習中，展示變數之間的相關性。
- 業務數據：分析網站訪問行為，像是熱區（Click Heatmap）。

❏ **靈活的可視化表現**
- 支援不同的網格大小和顏色映射（Color Mapping）。
- 能結合其他圖表（如地圖、時間序列等）共同展示數據。

❏ **適合多維數據**
- 熱力圖可以在表格或矩陣形式中展示多維數據的比較，例如產品銷售額與時間、地區的關係。

10-4 熱力圖分析與應用

❏ **色彩設計的重要性**

● 熱力圖的可讀性與色彩設計密切相關。

● 選擇適合的顏色漸變能讓圖表更易於解讀，避免過度鮮艷或低對比的顏色搭配。

所以熱力圖是一種快速、直觀且功能強大的數據可視化工具，特別適合展示複雜數據的分佈和模式。

10-4-2　認識數據 invest.csv

在 ch10 資料夾有 invest.csv 檔案，這個檔案內容如下：

	A	B	C	D	E
1	年份	Apple (AAPL)	Microsoft (MSFT)	10 年期國債	黃金 (GLD)
2	2015	-3.01%	22.69%	2.14%	-10.42%
3	2016	12.48%	15.08%	2.45%	8.56%
4	2017	48.46%	40.73%	2.41%	13.09%
5	2018	-5.39%	20.80%	2.69%	-1.58%
6	2019	88.96%	57.56%	1.92%	18.36%
7	2020	82.31%	42.53%	0.93%	25.12%
8	2021	34.65%	52.48%	1.52%	-3.64%
9	2022	-26.40%	-28.02%	3.88%	-0.28%
10	2023	49.01%	58.19%	4.43%	7.18%
11	2024	17.44%	10.96%	4.43%	5.23%

❏ **認識數據**

上述檔案內容說明如下：

● 數據結構：

　■ 檔案包含多年的數據記錄，一次為年份（如 2015、2016 … 等）。

　■ 後續列為各資產的年度報酬率，表示為百分比（例如 12.48%、-3.01% 等）。

● 主要資產：

　■ Apple (AAPL)：Apple 股份的年度報酬率。

　■ Microsoft (MSFT)：Microsoft 股份的年度報酬率。

　■ 10 年期國債：10 年期國債的報酬率。

　■ 黃金 (GLD)：黃金的年度報酬率。

- 數據格式：
  - 百分比形式的數據已轉換為小數（例如 12.48% 轉換為 0.1248），便於進行數值運算和相關性分析。
  - 數據之間呈現時間序列特性，適合進行年度比較和趨勢分析。

❑ 熱力圖呈現數據的理由

- 直觀展示資產之間的相關性：熱力圖利用顏色深淺表現不同資產的相關性，直觀呈現出哪些資產之間具有較強的正相關或負相關，幫助投資者迅速了解數據的關係。
- 資產組合管理的依據：資產相關性是投資組合管理的重要指標。低相關或負相關的資產可以降低組合的總風險，而高相關性則可能導致較大的波動。透過熱力圖，投資者可以評估組合內資產的相關性分佈，優化投資配置。
- 辨別潛在的避險資產：若某資產（如黃金）與其他資產的相關性普遍為負或低，可以被視為避險工具。熱力圖快速展示這些模式，幫助投資者識別避險資產。
- 找出可能的市場趨勢或異常：資產之間的高相關性可能反映了市場趨勢，而異常的低相關性或負相關性可能提示某些資產受到特定因素影響。熱力圖幫助快速定位這些特徵。
- 多維數據的有效呈現：資料檔案中的數據（如 Apple、Microsoft、黃金、10 年期國債）以多個維度記錄資產的年度報酬率。熱力圖是一種有效的方式，將這些多維數據的內在關聯性壓縮成易讀的圖表。
- 數據檔案的特性適合熱力圖：invest.csv 包含資產的年度報酬率，是連續型數據，且變化範圍相對固定（百分比範圍）。熱力圖能準確捕捉這些數據之間的數學相關性並視覺化。
- 輔助定量分析與決策：熱力圖是資產相關性矩陣的可視化工具，提供初步的數據洞察。在此基礎上，投資者可以進一步應用其他量化模型進行更深入的分析。

從上述可以知道使用熱力圖分析 invest.csv 檔案，不僅能清楚揭示資產之間的關聯模式，還能為投資決策提供直觀且有價值的視覺輔助。

10-4-3 用熱力圖呈現資產相關性

10-4 熱力圖分析與應用

實例 1：請輸入「請用上傳的中文字型和 invest.csv 檔案，繪製熱力圖顯示資產之間的相關性」。

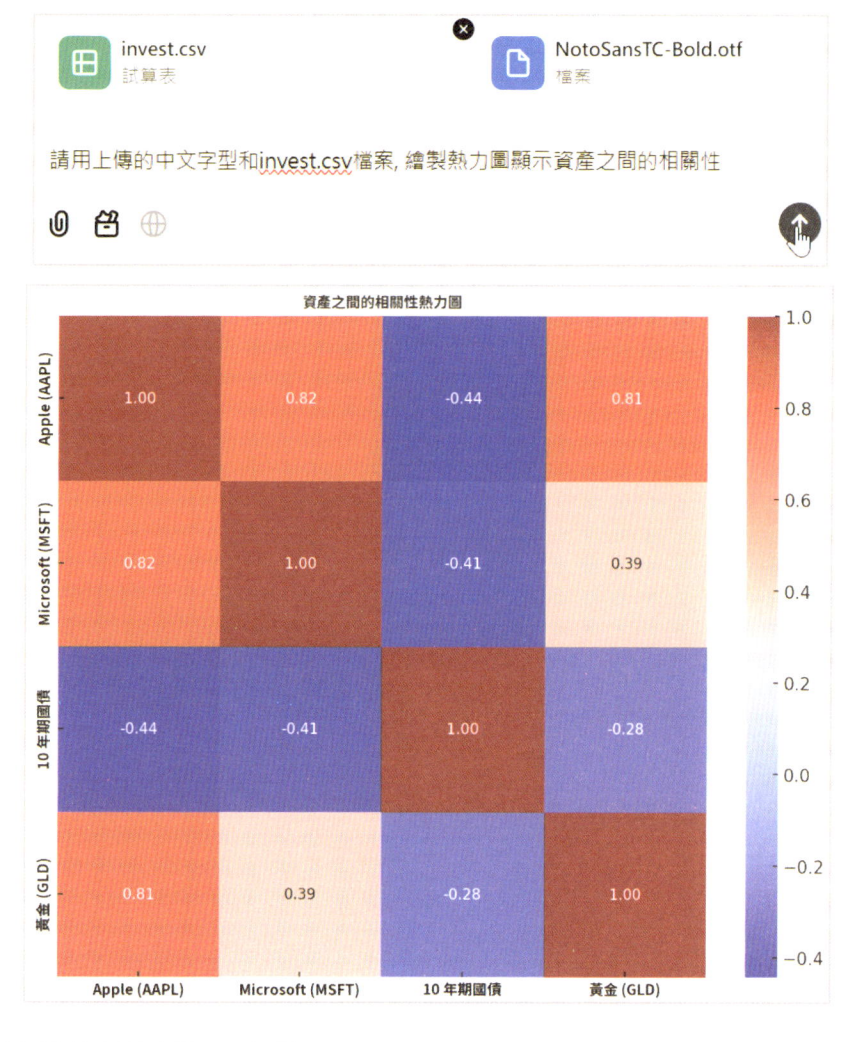

從上述熱力圖我們可以知道：

❑ **資產之間的相關性強度**

- Apple (AAPL) 與 Microsoft (MSFT)：
    - 這兩個資產之間的相關性顯著較高，顏色深紅。
    - 解釋：作為科技股的代表，它們的報酬率可能因類似的市場趨勢而同步變動，例如科技產業的增長或市場情緒影響。

- 10 年期國債與黃金 (GLD)：
  - 相關性較低甚至接近負相關，顏色較藍。
  - 解釋：這可能是因為這兩個資產通常被視為避險工具，在經濟不穩定時，投資者可能轉向其中之一而非兩者同時增加投資。

❏ 跨類別資產的相關性

- 科技股與避險資產：
  - Apple (AAPL) 和 Microsoft (MSFT) 與黃金 (GLD) 或 10 年期國債之間的相關性較低，顏色接近藍色或淡紅。
  - 解釋：科技股的波動更多與市場風險有關，而避險資產通常在市場下跌時表現良好，因此兩者呈現低相關性甚至負相關。

❏ 相關性模式的潛在意義

- 資產配置建議：投資組合中可考慮將科技股（AAPL、MSFT）與避險資產（黃金或國債）結合，因為這樣的配置可能降低整體波動性。
- 分散投資的機會：由於 10 年期國債和黃金 (GLD) 與科技股相關性較低，它們可以在組合中扮演對沖角色，降低單一資產類別下跌時的損失。

❏ 熱力圖的重要洞察

- 高相關性（紅色區域）：Apple 和 Microsoft 表現同步，適合用來捕捉科技板塊的整體趨勢，但不能有效分散風險。
- 低相關性（藍色區域）：黃金和 10 年期國債與其他資產相關性低，適合作為分散風險的工具。

上述熱力圖清楚顯示了不同資產間的相關性，提供以下關鍵建議：

- 多元化組合：利用低相關性資產（例如黃金與國債）與高報酬潛力的科技股搭配。
- 市場趨勢判斷：高相關性的科技股（Apple 和 Microsoft）適合用來捕捉科技產業的表現。
- 避險策略：在市場波動較大時，考慮增加低相關性的避險資產比例。

第 11 章

專案 (Projects) 管理功能

11-1　專案功能的核心概念

11-2　建立新專案的操作指南 – AI 投資分析股市

11-3　專案交談記錄編輯

11-4　專案實作範例與應用 – AI 分析均線

第 11 章 專案 (Projects) 管理功能

過去在與 ChatGPT 的對話中，雖然可以進行多次交流，但這些記錄通常是分散的，特別是在涉及多個主題或長期討論時，後續要回顧或搜尋某個特定主題的內容確實會變得不方便。

有了「專案」功能後，可以將同一主題相關的交談記錄、筆記和文件整合到一個專案中，形成有條理的結構。不僅能集中管理相關資訊，還能藉由搜尋功能快速定位特定內容，省去翻閱大量記錄的麻煩。這不僅提高了效率，也讓過去的交談內容能在未來發揮更大的價值。這樣的管理方式，無論是個人工作還是團隊協作，都非常實用！

本章將詳細介紹如何創建專案、組織內容及應用於各種場景，讓您充分發揮 ChatGPT 的潛能，簡化複雜工作流程。

11-1 專案功能的核心概念

ChatGPT 的「專案」（Projects）功能是一項為用戶提供系統化工作管理的創新工具。該功能旨在協助用戶將與某一任務或目標相關的所有對話、文件和資料集中到一個統一的專案中，提供高效的組織方式，避免資訊散亂或重複查找的情況。無論是個人工作還是團隊協作，「專案」功能都能幫助用戶更好地規劃、執行和追蹤工作。

11-1-1 專案功能的主要特點

❑ **資料集中化管理**
- 將相關的對話、筆記和檔案整合在同一專案中，形成一個全方位的訊息中心。
- 適用於多任務並行或需要長期追蹤的工作。

❑ **靈活的專案設置**
- 用戶可以自定義專案名稱、描述、類別和屬性，方便快速識別和分類。
- 支援根據需要隨時修改專案資訊。

❑ **高效的內容搜尋與過濾**
- 提供專案內部和跨專案的搜尋功能，幫助快速找到所需資料。
- 透過標籤或分類功能，讓內容管理更加有條理。

❑ 支援多專案並行
- 用戶可以同時建立並管理多個專案，並輕鬆在專案之間切換而不影響工作流程。
- 每個專案的資料彼此獨立，確保資訊的專屬性和隱私性。

❑ 整合與協作
- 與 ChatGPT 的其他功能（如筆記、文件上傳等）緊密結合，打造全方位的工作管理平台。
- 支援團隊協作模式，方便多用戶共同參與專案。

11-1-2 專案功能的核心價值

「專案」功能的推出，不僅提升了用戶在工作管理中的條理性與高效性，也拓展了 ChatGPT 作為生產力工具的應用範圍。它特別適合需要處理大量資訊或長期任務的用戶，幫助他們更好地應對複雜的挑戰。這使得 ChatGPT 不僅是一個對話助手，更成為強大的專案管理平台。

11-2 建立新專案的操作指南 – AI 投資分析股市

本節將逐步引導您如何在 ChatGPT 的「專案」功能中創建新專案。透過清晰的步驟說明，您將能輕鬆完成專案的建立，並有效管理與組織工作內容。

一個專案可以是一個研究主題，即使所有內容都由 ChatGPT 生成且沒有任何外部文件也無妨。概念如下：

- 專案主題：
    - 次主題內容 1
    - 次主題內容 2
    - 次主題內容 3

對於每個次主題，我們都可以在專案內與 ChatGPT 開啟相關的交談。如此一來，未來您將能輕鬆搜尋並檢索專案內容，提高工作效率與資料整合能力。這一節將以股市投資為例，建立專案「AI 投資分析股市」。

第 11 章　專案 (Projects) 管理功能

11-2-1　了解建立專案的步驟

實例 1：建立「AI 投資分析股市」專案。

1. 進入專案功能
   - 開啟 ChatGPT 側邊欄，找到「專案」（Projects）功能。

2. 開始建立新專案

   在 ChatGPT 側邊欄，點擊「新增專案」功能。

3. 填寫專案基本資訊

   在彈出的專案設定介面中，填寫專案名稱，請選擇簡潔且具有描述性的名稱，方便快速辨識專案內容。例如：「年度報告計畫」或「產品開發專案」。

   此例是填寫「AI 投資分析股市」。

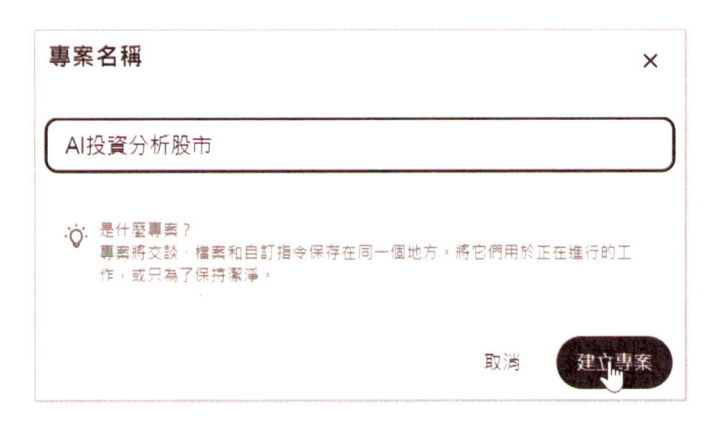

   請點選建立專案鈕，可以看到下列畫面，這就表示建立專案成功了。

11-2 建立新專案的操作指南 – AI 投資分析股市

此例，筆者點選「新增指令」，輸入「請用小學生可以懂的方式回應」。

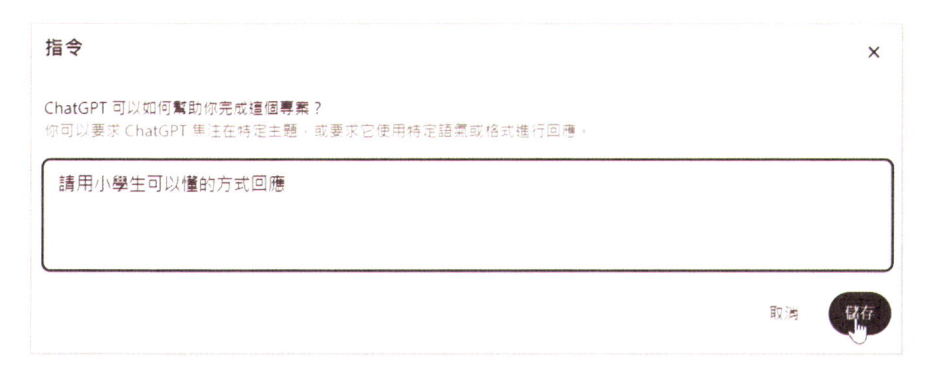

請點選儲存鈕，可以得到下列結果。

11-5

第 11 章　專案 (Projects) 管理功能

11-2-2　建立交談

上述我們可以直接建立交談主題與內容。

實例 1：建立第 1 筆交談，請輸入「請說明股市 K 線圖」。

執行後，可以得到下列出現新交談的結果。

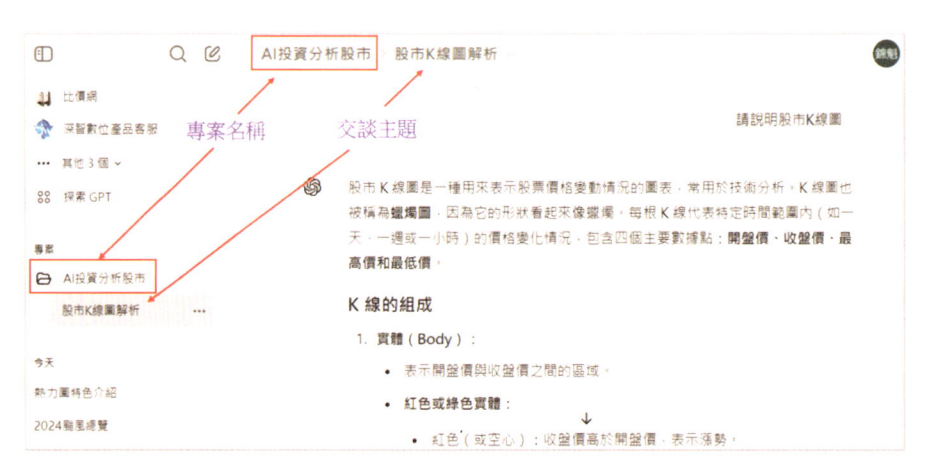

在上述交談主題下，讀者可以像往常一樣與 ChatGPT 聊天，完成後點選專案名稱可以回到專案環境。

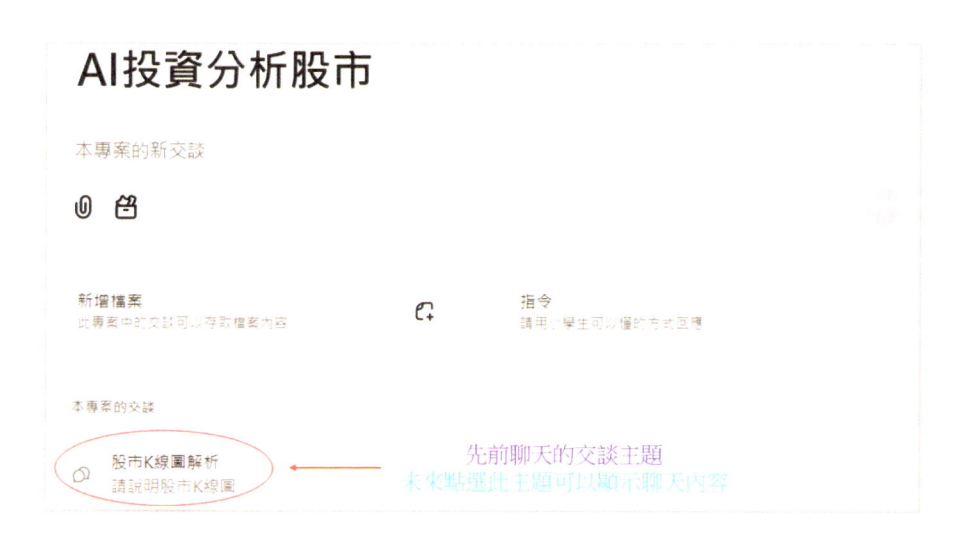

11-2 建立新專案的操作指南 – AI 投資分析股市

未來點選交談主題，可以進入交談主題環境。了解上述觀念後，可以依此原則建立其他交談主題。

11-2-3 其他交談主題加入專案

ChatGPT 也允許將已經有的其他交談主題加入專案。

實例 1：將「股價反轉現象分析」主題加入「AI 投資分析股市」專案。

請點選「股價反轉現象分析」主題右邊的圖示 … 。然後請執行新增至專案/AI 投資分析股市。

可以得到下列結果。

第 11 章　專案 (Projects) 管理功能

上述顯示「股價反轉現象分析」聊天主題，已經變成「AI 投資分析股市」專案內，其中一個交談主題了。

11-3　專案交談記錄編輯

經過前一節的內容，此時「AI 投資分析股市」專案內有 2 組交談記錄，分別是「股價反轉現象分析」與「股市 K 線圖解析」。

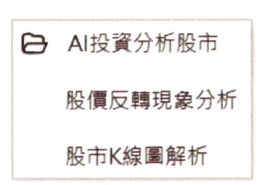

11-3-1　顯示與隱藏交談項目

側邊欄專案左邊的圖示 ␥ ，點選可以顯示與隱藏此專案的交談記錄。

11-3　專案交談記錄編輯

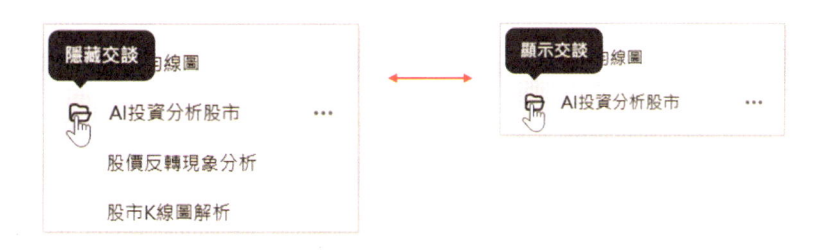

11-3-2　側邊欄單一交談記錄編輯

如果點選單一交談記錄的圖示 ⋯ ，可以看到下列指令：

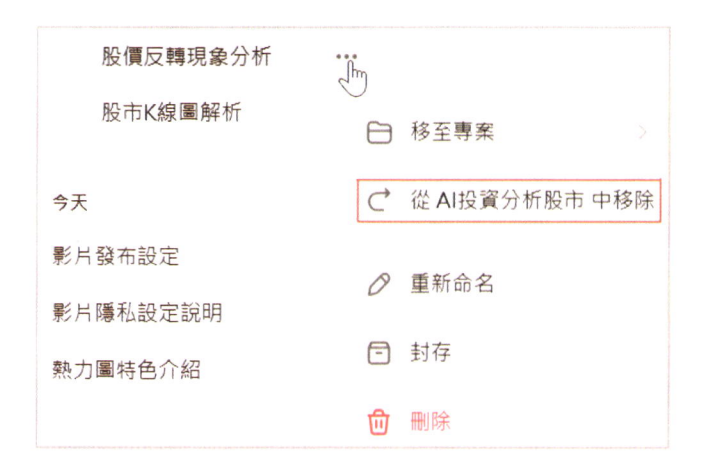

上述指令的名稱意義非常清楚了，其中「從 AI 投資分析股市 中移除」意義是，該交談項目會從此專案移除，但是仍保留在側邊欄位。

11-3-3　專案內部單一交談記錄編輯

若是將滑鼠游標移到專案內的項目，也可以看到圖示。

11-9

第 11 章　專案 (Projects) 管理功能

點選後可以得到與 11-3-2 節相同的指令選項。

11-4　專案實作範例與應用 – AI 分析均線

這個專案假設需要有下列文件：

- acer2024.csv：宏碁 2024 年股市開盤、收盤、最高價、最低價與成交量表。
- tsmc2024.csv：台積電 2024 年股市開盤、收盤、最高價、最低價與成交量表。
- NotoSansTC-Bold.otf：中文字型檔案

專案名稱是「AI 分析均線」，我們可以依照下列各節步驟建立。

11-4-1 建立專案

請點選側邊欄「專案」標題右邊的圖示 +，如下：

出現專案名稱對話方塊，請輸入「AI 分析均線」。

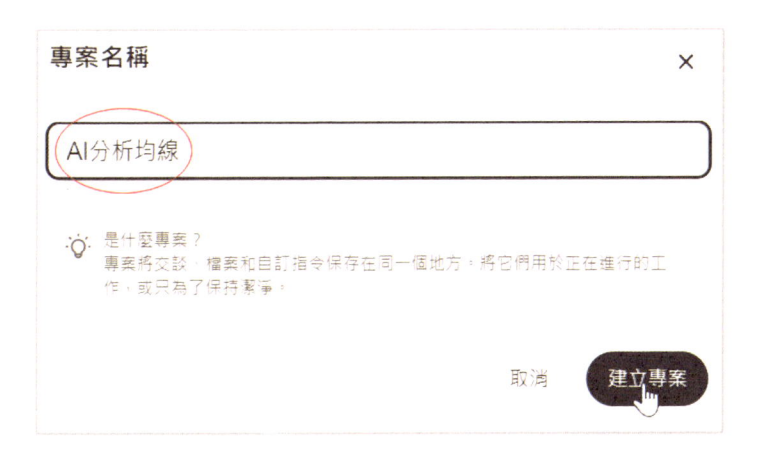

請點選建立專案鈕，可以得到所建立的專案。

11-4-2 新增檔案

請上傳 ch11 資料夾的 tsmc2024.csv 和 acer2024.csv 檔案，另外需上傳字型檔案中文字型檔案 NotoSansTC-Bold.otf。新增檔案過程會看到下列畫面：

上述畫面可以不必理會「可能無法存取」字串，按右上方的 關閉 圖示 ✕ ，就可以了，會看到下列結果。

11-4-3 新增指令

過去我們每一次要繪製圖表時，均須上傳中文字型，同時告訴 ChatGPT 圖表要用上傳的中文字型，現在專案已經有中文字型檔案，所以不用上傳中文字型檔案了。如果我們在「新增指令」欄位加上「圖表字型請用專案的 NotoSansTC-Bold.otf 中文字型」，這樣在輸入 Prompt 時，就可以省略重複告知使用中文字型。

11-4 專案實作範例與應用 – AI 分析均線

請點選新增指令，然後輸入如下：

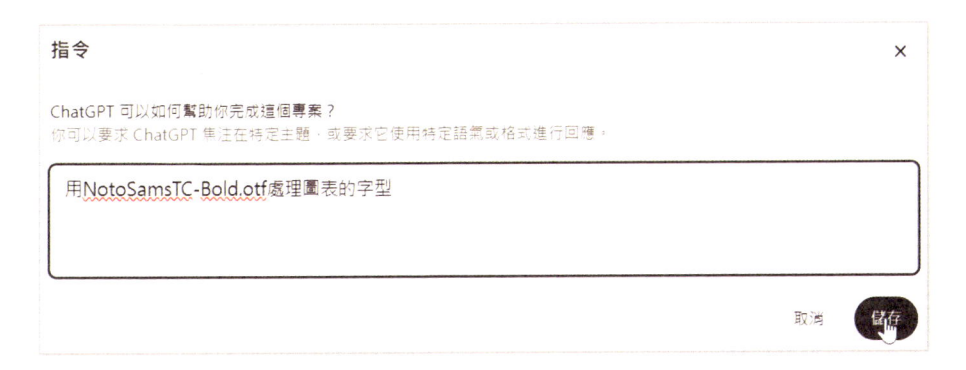

指令

ChatGPT 可以如何幫助你完成這個專案？
你可以要求 ChatGPT 專注在特定主題，或要求它使用特定語氣或格式進行回應。

用NotoSamsTC-Bold.otf處理圖表的字型

取消　儲存

請按儲存鈕，可以得到下列結果。

AI分析均線

本專案的新交談

專案檔案
3 檔案

指令
用NotoSamsTC-Bold.otf處理圖表的字型

11-4-4　專案交談實際測試

實例 1：請輸入「請用 acer2024.csv 繪製 2024 年 1 月至 11 月宏碁股票的 5 日, 20 日和 60 日收盤價的均線」。

> 請用acer2024.csv繪製2024年1月至11月宏碁股票的5日, 20日和60日收盤價的均線

11-13

第 11 章 專案 (Projects) 管理功能

這是宏碁股票在2024年1月至11月的5日、20日和60日均線圖表。若需要調整或添加其他分析，請告訴我！ [>-]

在上述繪製過程，因為 acer2024.csv 檔案已經上傳在專案內，所以我們可以省略再一次上傳檔案，同時在「指令」欄位已經告知要使用 NotoSans-Bold.otf 中文字型檔案。從上述可以得到，ChatGPT 已經依照我們的指示完成宏碁股票的 5 日、20 日和 60 日收盤價的均線繪製。

有了上述線圖，讀者可以用 AI 做更進一步的分析，細節不在本書討論範圍，讀者可以參考筆者所著「AI 投資理財賺錢術 – No Code 也能賺大錢」。

第 12 章

深入研究

12-1　啟用與限制

12-2　主要用途與核心能力

12-3　適合應用的情境

12-4　與一般搜尋引擎的不同點

12-5　台積電股價深入研究

12-6　適合深入研究的主題

第 12 章　深入研究

「深入研究（Deep Research）」是 ChatGPT 5 中新增的一個高階研究模式。當使用者啟用此功能時，ChatGPT 不僅是即時上網搜尋，而是會像一位研究助理一樣，進行多步驟、長時間的自動化調查。它會閱讀、篩選、比較並整合數十甚至上百個資訊來源，最後產出一份結構化的研究報告。

12-1　啟用與限制

12-1　進入與離開深入研究

點選輸入框的圖示 ✚，可以看到「深入研究」功能。

進入「深入研究」模式後，輸入框可以看到藍色「研究」字串。

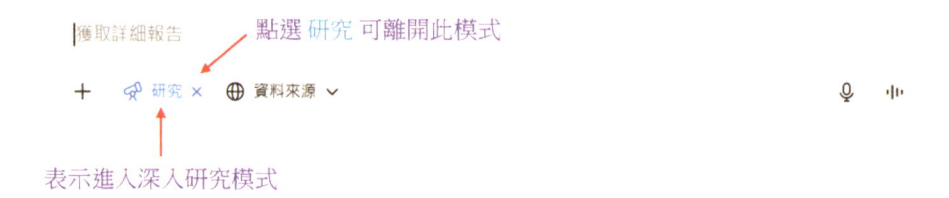

12-1-2　使用限制

目前 ChatGPT 的深度研究功能，由於每次使用涉及高昂的計算成本，其使用頻次受到配額限制尚未全面開放。它主要提供給部分付費用戶使用：

- ChatGPT Pro 用戶率先體驗，每月最多可執行 250 次深度研究。
- Plus/Team 用戶後續也將陸續獲得較少量的使用配額。

- 免費用戶當前僅有每月 5 次試用額度。

未來官方可能逐步放寬這些限制，但在目前情況下，重度使用者需留意查詢次數以妥善安排研究工作。

12-2 主要用途與核心能力

❏ 自動化深度研究

ChatGPT 5 的研究代理能執行繁瑣的多步驟研究任務。只需提供問題或題目，系統就會連結即時網路資料，搜尋、分析並整合數以百計的線上資訊，在短時間內產出具研究分析師水準的完整報告。它可以處理各種複雜問題，涵蓋文字、圖片以至 PDF 等不同形式的資料來源。相當於：

- 不只是單次查詢，而是「能拆解問題」→「設定子問題」→「逐一搜尋」→「彙整分析」→「形成結論」。
- 可同時處理來自新聞、數據庫、學術資料、PDF、圖片等不同來源的內容。

❏ 即時網路資料查詢

透過內建的網路搜尋能力，ChatGPT 能即時存取最新的資訊。例如：新聞事件、股票報價、天氣預報 ... 等，突破以往訓練資料時效的限制。這意味著使用者詢問當前趨勢或最新資料時，ChatGPT 可以上網找到最新結果並據此回答，同步掌握當下資訊脈動。

❏ 產品比較與最佳選項建議

ChatGPT 的研究功能擅長比較分析。它能彙整多個來源的評論和資料，客觀評比不同產品或方案的優缺點，提供經過論證的最佳選擇建議。例如，在購物決策上，它能綜合各大網站的評測來比較產品性能，給出適合個人需求的購買建議。每項推薦背後還會附上資料來源與理由說明，方便用戶了解推薦依據。

❏ 趨勢調查與資料分析

針對趨勢性問題或大量數據，ChatGPT 研究模式可以從各種報告、數據統計和新聞中提取關鍵資訊，找出隱含的趨勢與模式。它能跨越不同網站與資料庫蒐集資料，

進行縱深的趨勢分析和洞察，例如市場走向、產業變化或社群輿情等，最終給出有根據的結論和預測見解。藉由強大的推理能力，這項功能不僅查找事實，還能對資訊進行推論和聯繫，幫助使用者掌握全局走向。

❏ **多樣化格式呈現**

可輸出表格、清單、段落式報告，甚至結合圖表來輔助解釋。

12-3 適合應用的情境

❏ **旅遊規劃**

在規劃旅程時，ChatGPT 的研究代理可充當私人導遊。它能搜尋目的地的景點評價、當地天氣與交通資訊，彙整出完整的行程建議。例如，根據使用者偏好提供每日行程安排、美食推薦和注意事項等，一次性整合各方資訊，減少自行查找的時間。

❏ **報告撰寫與資料蒐集**

無論是商業報告、市場調查還是學術論文背景資料蒐集，ChatGPT 的研究功能都能派上用場。它可以代替你到網上搜尋相關文獻、數據報告與分析結果，匯總出一篇結構清晰的書面報告。這對需要撰寫深度內容的人士（如學生、研究員或商業分析師）特別有用，因為 AI 能短時間內整理出重點摘要並列出參考資料來源，協助完成初步的資料整理工作。

❏ **購物決策與產品研究**

計劃購買大宗商品（如汽車、家電、家具等）時，可以利用此功能獲取個人化的購買建議。ChatGPT 會替你瀏覽大量商品評測、價格比較和用戶評論，整理出不同選項的優劣勢分析。例如，想換手機時，它能比較各品牌型號的性能、價位和評價，最後提供最符合你需求的選擇建議，並引用資料來源佐證其建議的可信度。

❏ **產業分析與市場趨勢**

對於商業決策者和專業人士，ChatGPT 的深入研究模式可用來進行行業分析和趨勢預測。它能在金融、科技、政策等領域蒐羅最新的統計數據、業界報告和新聞。例如，可用於分析一個行業近年的發展變化、競爭態勢和未來機會。AI 將提供重點明確的分

析結果（附帶圖表或表格呈現數據）以及參考來源，幫助企業迅速掌握市場動態並做出策略判斷。

❏ 求職與職涯規劃

在找工作或職涯規劃情境下，ChatGPT 也能發揮作用。它可以調研目標公司的背景、企業文化和最新動態，整理出面試時可能用到的資訊；也能分析當前職場趨勢與熱門技能，為職涯發展提供建議。例如，為轉職人士找出目標產業的成長趨勢、平均薪資水準、必要技能等資訊，彙整成報告協助決策。這種整合資訊的能力可讓求職者更充分地準備和比較不同機會。

❏ 學術資料整理

對研究人員或學生而言，此功能可用來整理學術文獻和資料。給定一個研究主題，ChatGPT 將搜尋相關的學術論文摘要、統計數據和權威觀點，彙整出文獻回顧或摘要報告。它能快速瀏覽海量的期刊論文和專著內容，提取出共同發現、不同觀點以及研究空白點，幫助使用者在短時間內掌握某一學術議題的現有知識。此外，每項重要論點都會附上出處，使用者日後能追蹤參考原文

12-4 與一般搜尋引擎的不同點

❏ 整合資訊，一站式回答

相較於傳統搜尋引擎僅提供連結列表，ChatGPT 能將多個來源的相關資訊統整在單一回覆中。你無需逐一點開多個網站，即可直接獲得彙總後的答案。例如，針對一個複雜問題，搜尋引擎可能需要你閱讀數篇文章才能整理出結論，而 ChatGPT 會自動讀取這些文章並形成有條理的答案，大幅節省使用者整理資訊的時間。

❏ 附帶引註與推理過程

ChatGPT 的研究報告式回答中，每個重要論點後通常會附上資料來源引用，並簡述其推理過程。這點與一般搜尋結果形成對比，搜尋引擎通常不會告訴你結論來自哪裡。而 ChatGPT 則透明地標示資訊出處（例如新聞、論文或數據報告），方便你點擊查閱原始內容。透過引註機制，用戶可以驗證回答的可靠性，增加對結果的信任。

第 12 章　深入研究

❑ **對話式互動與追問**

ChatGPT 提供了對話式的使用體驗，你可以像和真人顧問對談一樣，逐步與 AI 討論問題：如果初次回答不夠完整，可以要求補充細節；如果需要不同角度的資訊，可以進一步追問。這種上下文連貫的互動，是傳統搜尋難以提供的。搜尋引擎每次查詢彼此獨立，無法記住你之前點過的內容，而 ChatGPT 可以記憶對話歷程並據此優化後續答案。此外，當問題不明確時，ChatGPT 還可能主動提出澄清問題，確保理解你的真正需求後再行研究。這種雙向溝通能力讓資訊搜尋過程更精準高效。

❑ **客製化格式與報告輸出**

ChatGPT 不僅能回答問題，還能根據需求以特定格式輸出結果，例如製作表格、項目清單或條列重點等。在研究模式下，AI 會產出結構清晰的報告，包括摘要、章節標題、重點項目，未來甚至能插入圖片或圖表來輔助說明。使用者也可在提問時要求 ChatGPT 以表格形式呈現數據比較，或以報告形式完整敘述分析。相比之下，一般搜尋引擎給出的資訊較零散，需自行整理。ChatGPT 則可一次產出排版良好的結果，方便直接引用或納入簡報。

❑ **能利用使用者提供的資料**

ChatGPT 的研究功能還支援上傳檔案作為輔助資訊來源。例如，你可以上傳一份公司的財報或一份研究數據表，ChatGPT 會將其內容納入分析範圍，與線上資料結合後給出更具針對性的結果。傳統搜尋引擎無法直接處理使用者上傳的檔案，而 ChatGPT 則能將你提供的材料與網路知識相互印證，產出高度相關且量身打造的建議。

12-5　台積電股價深入研究

如果使用一般 AI 聊天，坦白說無法處理下列 Prompt。

「請繪製台灣證券交易所 2330.TW，台積電股票 2025 年 1 月到現在的收盤價格折線圖，週線、月線和季線，同時請說明今年以來的買賣點。」

但是我們可以用「深入研究」功能處理此 Prompt，進入「深入研究」後，請輸入此 Prompt，將看到下列畫面：

12-5 台積電股價深入研究

> 請繪製台灣證券交易所2330.TW，台積電股票2025年1月到現在的收盤價格折線圖，週線、月線和季線，同時請說明今年以來的買賣點。
>
> 了解，我將為您整理台積電（2330.TW）自2025年1月以來的收盤價格走勢圖，包含週線、月線與季線，並分析今年以來的重要買賣點，依據技術指標與市場走勢解讀。
> 稍後會提供圖表與詳細說明供您參考。
>
> Research completed in 11m · 22 個資料來源 · 71 次搜尋 ← 會不斷更新所花時間, 搜尋來源個數, 搜尋次數

這是一個高度複雜的 Prompt 工作，它不只是單純「繪圖」，還包含「資料抓取」→「數據處理」→「圖表生成」→「金融分析」→「報告撰寫」這一整個流程。整個工作細節包含：

- 資料來源要求
    - 需要即時或近即時的股票數據（2330.TW 台積電，2025/1 至今）。
    - ChatGPT 必須能夠存取台灣證交所或雅虎股市等資料來源 → 需要網路搜尋或 API 支援。
    - 複雜度：高（因為涉及到資料抓取與最新性）。
- 資料處理與轉換
    - 原始股價資料通常是日線，需要轉換成「週線、月線、季線」。
    - 必須先進行時間序列的 resample / aggregate。
    - 複雜度：高（需要數據處理與金融分析知識）。
- 資料視覺化
    - 繪製「折線圖」，而且同時包含三種不同時間週期的收盤價。
    - 要確保圖表清晰可讀（可能需要多條線或多個子圖）。
    - 複雜度：中。
- 投資分析（買賣點判斷）
    - 必須依據價格走勢、均線變化，判斷「買點」與「賣點」。
    - 涉及到基本技術分析（如均線交叉、支撐/壓力、成交量配合）。
    - 需要 AI 主動做出 金融解讀，而不只是畫圖。

12-7

第 12 章　深入研究

- - 複雜度：高（需要金融專業 + AI 推理）。
- 自然語言報告
  - 除了圖表，還要輸出一份分析說明（用文字描述買賣點）。
  - 必須整合數據與金融知識，用自然語言清楚表達。
  - 複雜度：中高。

在「深入研究」模式，經過約 20 分鐘，我們可以得到下列結果。

台積電 2025 年迄今收盤價走勢與關鍵買賣點分析

週線收盤價格走勢 (Weekly Trend in 2025)

圖 1： 2025 年迄今台積電 (2330.TW) 每週收盤價走勢圖。從週線角度觀察，股價在第一季大幅波動，先於 1 月初達到高峰後迅速走弱，至 3 月底觸及低點，隨後在第二季展開明顯回升趨勢。如圖所示，台積電股價 1 月上旬創歷史新高接近 NT$1,185（8月8日收盤價達1,180元的新高 tw.tradingview.com），但隨後受獲利了結和市場雜音影響，週線連續數週下跌，第一季累計下跌約17% forbes.com。特別是在 3 月底，週線收盤價一度跌至約 NT$910 finance.yahoo.com。第二季開始後，股價止跌回穩並逐漸走高，週線呈現一系列較高的高點與低點，顯示多頭趨勢形成。進入第三季後，週線走勢維持強勢上揚，7月至8月中又再創波段新高至 NT$1,185 附近 tw.tradingview.com。

> **註** 上述右邊圖表可以點選展開，下方圖表觀念亦同。

月線收盤價格走勢 (Monthly Trend in 2025)

圖 2： 2025 年迄今台積電每月最後一個交易日的收盤價走勢。從月線角度可清楚看出今年股價經歷了「先抑後揚」的轉折。1月份在AI需求帶動樂觀情緒下股價衝高，月收盤約在 NT$1,135 左右。然而 2~3 月隨著市場對半導體景氣疑慮升溫，台積電股價連續兩月下挫，3月31日收盤跌至 NT$910 finance.yahoo.com，較年初高點回落近兩成 forbes.com。自4月份起，隨著第一季財報發布及AI、高效能運算需求的利多消息，股價止跌回升。第二季月線連續收紅：例如5月、6月分別站上約 NT$1,080 與 NT$1,060 附近。到了7月和8月，台積電股價再創新高，7月收在約 NT$1,160，8月中旬更升至 NT$1,180 上方的歷史高位 tw.tradingview.com。整體而言，月線走勢從第一季的下跌趨勢轉為第二、第三季的多頭走勢，呈現明顯的V形反轉。

12-5 台積電股價深入研究

季線收盤價格走勢 (Quarterly Trend in 2025)

圖3：2025年第1季至第3季（截至8月中）台積電季度收盤價走勢。第一季在1月衝高後走低，季末收於NT$910 finance.yahoo.com ，顯示整季趨勢偏弱。第二季隨著基本面轉佳，季末收盤回升至NT$1,060左右，單季漲幅約16%。進入第三季，在AI伺服器需求強勁和財報優於預期的帶動下，股價進一步走高，8月中已站上NT$1,180（較第二季末上漲約11%，較第一季末大幅反彈逾30% forbes.com）。季線圖顯示，今年前三季台積電經歷了先跌後漲的明顯走勢逆轉：Q1下跌、Q2強勁反彈、Q3持續創高。

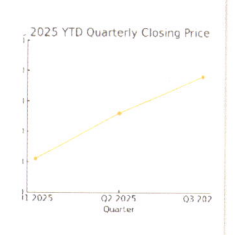

重要買點與賣點分析 (Key Buying and Selling Points in 2025)

- **1月初的高點（賣點）**：2025年開年不久台積電股價即衝至當時歷史新高附近（約NT$1,160～1,185），此時多項技術指標呈現超買跡象——14日相對強弱指數（RSI）預估已升破70，顯示市場過熱。股價亦明顯偏離中短期均線，上漲動能開始乏力。此外，依價值評估，分析師孫慶龍認為台積電合理價約在NT$962～1,061區間，超過NT$1,160則屬昂貴價 tw.stock.yahoo.com 。因此在1月上旬股價衝高時，技術面與基本面訊號均提示風險加大，是一個重要**賣出時機**。隨後股價果然出現轉折下跌，印證高檔獲利了結的必要性。

- **3月底至4月初的低點（買點）**：經過第一季的連番下挫，台積電於3月底4月初觸及全年迄今最低水準，3月31日收盤價僅NT$910 finance.yahoo.com 。此時日線與週線RSI預估跌至30以下，處於超賣區間，顯示短線跌勢可能過度。成交量也在3月下旬明顯放大，出現**恐慌性拋售**跡象，這通常是空頭趨勢尾聲的訊號。基本面上雖一度傳出與英特爾合資的不確定消息，導致ADR走弱並加劇恐慌 tw.stock.yahoo.com ，但實質影響有限。孫慶龍精算台積電的「便宜價」約在NT$862，若低於NT$763則屬大特價 tw.stock.yahoo.com 。當時股價雖跌破千元但尚高於便宜價，已逼近低估區間。這段期間市場情緒極度悲觀，反而提供長線布局良機 tw.stock.yahoo.com 。隨後4月中旬公布的財報優於預期，以及AI需求成長的利多消息出現，股價自此展開強勁反彈。因此，**3月底至4月初**可視為今年迄今最關鍵的**買進時機**。

- **5～6月的趨勢扭轉信號**：進入第二季後，台積電股價由跌轉升，在技術圖表上出現多頭反轉的確認信號。例如4月下旬開始，日線股價陸續突破**20日均線**與**60日均線**等重要均線壓力，並於5月上旬出現黃金交叉（短期均線上穿長期均線），顯示中期趨勢轉為向上。同時，MACD指標在4月間出現低檔向上交叉，紅色動能柱增強，配合成交量逐步放大，意味著買盤力量增強。這些技術指標的轉多訊號，讓**5月初**（股價重返千元關卡之際）成為第二波不錯的**加碼買點**。後續股價果然一路振盪走高，到6月中一度升至約NT$1,100上方。

- **7～8月的高檔（減碼/獲利了結點）**：經過第二季的強勁反彈，台積電在7月下旬至8月上旬又達到新的高峰。8月8日股價創歷史收盤新高 NT$1,185 tw.tradingview.com ，技術面出現超買和背離跡象：日線RSI再次接近70以上，MACD快線雖續揚但漲勢已有趨緩跡象，且量價呈現一定程度背離（價格創高但量能未同步放大）。另一方面，依前述估值區間，NT$1,185已超越昂貴價範圍 tw.stock.yahoo.com 。短線操作上，這段期間宜謹慎評估逐步**減碼獲利了結**。事實上，技術分析已在7月下旬發出警示訊號：7月25日當週出現**轉折K線**，之後股價一度小幅拉回 stockinvest.us 。雖然長線基本面仍佳，但短線漲幅較大，預期股價可能進入高檔震盪或技術性修正，因此8月上旬附近可視為今年迄今另一個重要**賣出點**或風險控制點。

總體而言，2025年台積電股價走勢可概括為「先揚-後挫-再揚」的形態。投資人若能結合技術指標與市場訊息，在年初高檔謹慎退出、第一季末低檔逢低布局，以及第三季高檔適時調節，將有機會有效把握波段操作的買賣點，提高整體投資績效。以上判斷依據均來自於今年股價走勢、技術面訊號以及市場公開資訊 tw.stock.yahoo.com tw.stock.yahoo.com ，投資時仍應注意控制風險，順勢而為。

第 12 章　深入研究

　　這份「深入研究」的輸出展現了相當完整的分析結構，涵蓋週線、月線與季線三個層次的圖表，並逐一解讀趨勢轉折。評論者可以看出，內容在技術指標（RSI、MACD、均線、成交量）與基本面估值之間取得平衡，讓讀者更容易理解台積電 2025 年的關鍵買賣點。

12-6 適合深入研究的主題

適合「深入研究」的主題，通常具有以下特點：

- 跨領域、跨來源（需要整合新聞、報告、數據）。
- 資訊快速變動（單靠靜態知識不夠）。
- 需要比較與分析（不只是找答案，而是要產出結論）。

下列是 5 個適合「深入研究」的主題，讀者可以測試與體會，或是修改部分內容改成適合自己的專題。

1. 全球 AI 工具市場發展趨勢
   - 調查 2025 年各大 AI 工具（如 Copilot、Claude、Gemini 等）的使用率、市場份額、應用領域。
   - 比較它們的優缺點、定價模式與未來發展方向。
   - 適合：AI 產業研究者、企業決策者。

2. 台灣再生能源發展現況與未來挑戰
   - 探索太陽能、風能、氫能的政策支持、產業投資與技術突破。
   - 分析台灣能源轉型中的瓶頸（如土地、儲能技術）。
   - 適合：能源產業、政策研究者、學生。

3. 電動車產業鏈比較 - Tesla、BYD 與傳統車廠
   - 收集不同車廠在電池技術、銷售數據、充電基礎建設上的差異。
   - 比較財報與市場佔有率，分析未來 5 年的競爭格局。
   - 適合：投資人、產業分析師。

註　BYD 是大陸比亞迪股份有限公司，BYD 名稱由來是 Build Your Dreams。

4. 東亞國家的人口老化與勞動力挑戰
   - 調查台灣、日本、韓國在少子化與高齡化問題上的現況。
   - 整合政府政策、經濟衝擊與移民勞工的角色。
   - 適合：學術研究、公共政策探討。
5. 2025 年全球網路安全威脅與防禦策略
   - 搜集近年的重大資安事件（勒索病毒、AI 偽造、國家級攻擊）。
   - 比較各國防禦策略與企業最佳實踐。
   - 適合：資安專家、企業管理層。

第 12 章 深入研究

第 13 章

AI Agent 的雛形 ChatGPT 任務

13-1　任務 (Tasks) 主要功能

13-2　設定任務原則與建議

13-3　建立任務實例

13-4　任務通知

13-5　任務是 AI Agent 的雛形

13-6　任務的應用範例

第 13 章　AI Agent 的雛形 - ChatGPT 任務

　　ChatGPT 的「任務」(Tasks) 功能。這功能讓 ChatGPT 從傳統的聊天機器人進化為具有排程管理能力的數位助理，被視為 OpenAI 邁向 AI 智能體 (Agent) 的重要一步。

　　簡而言之，「任務」功能讓 ChatGPT 更像一個 AI 秘書：能按照設定好的時間自動提供資訊或提醒事項，例如每天定時彙整新聞、回報匯率、整理市場行情，甚至主動提醒重要行程。這種主動推送能力與一般對話模式形成鮮明對比，傳統聊天需要使用者逐一提出問題，而任務則可以在未來指定時間自動產生回覆內容，哪怕使用者當下不在線上。

13-1 任務 (Tasks) 主要功能

13-1-1 基礎觀念

❑ **任務排程與提醒**
- ChatGPT 可以根據用戶設定的時間和需求，執行客製化的提醒或任務。
- 無論是單次提醒或重複性的日常行程，ChatGPT 都能準時發送通知，協助用戶管理時間。

❑ **自動化流程**
- 用戶可以設定自動化的工作流程，例如定期生成報告、追蹤新聞、或是進行資料整理。
- 這項功能有助於提高工作效率，讓用戶能將精力集中在更重要的任務上。

❑ **多樣化的應用**

ChatGPT 的任務功能應用廣泛，包括：
- 個人行程管理：設定每日提醒、養成習慣。
- 工作流程自動化：定期生成報告、追蹤專案進度。
- 資訊收集與整理：自動抓取新聞、整理資料。

13-1-2 使用方式

　　用戶需要使用付費版的 ChatGPT（例如 ChatGPT Plus、Team 或 Pro）才能使用這項功能。使用方式如下：

- 在 ChatGPT 對話框中,用戶可以輸入指定時間和提醒內容,ChatGPT 會自動建立任務。
- 時間到達時,ChatGPT 會透過 App 通知或電子郵件提醒用戶。

總而言之,ChatGPT 的「含計畫的任務」功能是一項強大的工具,有助於用戶提升效率,管理時間,並且能夠自動化的執行重複性工作。

13-2 設定任務原則與建議

13-2-1 任務類型

ChatGPT 任務功能目前主要支援兩大類型的觸發方式,「一次性任務」與「週期性任務」。

❏ **一次性任務**

在指定未來某個時間執行一次的任務。例如,設定「明天上午 10 點提醒我參加專案會議」,ChatGPT 將在指定的未來時間點執行一次該提醒任務。

一次性任務適用於各種特定事件提醒:

- 重要會議
- 親友生日
- 特定時間收看中華隊比賽

在任務執行完畢後,系統會將其標記完成,不再重複執行。

❏ **週期性任務**

按照設定的週期反覆執行的任務。使用者可以設定任務每日、每週、每月甚至更自訂的頻率執行。

- 每天早上 8:30 通知「台積電 ADR」價格。
- 每天早上 7:00 通知「台北天氣報告」。

13-2-2 使用 ChatGPT「任務」功能的建議

- 明確指令:清楚描述任務內容、時間和頻率。

- 善用重複設定：對於重複性任務，設定自動重複執行。
- 結合其他工具：將 ChatGPT 任務功能與手機行事曆、備忘錄等工具結合使用。

13-3 建立任務實例

2025 年「任務」功能剛推出時，有一個 AI 模型是「含計畫任務的 GPT-4o」，現在這個功能已經整合到 ChatGPT 5 內，我們可以直接啟用。

13-3-1 建立與查看任務

❏ 建立任務

要新增任務，可以在 ChatGPT 5 的對話框中輸入，例如：

- 「每天早上 8:30 告訴我「台積電 ADR」的收盤價」
- 「每週一上午 10 點總結最新 AI 工具新聞」

實例 1：建立「每天早上 8:30 告訴我「台積電 ADR」的收盤價」。

```
每天早上8:30告訴我「台積電ADR」的收盤價

回報台積電 ADR 收盤價
於每天的 上午8:30              ⋯  ← 更多指令

完成！我已設定每天早上 8:30（亞洲 / 台北）提醒你台積電 ADR（TSM）的最新收盤價
與前一日漲跌百分比，並附上主要來源連結。
需要調整時間或改成只在交易日提醒，都可以跟我說。
```

上述任務右邊有更多指令圖示 ⋯，此部分將在下一小節介紹。

❏ 顯示任務

如果你想自己查看清單，請在聊天裡輸入其中一句（系統會回覆你的清單）：

- 「顯示任務列表」
- 「查看我的任務」
- 「列出目前的排程」

13-3　建立任務實例

實例 2：查看我的任務。

> 查看我的任務
>
> 已思考 19s
>
> 以下是你目前已建立的「任務」：
>
> 1. 回報台積電 ADR 收盤價（TSM）
>   — 時間：每日 08:30（亞洲/台北）
>   — 狀態：啟用中
>   — 內容：回報最新收盤價（USD）與前一日漲跌百分比，並附主要來源連結。
>
> 需要我把它改成「僅交易日提醒」、更改時間、暫停或刪除嗎？

13-3-2　任務 - 更多指令

點選任務右邊的更多指令圖示，將看到下列畫面：

> 回報台積電 ADR 收盤價
> 於每天的 上午8:30
>
> 完成！我已設定每天早上 8:30（亞洲/台北
> 與前一日漲跌百分比，並附上主要來源連結
> 需要調整時間或改成只在交易日提醒，都可
>
> ✏ 編輯
> ⏸ 暫停
> 🗑 刪除
> ⏱ 排程
>
> 電 ADR（TSM）的最新收盤價

❏ 編輯

讓您修改既有任務的內容。

- 可調整的項目包含：任務標題、提醒的文字內容、任務的觸發時間或頻率。
- 使用情境：例如原本設定「每天早上提醒背單字」，後來想改成「每天晚上提醒」或「提醒內容加上今日任務」，就可以透過「編輯」來修改，而不需要刪掉重建。

下列是「回報台積電 ADR 收盤價」，點選時將看到的畫面。

13-5

第 13 章　AI Agent 的雛形 - ChatGPT 任務

編輯排程

名稱

回報台積電 ADR 收盤價

指令

Search for the most recent **TSMC ADR (ticker: TSM)** closing price and tell me the value in USD **and** the percent change vs the prior close. If the U.S. market has not closed yet, report the **last completed close**. Include the primary source link (e.g., exchange or major financial site). Keep it to one concise paragraph.

時間

每天　　　　　　　　　　　　　上午8:30

暫停　刪除　　　　　　　　　　　　　　　　　　取消　儲存

- ❏ **暫停**

  暫時停用任務，但保留其設定。

  - 效果：被暫停的任務在指定時間不會觸發提醒，直到使用者手動恢復。
  - 使用情境：例如出國旅行一週，不需要每日提醒，就可以暫停該任務，回國後再恢復使用。

- ❏ **刪除**

  永久移除任務。

  - 效果：一旦刪除，該任務的所有設定與排程都會消失，無法再復原。
  - 使用情境：任務已經不再需要，例如「提醒繳交某月帳單」已完成，就可以刪除，避免清單中堆積。

- ❏ **排程**

  列出你目前的任務排程，例如：筆者電腦用多了，可以看到多個排程。

```
已排程
⏱ Get US stock index report                    ↻ 於每天的 上午12時
⏱ Get Taipei weather report                    ↻ 於每天的 上午12:05
⏱ 回報台積電 ADR 收盤價                          ↻ 於每天的 上午8:30
```

13-3-3　設定功能 - 任務排程

2-3-2 節有介紹「設定」功能的「通知 / 任務」，畫面如下

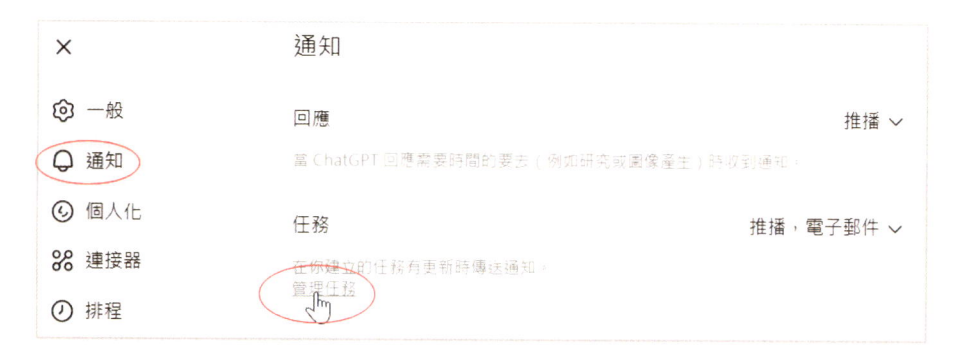

```
×                  通知
⚙ 一般             回應                                    推播 ∨
🔔 通知             當 ChatGPT 回應需要時間的要求（例如研究或圖像產生）時收到通知。
⟳ 個人化           任務                                    推播, 電子郵件 ∨
⚏ 連接器            在你建立的任務有更新時傳送通知。
⏱ 排程              管理任務
```

點選可以看到前一小節列出的排程。

13-4　任務通知

❏ **ChatGPT 回應**

當任務指定時間到時，ChatGPT 會自動執行此任務，筆者得到下列結果：

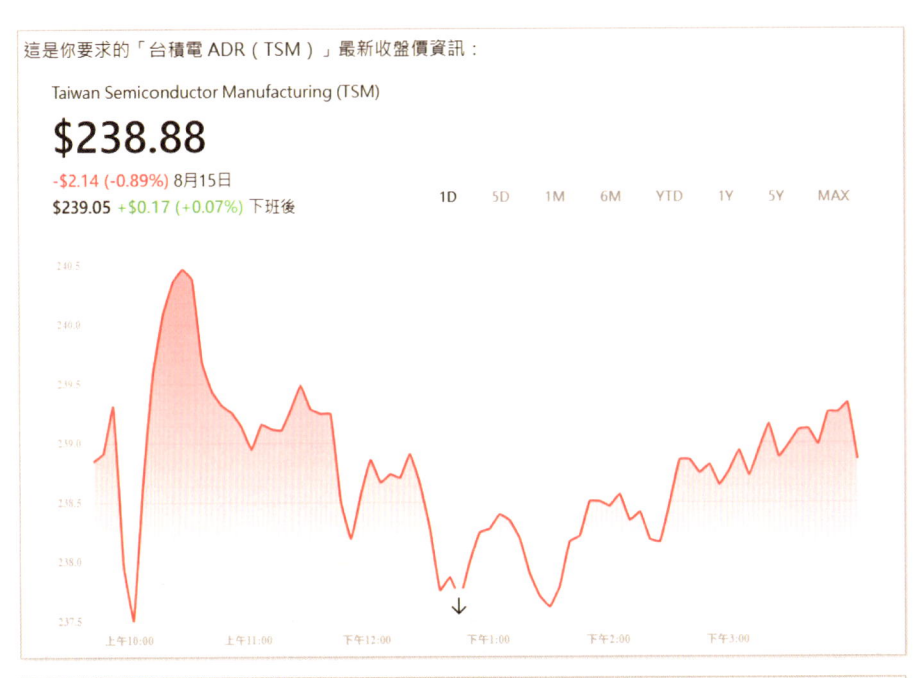

第 13 章　AI Agent 的雛形 - ChatGPT 任務

> 這是你要求的「台積電 ADR（TSM）」最新收盤價資訊：
>
> Taiwan Semiconductor Manufacturing (TSM)
>
> **$238.88**
>
> -$2.14 (-0.89%) 8月15日
> $239.05 +$0.17 (+0.07%) 下班後
>
> | 開啟 | 240.25 | 日最低價 | 237.36 | 年最低價 | 134.25 |
> |---|---|---|---|---|---|
> | 量 | 815.5萬 | 日最高價 | 240.76 | 年最高價 | 248.28 |
>
> - 收盤價：238.88 USD（美東時間 8/15 收盤）
> - 漲跌幅：收跌 2.14 USD，跌幅約 0.9%
> - 盤中區間：最高達 240.76 USD，最低 237.36 USD
>
> 如需其他資訊（例如過去一週或一月趨勢、技術指標等），也歡迎告訴我，我可以幫你一起分析。
>
> 以下是截至目前（2025-08-15，美東時間市後）台積電 ADR（代號：TSM）最近的收盤價狀況：
>
> - 收盤價：238.88 USD
> - 與前一交易日相比：下跌 2.12 USD，跌幅約 0.88 %
> - 來源：Finviz（展示最後收盤資料）以及 Wall Street Journal（提供具體數字）

上述列出台積電 ADR 收盤價與漲跌幅。

❏ 電子郵件通知

除了 ChatGPT 視窗通知外，也會用電子郵件通知，可以參考下方左圖。點選信件「檢視訊息」超連結，可以得到下方中間的通知訊息內容，往下捲動可以得到下方右圖的訊息內容。

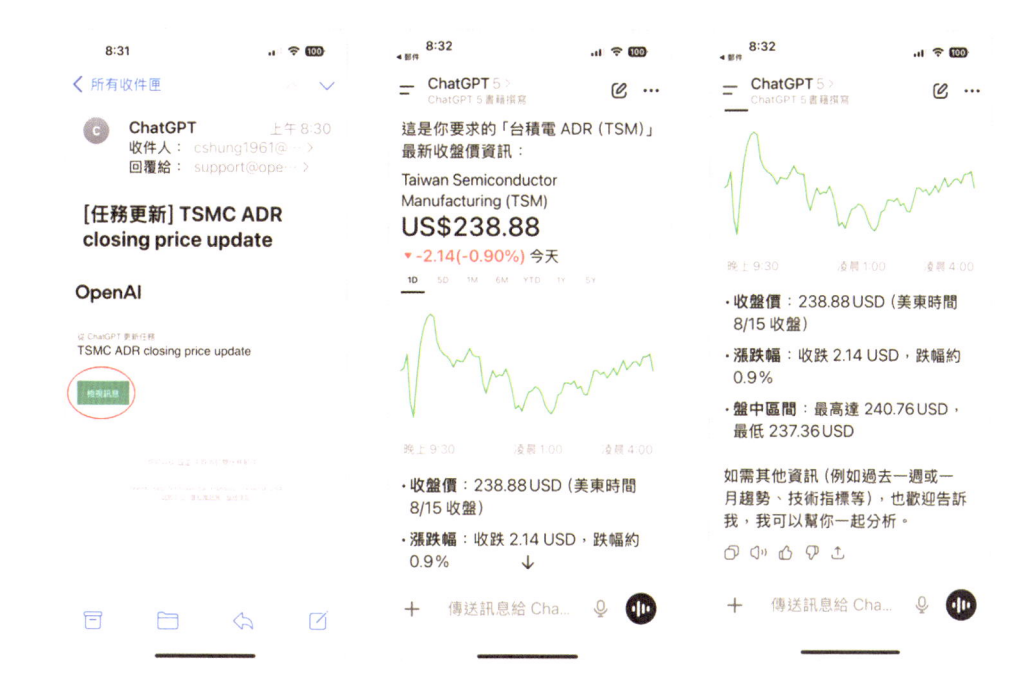

13-5 任務是 AI Agent 的雛形

13-5-1 AI Agent 的定義

AI Agent 指的是能夠感知環境、做出決策、並執行行動的智能體。它通常具有以下特性：

- 感知能力：能夠接收和理解環境中的資訊。
- 決策能力：能夠根據目標和環境做出決策。
- 行動能力：能夠執行行動，改變環境。
- 自主性：能夠在一定程度上自主執行任務。

13-5-2 ChatGPT「含計畫的任務」與 AI Agent 的關聯

- 感知能力：ChatGPT 能夠接收用戶的指令和時間設定，這相當於感知環境。
- 決策能力：ChatGPT 能夠根據設定的時間，決定何時發送提醒或執行任務。

- 行動能力：ChatGPT 能夠發送提醒通知，這相當於執行行動。
- 自主性：ChatGPT 能夠在用戶設定後，自主執行任務，無需持續的人工干預。

13-5-3 為何說「任務」是 AI Agent 的雛形

從這些前面描述特性來看，ChatGPT 的「含計畫的任務」功能，確實具備了 AI Agent 的部分特徵。但是，也需要注意：

- 目前的 ChatGPT 任務功能，還相對簡單，主要集中在提醒和自動化流程上。
- 真正的 AI Agent，可能需要更強大的感知、決策和行動能力，才能夠應對更複雜的環境和任務。
- OpenAI 也正積極朝著 AI 代理人的方向做發展，2025 年初發表了「Operator」結合超強技能，來強化 ChatGPT 的自動化功能，能協助用戶完成包括規劃旅行、填寫表單、預訂餐廳及網路購物等日常任務。ChatGPT 5 則用「代理程式模式」，讓 AI Agent 正式登場，將在第 16 章說明。

總而言之，ChatGPT 的「含計畫的任務」功能，可以說是 AI Agent 的一個雛形，它展現了 AI 在自主執行任務方面的潛力。

13-6 任務的應用範例

❑ 個人行程管理
- 每日提醒
    - 設定每日早上 7 點提醒「喝一杯水」，晚上 10 點提醒「準備睡覺」。
    - 設定每週一早上 9 點提醒「檢查本週工作排程」。
- 習慣養成
    - 設定每日晚上 8 點提醒「練習 15 分鐘的語言學習 App」。
    - 設定每週三下午 6 點提醒「去健身房運動」。
- 重要事項提醒
    - 設定在特定日期提醒「繳交信用卡帳單」、「預約牙醫」。
    - 設定在出發前一天提醒「打包行李」。

❏ 工作流程自動化

- 定期報告
  - ■ 設定每週五下午 5 點自動生成「本週工作進度報告」。
  - ■ 設定每月初自動整理「上月銷售數據」。
- 專案追蹤
  - ■ 設定每日早上 10 點自動檢查「專案進度更新」。
  - ■ 設定在專案里程碑日期前三天提醒「準備專案報告」。
- 資訊收集
  - ■ 設定每日早上 8 點自動抓取「特定產業新聞」。
  - ■ 設定每週一自動整理「競爭對手動態」。

❏ 學習與研究

- 複習提醒
  - ■ 設定在學習新知識後，定期提醒「複習重點」。
  - ■ 設定在考試前一週，每日提醒「複習考試範圍」。
- 研究資料整理
  - ■ 設定在特定時間自動整理「研究文獻摘要」。
  - ■ 設定在特定時間自動收集「相關研究數據」。

❏ 生活娛樂

- 節日提醒
  - ■ 設定在親友生日或節日前提醒「準備禮物」。
  - ■ 設定在特定節日提醒「查看節日活動資訊」。
- 娛樂提醒
  - ■ 設定在喜愛的節目播出前提醒「觀看節目」。
  - ■ 設定在特定日期提醒「參加線上活動」。

第 13 章　AI Agent 的雛形 - ChatGPT 任務

第 14 章

畫布 (Canvas) AI 協同寫作

14-1　協同寫作的革命 - 創作模式的智慧變革

14-2　流暢切換 - 進入與離開畫布環境

14-3　深入探索 - AI 協同寫作畫布環境導覽

14-4　情感與風格增強 - 插入表情符號與視覺元素

14-5　無縫整合 - 儲存至 Word 文檔

14-6　新建文案「AI 發展史」- 手工編輯

14-7　多層次內容設計 - 幼稚園到研究所的閱讀等級調整

14-8　智慧調整 - 內容長度的自動與手動優化

14-9　編輯建議 - 內容優化的 AI 協作指南

14-10　最後的潤飾 - 創作成果的精緻打磨

第 14 章　畫布 (Canvas) - AI 協同寫作

畫布 (Canvas) 的協同寫作功能是 ChatGPT 一項創新的人工智慧應用，旨在幫助作家、內容創作者在寫作過程中提高效率。透過這項功能，用戶可以與 AI 即時互動，共同構思、編輯和潤色文字，從創意啟發到內容完善都變得更輕鬆。無論是撰寫專業報告、小說故事，還是市場行銷內容，ChatGPT 都能提供有深度的建議與靈感，確保寫作過程流暢順利，激發無限創意可能。這項功能將創意與技術完美結合，重塑了現代寫作的未來。

> **註** 我們也可以用畫布設計程式，這部分將在下一章解說。

14-1 協同寫作的革命 - 創作模式的智慧變革

14-1-1　內容創作的革命

協同寫作功能對創作者的最大差異，從單向回應到動態編輯。

❑ **從「一次性回應」到「多輪編輯」**

過去 ChatGPT 提供的回應是靜態的、一次性的，無法直接修改原文，創作者需自行整理並重新提出需求。這導致修改過程繁瑣，甚至可能在多輪對話後出現內容混亂。有了協同寫作後的改變是：

- 動態編輯：創作者可以直接修改 ChatGPT 生成的內容，讓 AI 即時參考新修訂的文本。
- 內容更新：修改後的內容成為新的創作基礎，AI 能夠基於最新版本進一步優化。

❑ **從「單向指令」到「雙向互動」**

過去用戶需使用明確的指令來控制 ChatGPT 的回應，容易出現理解偏差。有了協同寫作後的改變是：

- 即時互動：AI 能夠基於用戶的即時變更和反饋進行編輯。
- 靈活引導：創作者可以引導 AI 強化某段文字、調整語氣或擴展特定主題，實現雙向互動創作。

❑ **從「片段生成」到「全篇整合」**

以往 ChatGPT 生成的內容多為獨立段落，整合與潤色需由創作者手動完成。有了協同寫作後的改變是：

- **全篇編輯**：創作者能在一個整合平台上修改、增補和重組段落，AI 會自動進行內容連貫性和語法檢查。
- **一致性維護**：AI 能夠確保風格和語氣的一致性，減少人為編排錯誤。

❑ 從「被動回應」到「主動建議」

早期的 ChatGPT 僅在用戶詢問時回應，缺乏主動建議功能。有了協同寫作後的改變是：

- **智慧建議**：AI 能主動提出修改建議，提醒潛在錯誤或提供替代方案。
- **內容擴展**：根據用戶的編輯，AI 自動延伸段落或重寫，以滿足進一步的創意需求。

協同寫作功能的推出，讓內容創作的革命性變化，將 ChatGPT 從單純的 AI 助手轉變為創意夥伴。創作者不再需要在多輪對話中反覆提出指令，而是能夠通過動態編輯與 AI 即時合作，實現無縫協作、精準修改與深度創作，大幅提升了創作效率與內容品質。

14-1-2　適用場景

- **行銷與品牌內容創作**：撰寫與審核行銷計劃、社群貼文和產品文案。
- **學術與研究項目**：撰寫報告與論文，整合多方資料。
- **技術文件與操作指南**：編輯技術文件和產品手冊。
- **創意作品與出版專案**：小說、劇本、雜誌與電子書等創意寫作。

14-2　流暢切換 - 進入與離開畫布環境

進入畫布環境，可以執行文章創作或是程式碼編輯，本章主要是介紹文章創作。

14-2-1　進入畫布環境

開啟新交談後，點選輸入框的圖示 ＋ ，可以看到畫布選項。

第 14 章　畫布 (Canvas) - AI 協同寫作

點選畫布，可以進入畫布環境，此時輸入區可以看到藍色字串的畫布提示詞。

上述輸入的主題，會影響是進入文章創作，或是進入程式碼編輯環境。

14-2-2　離開畫布環境

在畫布環境時，點選畫布選項，就可以離開畫布環境。

14-3　深入探索 - AI 協同寫作畫布環境導覽

14-3-1　文案創作 - 北極光

實例 1：請輸入主題「北極光」，如下：

北極光

14-3 深入探索 - AI 協同寫作畫布環境導覽

> **註** 如果主題不完整,ChatGPT 只是建立該主題畫布,這時需要更完整描述生成的主題內容。

ChatGPT 會主動為此文案建立標題,此例所建立的標題名稱是 Aurora Exploration。未來關閉畫布區後,點選此交談標題,可以在最上層看到此文案標題,點選此標題就可以重新進入畫布編輯環境。

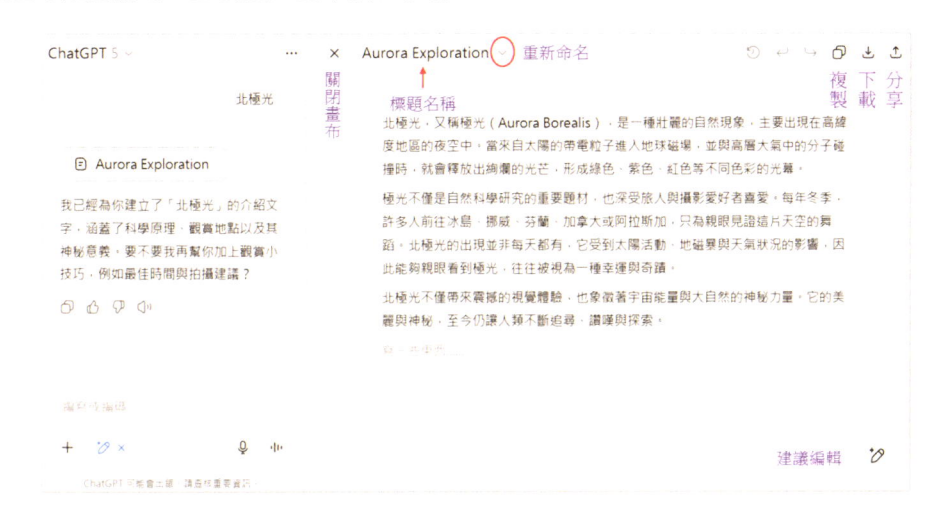

14-3-2　認識畫布環境

上述畫布環境幾個重要圖示功能如下:

- 關閉畫布 ✕:點選圖示 ✕,可以關閉畫布。
- 複製 ⧉:點選圖示 ⧉,可以複製創作內容。
- 下載 ⬇:可以選擇 PDF、Word 或 Markdown 文件格式下載。
- 分享 ⬆:可建立連結網址分享。
- 建議編輯 ✏:滑鼠游標放在此圖示 ✏ 上,可以顯示系列隱藏的編輯圖示,將在 14-4 節完整解說。

14-3-3　重新命名標題

在標題名稱右邊有圖示 ⌄,點選可以看到「重新命名」,請參考下方左圖。

第 14 章　畫布 (Canvas) - AI 協同寫作

請點選「重新命名」，輸入「北極光」，可以得到上方右圖新的標題名稱。

14-3-4　關閉畫布與重新開啟畫布編輯

請點選關閉畫布圖示 ✕，可以關閉畫布。未來聊天訊息，點選標題「北極光」。

上述點選後，就可以進入此標題的畫布環境。

14-4　情感與風格增強 - 插入表情符號與視覺元素

14-4-1　認識編輯功能

滑鼠游標放在建議編輯圖示 ✏️ 上，可以看到系列完整的編輯功能：

- 新增表情符號
- 加上最後的潤飾
- 閱讀等級
- 調整長度

14-4-2 新增表情符號 – 文字

ChatGPT 畫布上的「新增表情符號」功能，為使用者提供了一個更豐富的文字創作工具。透過巧妙地運用表情符號，可以讓生成的文字內容更具個性、更具感染力。點選新增表情符號圖示 🤞，可以看到如何新增表情的選項窗格。

有 4 個選項：

- 文字：任何文字區皆可以依據內容，插入表情符號或是用表情符號取代「內文」。
- 區段：只有在區塊段落才增加表情符號。
- 清單：只有在清單增加表情符號。
- 移除：移除文案所有表情符號。

此例，請執行文字，可以得到下列結果。

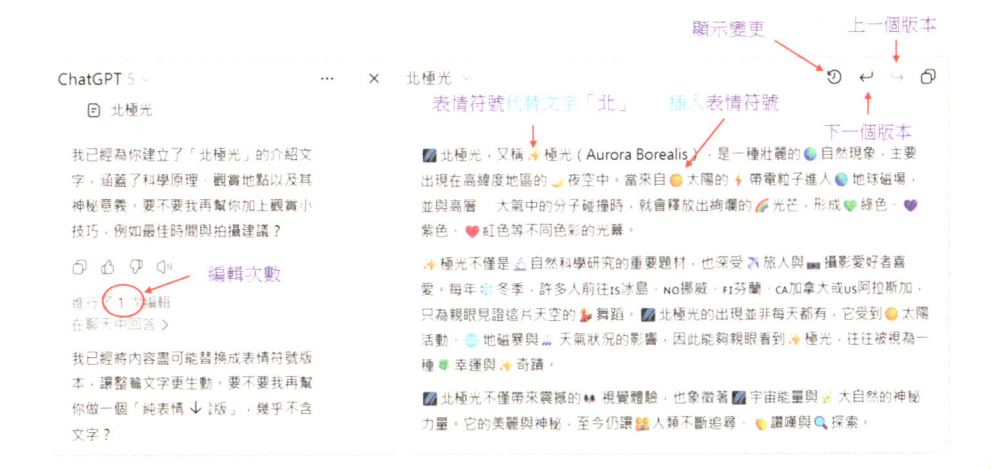

從上述可以得到有時候 ChatGPT 主動插入「表情符號」，有時候用「表情符號」取代原先的文字。當有編輯動作時，除了左邊的交談窗格會顯示編輯次數，畫布上方也增加了幾個功能圖示：

- 顯示變更 🕘：可以顯示所有的變更。
- 上一個版本 ↵：讓畫布顯示前一個版本的內容，可參考下一小節。
- 下一個版本 ↳：如果下一個版本存在，可以顯示下一個版本，可參考下一小節。

❑ 文案太多表情符號的缺點

讀者必須了解文案有太多表情符號也有下列缺點。

1. 降低專業性與可信度
   - 表情符號過多可能讓文案看起來過於隨意與輕浮，在商業、專業或正式文件中會影響品牌形象。
   - 實例：在企業公告或金融報告中，過多的表情符號可能讓讀者懷疑內容的可信度。

2. 阻礙閱讀流暢度
   - 連續的表情符號會使讀者「難以聚焦」在主要內容上，影響文案的可讀性。
   - 實例：在長篇說明文中，每句話都加入表情符號，可能導致視覺疲勞，讓人難以專注。

3. 意圖不明與誤解風險
   - 不同文化對表情符號的「解讀差異」可能引發誤會，特別是當表情符號頻繁出現時，可能混淆內容的情緒語調。
   - 實例：某些表情符號在不同國家具有不同含義，可能影響全球受眾的理解。

4. 視覺設計失衡
   - 過多的表情符號會影響「排版的美觀」與「整體設計感」，導致視覺混亂，降低文案的專業質感。
   - 實例：在廣告素材或行銷宣傳中，視覺設計應簡潔大方，過多的表情符號可能破壞視覺平衡。

5. 情感過度誇張
    - 文案的「語氣與情感表達過於強烈」，可能讓讀者覺得內容不真誠，甚至引起反感。
    - 實例：使用過多的「開心」「興奮」表情符號，可能讓促銷活動看起來不夠專業。

在文案創作中，適度使用表情符號 可以增強內容的 視覺吸引力與情感表達。然而，過度使用會影響 專業形象、可讀性與文化適應性，因此應謹慎平衡，根據內容的「語氣」、「目標受眾」與「品牌風格」進行適當設計。

14-4-3 版本控制

點選上一個版本圖示 ↵，可以看到復原為沒有表情符號內容的版本。

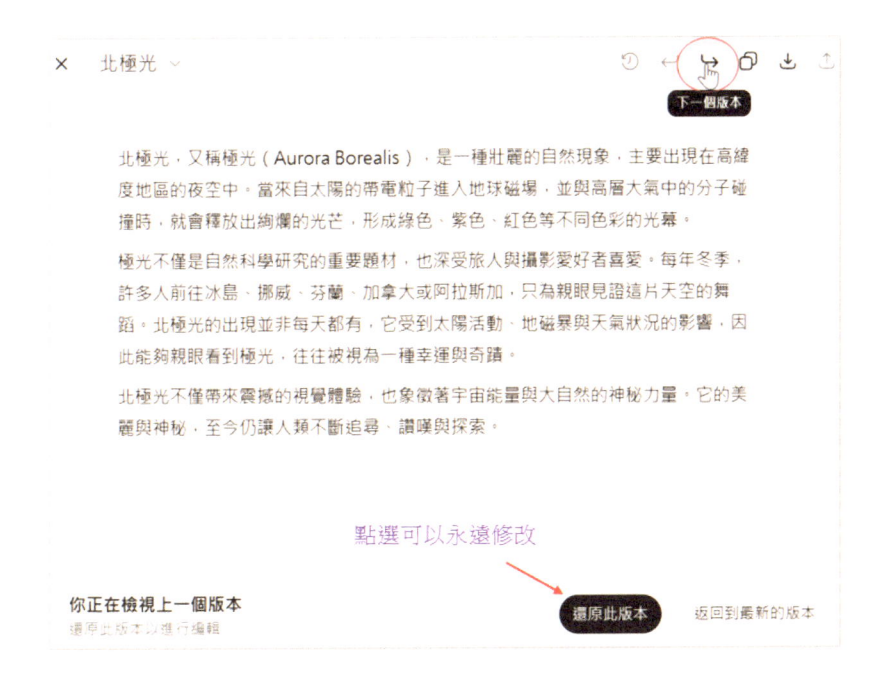

請點選下一個版本圖示 ↪，可以回到先前有表情符號的版本。

14-4-4 顯示與隱藏變更

顯示變更圖示 🕘 可以顯示所有的變更。

第 14 章 畫布 (Canvas) - AI 協同寫作

> ✖ 北極光 ∨　　　　　　　　　　　　　🕘[顯示變更] ↵ ↻ 🗐
>
> 🖼️北極光，又稱✨極光（Aurora Borealis），是一種壯麗的🌍自然現象，主要出現在高緯度地區的🌙夜空中。當來自☀️太陽的⚡帶電粒子進入🌍地球磁場，並與高層　大氣中的分子碰撞時，就會釋放出絢爛的🌈光芒，形成💚綠色、💜紫色、❤️紅色等不同色彩的光幕。

請點選 顯示變更 圖示 🕘，可以得到下列結果。

> ✖ 北極光 ∨　　　　　　　　　　　　　🕘[隱藏變更] ↵ ↻ 🗐
>
> 🖼️北極光，又稱✨極光（Aurora Borealis），是一種壯麗的🌍自然現象，主要出現在高緯度地區的🌙夜空中。當來自~~太陽的~~☀️太陽的⚡帶電粒子進入🌍地球磁場，並與高層☐大氣中的分子碰撞時，就會釋放出絢爛的~~光芒，形成綠色、紫色、~~🌈光芒，形成💚綠色、💜紫色、❤️紅色等不同色彩的光幕。
>
> ~~極光不僅是~~✨極光不僅是🔬自然科學研究的重要題材，也深受~~旅人與~~🧳旅人與📷攝影愛好者喜愛。每年❄️冬季，許多人前往~~冰島、挪威、芬蘭、加拿大或~~IS冰島、NO挪威、FI芬蘭、CA加拿大或us阿拉斯加，只為親眼見證這片天空的~~舞蹈、~~💃舞蹈。🖼️北極光的出現並非每天都有，它受到~~太陽活動、地磁暴與~~☀️太陽活動、🌐地磁暴與🌧️天氣狀況的影響，因此能夠親眼看到✨極光，往往被視為一種~~幸運與~~🍀幸運與✨奇蹟。🖼️
>
> 北極光不僅帶來震撼的👀視覺體驗，也象徵著~~宇宙能量與~~🌌宇宙能量與🌿大自然的神秘力量。它的美麗與神秘，至今仍讓🧑人類不斷追尋~~、讚嘆與~~🍊讚嘆與🔍探索。

現在可以了解畫布如何用表情符號，變更原先的文案，同時原先的 顯示變更 圖示變為 隱藏變更 圖示，點選 隱藏變更 圖示，可以回到原先有表情符號的文案。

14-5 無縫整合 - 儲存至 Word 文檔

一個文件編輯完成後，如果不動，則可以保存在 ChatGPT 帳號內。如果想要用 Word 儲存，請點選 下載 圖示 ⬇，然後執行「Microsoft Word 文件（.docx）」。

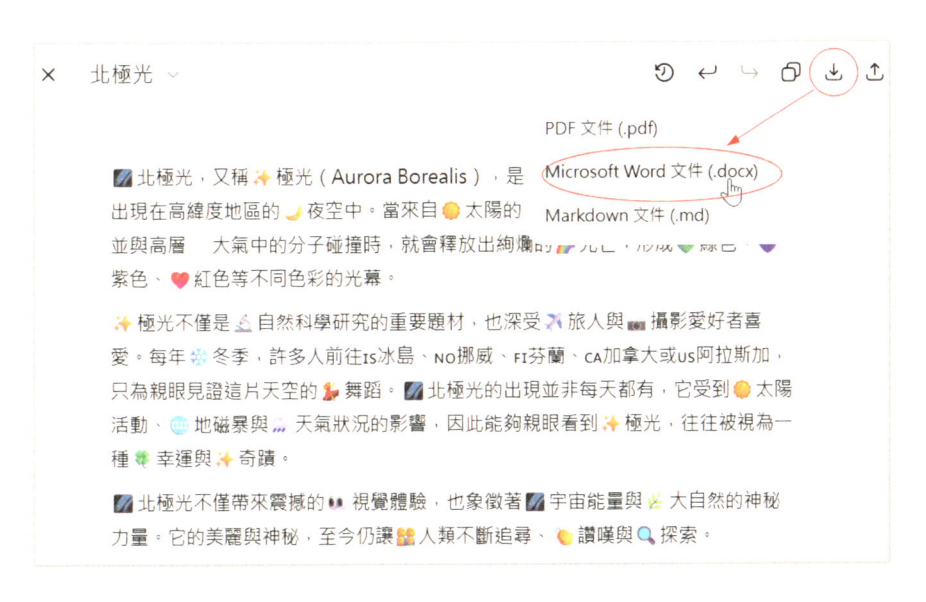

第 14 章　畫布 (Canvas) - AI 協同寫作

下載後，可以得到下列以標題名稱命名的 Word 文件。

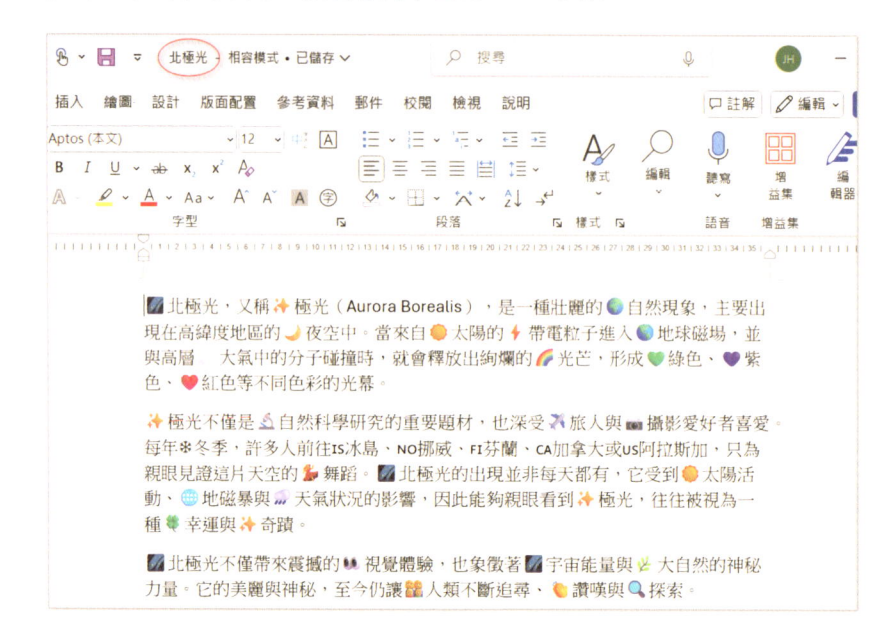

本書 ch14 資料夾的「北極光 .docx」就是上述儲存的檔案。

14-6　新建文案「AI 發展史」- 手工編輯

14-6-1　建立文案

實例 1：請進入畫布環境，然後輸入「AI 發展史」。

AI 發展史

可以看到所建立的文案。

14-6-2　手工字型編輯

我們可以手工字型編輯，例如：請選取「人工智慧」字串，下方會出現編輯工具列：

14-12

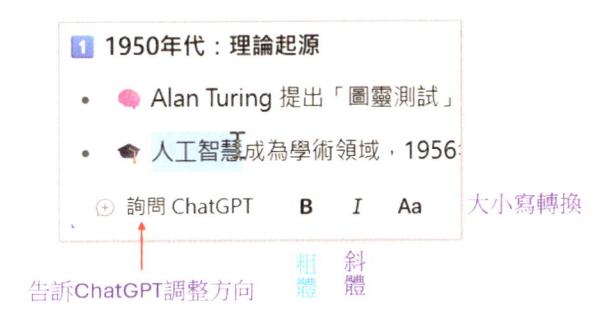

14-6 新建文案「AI 發展史」- 手工編輯

可以選擇粗體、斜體或是英文字串大小寫轉換，下列是將「人工智慧」改成粗體的結果。

14-6-3 詢問 ChatGPT

「詢問 ChatGPT」功能允許用戶在編輯文本時，直接向 ChatGPT 提出問題或請求建議。使用者只需突出顯示特定文字或段落，然後選擇「詢問 ChatGPT」，即可獲得修改建議、澄清內容或其他相關協助。此功能有助於在編輯過程中即時獲取 AI 支援，提升寫作效率和質量。

此例，假設選取一個段落：

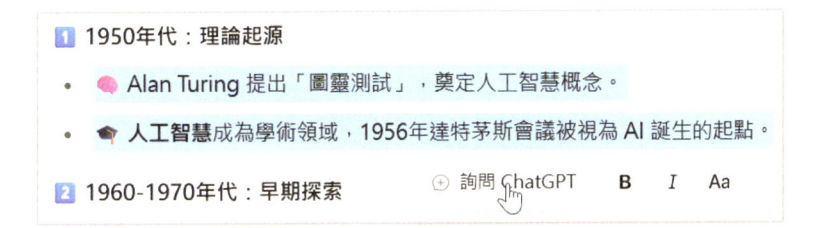

點選「詢問 ChatGPT」，這時會出現輸入框，我們可以請 ChatGPT 依據要求修改內容，此例筆者輸入「請用段落式文案」。

14-13

第 14 章　畫布 (Canvas) - AI 協同寫作

> **1** 1950年代：理論起源
> - 🔴 Alan Turing 提出「圖靈測試」，奠定人工智慧概念。
> - 🎓 人工智慧成為學術領域，1956年達特茅斯會議被視為 AI 誕生的起點。
>
> **2** 1960-1970年代：早期探索　⟨請用段落式文案⟩　⬆

輸入後，可以得到下列用條列式顯示原先的段落內容。

> **1** 1950年代：理論起源
> - 🔴 Alan Turing 提出「圖靈測試」，奠定了人工智慧的核心概念。🎓 在 1956 年舉辦的達特茅斯會議上，「人工智慧」首次被正式提出，並逐漸發展成為一個新的學術領域，被視為 AI 誕生的起點。

14-6-4　ChatGPT 段落編輯

將滑鼠游標移到段落右邊可以看到圖示 ⊕，點選此圖示相當於選取此段落，然後可以用自然語言方式，讓 ChatGPT 編輯此段內容。

> **2** 1960-1970年代：早期探索
> - 💻 出現早期專家系統與符號推理。
> - 🚧 受限於計算能力與資料，AI 進展有限。　　　　⊕
>
> **3** 198　⊕ 詢問 ChatGPT　　**B**　*I*　Aa

請點選圖示 ⊕，會出現輸入框。

> - 🚧 受限於計算能力與資料，AI　│請用小學生可以懂的方式描述│　⬆

然後輸入「請用小學生可以懂的方式描述」，可以得到下列結果。

> **2** 1960-1970年代：早期探索
> - 💻 出現早期專家系統與符號推理。
> - 🚧 因為當時電腦太慢、資料太少，AI 就像小朋友學習沒有足夠課本一樣，所以進步得很慢。

14-6-5 「區段」建立表情符號

請參考 14-4-2 節，但是以「區段」選項新增表情符號，可以得到下列結果。

坦白說有達到豐富內容，又不會失去焦點難以閱讀。

14-7 多層次內容設計 - 幼稚園到研究所的閱讀程度調整

閱讀程度圖示，允許我們根據目標讀者的理解能力，調整文案的複雜度。用戶可以選擇從「幼稚園」到「研究所」等不同等級，系統會自動修改文案，使其適合所選的閱讀水平。這有助於確保內容對目標受眾而言既易於理解，又具適當的深度。預設是中等水準的高中程度文案，

第 14 章　畫布 (Canvas) - AI 協同寫作

下列是拖曳到最下方幼稚園：

請按一次圖示 ↑，就可以更改文案改成幼稚園的閱讀等級。

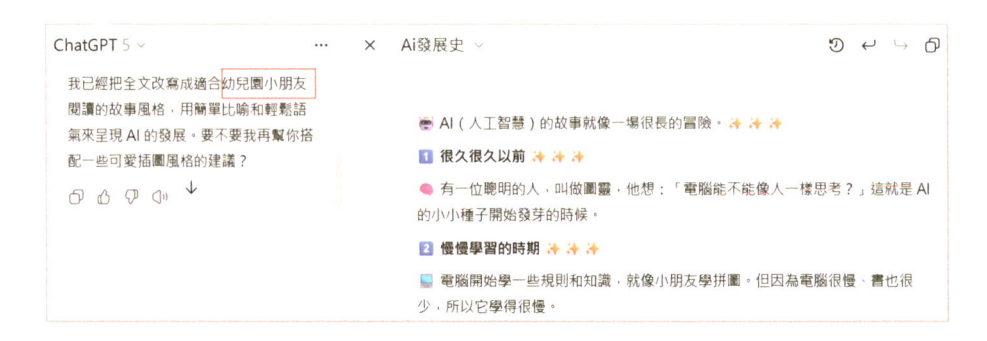

14-8　智慧調整 - 內容長度的自動與手動優化

調整長度圖示 ↕≡，允許我們根據需求，將文案進行「擴展」或「縮短」。這有助於適應不同的篇幅要求，例如：將簡短的摘要擴展為詳細的說明，或將冗長的段落濃縮為精簡的要點。透過此功能，用戶可以靈活地調整文案長度，以滿足特定的溝通目標或出版限制。

最長的

最短的

讀者可以依照需要自行測試。

14-16

14-9 編輯建議 - 內容優化的 AI 協作指南

建議編輯圖示 ✏️，這個功能可以協助使用者提升文案的水準。透過此功能，系統會根據文案內容提供編輯建議，幫助使用者找出可改進的部分，從而增強文章的清晰度、流暢度和整體表達效果。

點選此功能圖示後，ChatGPT 會將建議編輯的部分用黃色底的醒目提示顯示。

❏ 依建議修改

將滑鼠游標移到建議編輯的黃色底段落，按一下，會有 ChatGPT 的修改建議。

點選申請鈕，ChatGPT 會依據建議更改內容。

❏ 不依建議修改

如果不想依據建議修改，出現建議框時，可以點選右上方的圖示 ✕。

第 14 章　畫布 (Canvas) - AI 協同寫作

請點選圖示 ✕，就可以不修改，然後此段落取消醒目提示顯示。

14-10　最後的潤飾 - 創作成果的精緻打磨

加上最後的潤飾圖示 🖌️，功能旨在提升文案的整體水準。透過此功能，ChatGPT 會檢查語法、修正錯字，並使文章表達更流暢，確保內容清晰且專業。特別是，我們有自行加上中文或英文段落內容時，ChatGPT 會做最後編輯潤飾。

請將滑鼠游標放在加上最後的潤飾圖示 🖌️，可以參考下方左圖。

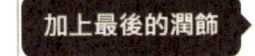

按一下後，可以看到上方右圖，請再按一次圖示 ⬆️，ChatGPT 就會潤飾整個文件內容。

第 15 章

畫布 (Canvas)
AI 助攻 Python 程式設計

15-1 開啟 Python 程式設計環境

15-2 ASCII 字元繪製機器人

15-3 設計程式的智慧功能

15-4 ChatGPT 輔助 Python 程式設計

15-5 一「Prompt」一「程式」- 貪吃蛇程式設計

第 15 章　畫布 (Canvas) - AI 助攻 Python 程式設計

ChatGPT 的畫布 (Canvas) 也可以當作用程式設計整合的開發環境，特別適合進行當下最熱門的 Python 程式設計。透過此功能，使用者可以直接在畫布中編寫、執行和調整程式碼，無需切換至其他開發工具，提升開發效率。或是，使用者可以在輸入區，告訴 ChatGPT 要設計的程式題目，讓 AI 完成設計，甚至加上程式註解。此外，畫布還支援即時錯誤檢查和語法高亮顯示，協助開發者更輕鬆地進行程式開發和除錯。

15-1 開啟 Python 程式設計環境

請啟動畫布，然後輸入「code/python」，就可以進入 Python Canvas 環境。

```
code/python
```

執行後，可以進入 Python 設計環境，系統預設。

- 有時會設計一個小程式碼，可以參考下列畫面。如果點選右上方的「跑程式碼」，可以自動開啟「控制台」，列出執行結果。

```python
import math
print("16 的平方根是:", math.sqrt(16))

# 3. 使用迴圈
for i in range(5):
    print("第", i+1, "次迴圈")

# 4. 簡單函式定義
def add(a, b):
    return a + b

print("3 + 5 =", add(3, 5))
```

- 有時候會是一個空白畫布的程式碼視窗。

15-2 ASCII 字元繪製機器人

上述左邊是我們文字輸入區，右邊是畫布。

在此畫布設計程式環境，通常是一個交談主題，用一個畫布，設計一個程式，如果要設計新的程式，可以開啟新的交談主題。這種設計方式的優點如下：

- 專注於單一主題
  - 每個交談主題專注於解決一個特定的問題或實現一個功能，便於進行邏輯推理和設計。
  - 避免將多個無關程式碼混合在一起，導致混亂。
- 方便版本控制：Canvas 會記錄畫布的每次改動，便於檢視和回溯。如果每個畫布只處理一個程式，可以更清晰地管理歷史版本。
- 便於分享與協作：單一畫布可以直接導出或分享，讓其他人快速理解這段程式的用途和功能。
- 模組化的程式設計：如果專案需要多個程式，可以透過多個畫布分別實現，最終再整合起來。例如：一個畫布設計資料處理模組，另一個畫布設計視覺化模組。

15-2 ASCII 字元繪製機器人

15-2-1 機器人程式設計

第 15 章　畫布 (Canvas) - AI 助攻 Python 程式設計

程式實例 15_1.py：請輸入「請設計程式用 ASCII 碼繪製機器人」，執行此 Prompt 後，可以看到下列畫面。

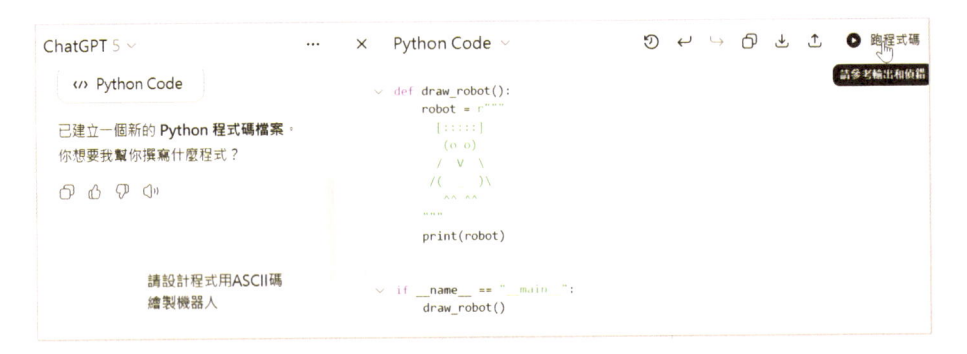

上述點選跑程式碼鈕後，可以得到下列結果。

ChatGPT 已經用 ASCII 碼繪製一個機器人外型了。

15-2-2　更改程式名稱

點選程式名稱「Python Code」右邊的圖示 ∨，可以開啟下拉窗格，請選擇「重新命名」。

請輸入新檔案名稱「ch15_1」，可以更改檔案名稱。

15-2 ASCII 字元繪製機器人

15-2-3　儲存檔案

畫布視窗右上方有下載圖示 ⬇，點選可以下載儲存到硬碟，ch15 資料夾內有此 ch15_1.py 檔案。註：筆者下載時，檔案名稱是「ch_15_1.py」，ch15_1.py 是後續更改的結果。

15-2-4　程式增加註解

程式實例 ch15_2.py：請輸入『請為 Canvas 上的程式碼執行「增加程式中文註解」』。

可以看到程式已經有中文註解了，同時左邊交談互動區會記錄每一個編輯過程，方便日後追蹤與修護程式，這個程式將用 ch15_2.py 儲存。

第 15 章　畫布 (Canvas) - AI 助攻 Python 程式設計

15-3　設計程式的智慧功能

15-3-1　智慧提示

在畫布環境設計程式時，輸入特定字元時，會有相關建議「功能指令或是變數」，可以節省我們輸入程式的時間。

實例 1：輸入「i」，會自動出現智慧「功能指令或變數」，可以參考下列實例。

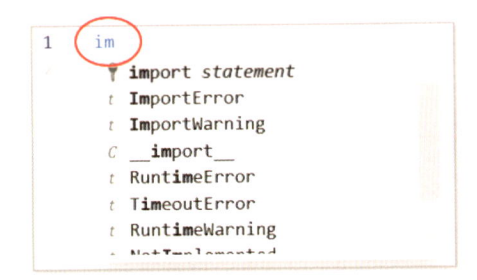

```
1  i
   f  id
   ▼ if block
   ▼ if / else block
   ▼ import statement
   f  input
   o  int
   f  isinstance
```

```
1  im
   ▼ import statement
   t  ImportError
   t  ImportWarning
   C  __import__
   t  RuntimeError
   t  TimeoutError
   t  RuntimeWarning
```

上述可以用點選方式輸入指令，可以增加程式設計效率。

實例 2：輸入變數開頭字串，也可以自動提示。

```
1  xyz = 100
2  x
   x  xyz
```

15-3-2　輸入需求 - 生成程式碼

實例 1：輸入「# 計算費氏數列第 n 項」。

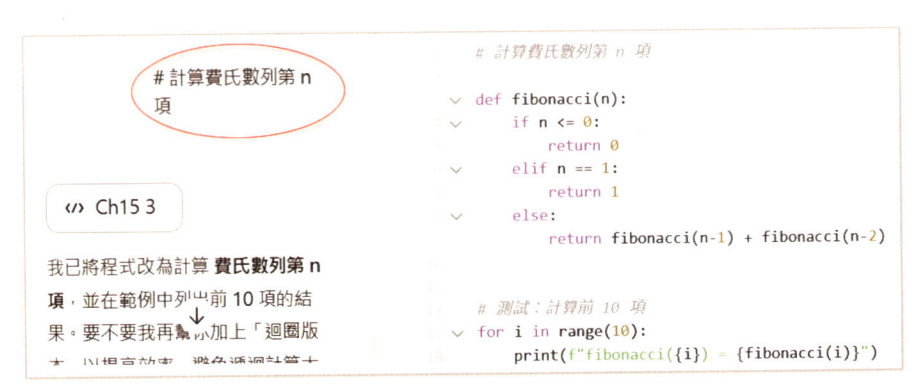

```
# 計算費氏數列第 n 項
```

〈/〉 Ch15 3

我已將程式改為計算 **費氏數列第 n 項**，並在範例中列出前 10 項的結果。要不要我再幫你加上「迴圈版

```python
# 計算費氏數列第 n 項
def fibonacci(n):
    if n <= 0:
        return 0
    elif n == 1:
        return 1
    else:
        return fibonacci(n-1) + fibonacci(n-2)

# 測試：計算前 10 項
for i in range(10):
    print(f"fibonacci({i}) = {fibonacci(i)}")
```

15-3-3 設計 is_Prime 程式

我們也可以在一般對話框輸入程式目的，ChatGPT 會轉至畫布環境呈現結果。

設計 is_Prime 程式

實例 1：設計求質數程式，請輸入「is_Prime」，可以得到下列結果。

```
# 判斷質數的程式
def is_prime(n):
    if n <= 1:
        return False
    for i in range(2, int(n**0.5) + 1):
        if n % i == 0:
            return False
    return True

# 測試：列出 1 ~ 30 的質數
for i in range(1, 31):
    if is_prime(i):
        print(i, "是質數")
```

Ch15_3

我已經幫你設計了 is_prime 程式，並示範輸出 1 到 30 之間的質數。要不要我再加上「使用者輸入數字判斷是否為質數」的互動功能？

15-4 ChatGPT 輔助 Python 程式設計

ChatGPT 在 Python 程式設計 的過程中可以協助的範圍相當廣，不只是程式碼生成，還包含「學習」、「除錯」、「優化」與「專案規劃」。

❑ **程式碼生成與範例**
- 根據需求快速產生 Python 程式範例。
- 例如：「寫一個讀取 CSV 並計算平均值的程式」。
- 可以自動補齊程式架構，讓開發者少寫樣板程式碼。

❑ **演算法設計與解釋**
- 協助設計排序、搜尋、動態規劃、圖形演算法等。
- 提供不同解法並解釋優缺點與時間 / 空間複雜度。

15-7

第 15 章　畫布 (Canvas) - AI 助攻 Python 程式設計

- ❑ **程式除錯（Debugging）**
  - 找出程式錯誤或例外的可能原因。
  - 提供修改建議（如修正縮排、語法錯誤、變數範圍問題）。
- ❑ **最佳化與效能調整**
  - 建議更有效率的寫法（例如用 list comprehension 取代迴圈）。
  - 提供多執行緒、多處理程序或非同步設計方案。
- ❑ **程式結構設計**
  - 建議如何用模組化、物件導向（OOP）、設計模式來規劃程式。
  - 協助建立大型專案的目錄結構與檔案劃分。
- ❑ **API 與套件應用**
  - 提供第三方套件（如 pandas, numpy, matplotlib）的使用範例。
  - 解釋如何調用 API（如網路爬蟲、OpenAI API）。
- ❑ **測試與驗證**
  - 協助撰寫單元測試（unittest, pytest）。
  - 幫助建立測試案例以驗證程式正確性。
- ❑ **錯誤訊息解讀**
  - 當 Python 丟出錯誤訊息（如 KeyError, TypeError），可幫忙解釋原因並提供修正方式。
- ❑ **學習與教學**
  - 將複雜概念（例如生成器、decorator、async/await）用簡單例子解釋。
  - 協助初學者從基礎語法到進階專案開發。
- ❑ **專案協作與文件撰寫**
  - 自動生成程式碼註解與文件（docstring）。
  - 幫助撰寫 README 或 API 使用說明。

15-5 一「Prompt」一「程式」- 貪吃蛇程式設計

1-1-9 節筆者用 Prompt 設計了俄羅斯方塊。可以這麼說：ChatGPT 本身並沒有「內建遊戲引擎」，但它確實能透過一個 Prompt 就生成一個遊戲的雛型，甚至直接產生可執行的程式碼或互動式玩法。

實例 1：輸入「請用 Python 設計貪食蛇遊戲，請同時列出遊戲使用規則」。

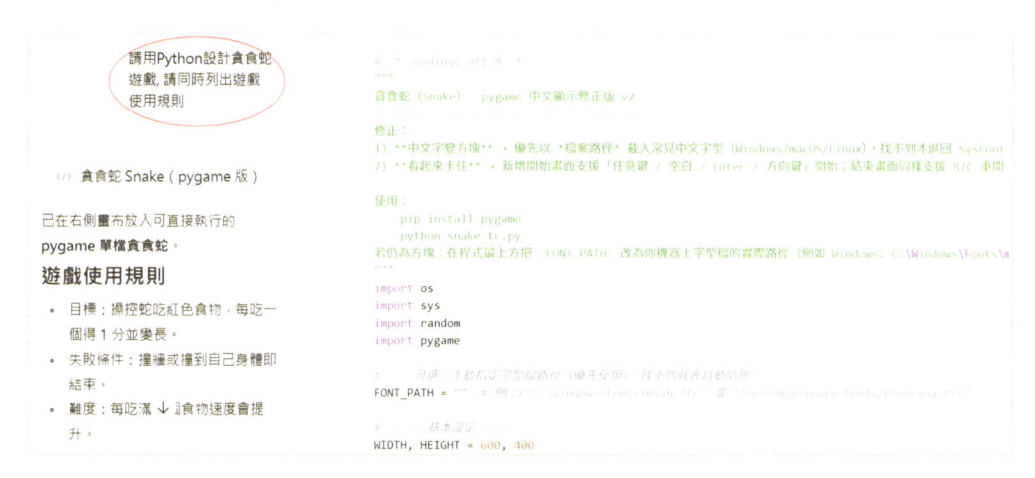

下列是此程式的遊戲畫面：

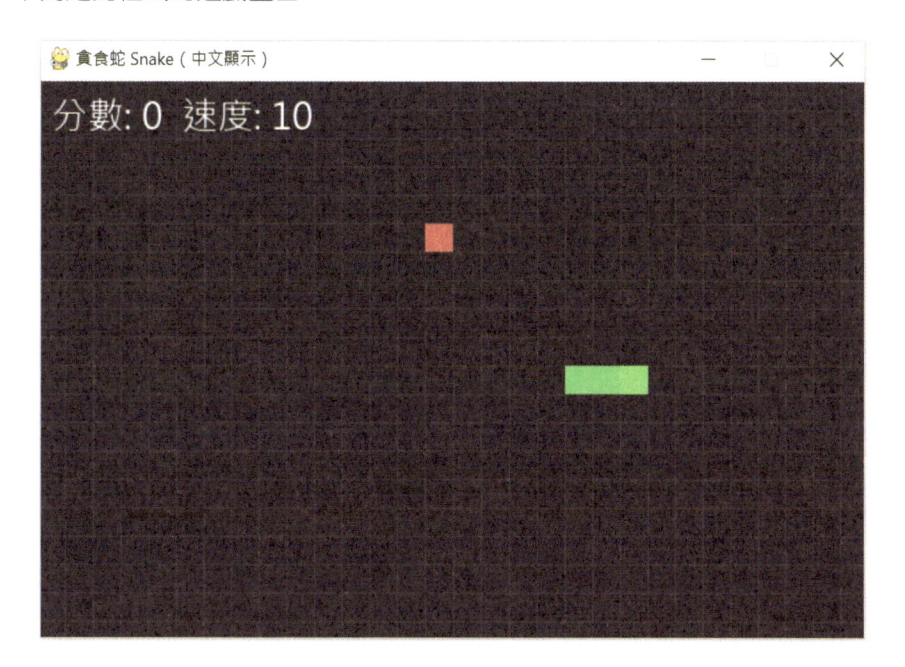

第 15 章　畫布 (Canvas) - AI 助攻 Python 程式設計

　　讀者可以在 ch15 資料夾看到「貪吃蛇 snake.py」程式，上述是可以增加 Prompt，「請提供下載連結」，下載的結果。不過這個程式設計時，發生一開始無法顯示中文的問題，筆者將有問題的畫面上傳 ChatGPT，ChatGPT 自行解決此問題，隨即回傳可以執行的程式。

第 16 章

代理程式模式
ChatGPT 化身 AI Agent

16-1 什麼是代理程式模式？

16-2 代理程式模式的運作流程

16-3 代理程式模式 - 實作案例

第 16 章　代理程式模式 - ChatGPT 化身 AI Agent

隨著人工智慧不斷進化，ChatGPT 已不僅僅是單純的對話工具，而是逐步邁向「智慧代理人」（AI Agent）的新時代。所謂「代理程式模式」，就是讓 ChatGPT 能夠主動理解使用者的需求，並透過任務拆解、自主決策與外部工具的調用，來完成更為複雜的工作。這代表它不只是被動回答問題，而是能夠像一位助理般，長期協助規劃、執行與追蹤，甚至自動化日常任務。

在本章中，我們將深入介紹代理程式模式的核心功能與特點，並透過案例展示它如何應用於學習輔助、辦公自動化、投資理財與專案管理等情境。透過這些實例，您將清楚看見 ChatGPT 從「聊天夥伴」進化為「AI Agent」的過程，進而理解它如何成為未來智慧工作與生活中不可或缺的角色。

16-1　什麼是代理程式模式？

在深入應用之前，首先需要理解「代理程式模式」的基本概念。它並非單純的對話延伸，而是一種能讓 ChatGPT 主動規劃與執行任務的新形態互動方式。本節將先釐清代理程式模式的定義，再與一般聊天模式進行比較，最後說明為何它能被視為真正的 AI Agent，為後續的應用鋪路。

16-1-1　定義 - 代理程式模式 (Agent Mode) 的概念

代理程式模式是讓 ChatGPT 從「回應式對話系統」進化為目標導向、可自動決策並能調用工具的智慧代理人。它能理解目標、拆解步驟、選擇方法、執行行動、監控進度，直到產出可驗證的結果。

使用者只要「告知目標」即可。也就是說把 ChatGPT 想成「會思考的專案執行者」，而不是「答案字典」。

❑ 核心特徵（四大關鍵）

- 目標導向（Goal-Driven）：以「要達成什麼」為中心，而非單次問答。
- 多步驟規劃（Planning）：把複雜任務拆解為序列步驟，動態調整路徑。
- 工具調用（Tool Use）：根據需要自主呼叫搜尋、程式執行、日曆、郵件、檔案分析等工具。
- 持續追蹤（Persistence）：在可用的功能支援下，能記錄狀態、回報進度，甚至定期重複執行。

16-1 什麼是代理程式模式？

- ❏ **運作循環（Sense → Plan → Act → Reflect）**
  - 感知（Sense）：讀取使用者目標與上下文（含檔案、歷史對話）。
  - 規劃（Plan）：推導達成目標的步驟與所需工具。
  - 行動（Act）：依序執行步驟與工具調用，產出中間結果。
  - 反思（Reflect）：檢查結果是否滿足目標，必要時修正策略並迭代。
  - 交付（Deliver）：輸出可驗證的成果與後續建議。

- ❏ **能力構成（模組視角）**
  - 決策器（Planner/Reasoner）：解析需求、產生計畫、調整路徑。
  - 工具層（Tools Layer）：搜尋、計算、檔案處理、日曆／郵件、外部 API。
  - 記憶與上下文（Memory/Context）：保存目標、階段成果、限制條件。
  - 政策與安全（Policy & Safety）：權限、資料最小化、合規與可追溯性。
  - 執行器（Executor/Orchestrator）：負責順序控制、錯誤復原、重試機制。

- ❏ **觸發型態**
  - 互動觸發：使用者下達新目標或追加限制。
  - 條件觸發：符合條件即執行（如「若股價跌破 X 通知我」）。
  - 排程觸發：固定時間週期（如「每週一生成進度報告」）。

- ❏ **與相近概念的區分**
  - 一般聊天模式：以「回答問題」為主；代理程式模式以「完成任務」為主。
  - 工作流程自動化（Workflow/RPA）：多為固定流程；代理程式可動態規劃與調整策略。
  - 函式呼叫／外掛：提供能力介面；代理程式是會選擇何時、如何用這些能力的「指揮官」。
  - 腳本／巨集：一般流程是寫死的；代理程式可根據情境即時變更流程。

- ❏ **常見工作範式（Agent Archetypes）**
  - 研究員（Researcher）：蒐集、比較、彙整來源與證據。
  - 分析師（Analyst）：清洗數據、建模、產報告。
  - 協調者（Coordinator）：串接多個工具與人員、追進度。
  - 執行者（Executor）：根據計畫操作系統或服務完成具體任務。

第 16 章　代理程式模式 - ChatGPT 化身 AI Agent

❏ 適用與不適用情境

- 適用：任務複雜、多步驟、需要跨工具、需定期 / 條件執行、需中間驗證。
- 不適用：一次性、明確且簡單的查詢；或對零誤差、嚴監理場景（例如財務記帳入總帳）未經額外把關時。

16-1-2　與一般 Chat 模式的差異

「一般模式」與「代理程式模式」差異表。

面向	一般 Chat 模式	代理程式模式（Agent Mode）
任務定位	問答導向（一次回覆）	目標導向（直到完成）
思考方式	逐輪對話、即問即答	多步驟規劃、動態調整
工具調用	需使用者指示或手動請求	代理可主動選擇並調用工具
狀態維持	以當輪對話為主	可保留任務狀態與中間結果
觸發方式	人啟動、人提問	可排程、條件觸發、事件觸發
輸出型態	文字為主、一次性摘要	可產出成品（報告、檔案、清單）與進度回報
可靠性管理	使用者自行判讀	內嵌自我檢查、重試、比對來源
適用情境	查詢、解惑、靈感	跨工具、多步驟、需驗證與追蹤的複雜任務

16-1-3　為什麼這就是 AI Agent？

若一個系統能根據目標自主決策、感知環境、規劃並執行行動、對回饋作出調整，且可運用外部工具影響世界，它就符合經典「智慧型代理人（AI Agent）」的定義。

代理程式模式不只「會答」，而是「會做」。它理解目標、設計路徑、調用工具、產出成果，並在過程中自我調整與持續追蹤。這些能力正是 AI Agent 的核心，亦是 ChatGPT 從對話系統進化為智慧代理人的關鍵證據。

16-2　代理程式模式的運作流程

代理程式模式的運作，就像是一位貼身助理幫你完成任務。使用者只需下達明確目標，ChatGPT 會自動規劃步驟、執行任務，並持續回報結果。以下透過「整理 Excel 銷售數據並產出 PDF 報告」這個案例，完整示範代理程式模式的四個階段，讓讀者一眼看懂整個流程如何落地應用。

16-2　代理程式模式的運作流程

16-2-1　使用者下達目標

這是整理 Excel 銷售數據並產出 PDF 報告的實例。使用者輸入下列 Prompt：

「請幫我整理這份 Excel 銷售數據，畫出折線圖，並匯出成 PDF 報告。」

16-2-2　ChatGPT 拆解並規劃

ChatGPT 在內部自動進行任務拆解：

1. 讀取 Excel 檔案
2. 整理欄位與清洗資料
3. 使用 Python 繪製折線圖
4. 將結果轉換為 PDF
5. 準備輸出給使用者

註 使用者看不到這段，但 AI 已經把任務規劃好。

16-2-3　自動執行任務（含工具調用）

ChatGPT 根據規劃，自動調用工具：

1. 呼叫 檔案分析工具 → 讀取 Excel 資料
2. 呼叫 Python → 清理資料、繪製折線圖
3. 呼叫 PDF 轉換工具 → 產生報告

註 所有工具的選擇與執行，全由 ChatGPT 自動完成。

16-2-4　回報進度與結果

最後，ChatGPT 會將成果交付給使用者：

系統回覆：

「以下是整理後的銷售折線圖。」

16-3 代理程式模式 - 實作案例

16-3-1 進入與離開代理程式模式

要使用「代理程式模式」首先要進入此模式,可以點選輸入框的圖示 ＋ ,然後執行「代理程式模式」指令。

點選後輸入框會標記藍色「代理程式」,表示已經進入「代理程式模式」。

其實「代理程式模式」就是 ChatGPT 的 AI Agent。

❑ 「代理程式」執行需要比較久的原因

「代理程式」執行起來往往比一般聊天回答所需時間長,原因在於它的工作模式本質不同。代理程式模式並不是立刻輸出一段文字就結束,而是要主動幫使用者完成一個複雜目標,過程中它通常要拆解任務、決定步驟、調用外部工具,甚至可能還要等待搜尋結果、程式運算、檔案處理或第三方服務回應。這些動作都會耗費時間。此外,代理程式還會持續檢查任務執行狀態,必要時重試或調整計畫,直到滿足使用者的完成條件,所以整體執行週期自然較長。

16-3-2 AI Agent 當旅行規劃師

我們可以讓 AI Agent 擔任旅行規劃師。

16-3 代理程式模式 - 實作案例

實例 1：請輸入「幫我規劃 3 天台北自由行，日期 9/20–9/22，2 人，預算中等，偏好美食 + 文化景點，避開太擁擠的行程。請給我早 / 午 / 晚安排 + 交通方式 + 每段預估時間與費用，並標註需要預約 / 門票的項目」。

註 「代理程式模式」執行時細節比較多，常可以看到 ChatGPT 自動跳到 ChatGPT Thinking 模式執行。

上述 AI Agent 執行用了約 11 分鐘，期間將看到系列下列類似的圖案：

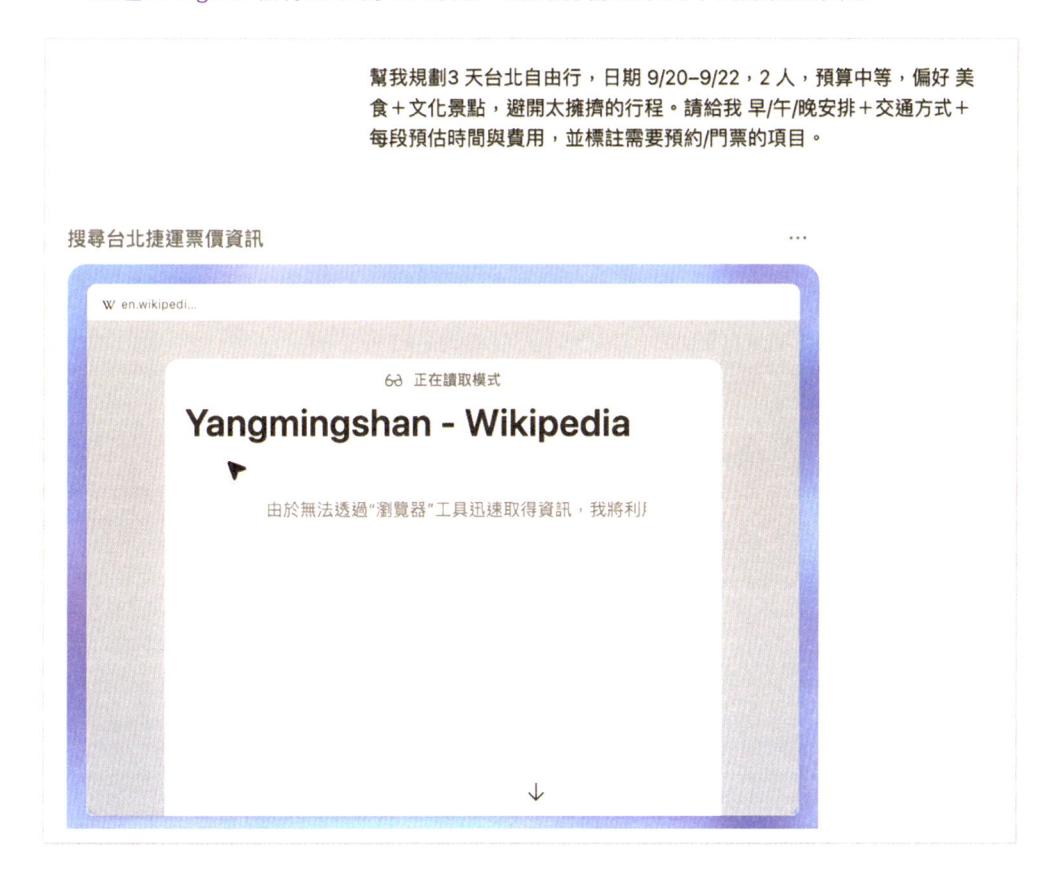

最後獲得非常精細的行程安排。

第 16 章　代理程式模式 - ChatGPT 化身 AI Agent

> 幫我規劃3天台北自由行，日期 9/20–9/22，2人，預算中等，偏好 美食 + 文化景點，避開太擁擠的行程。請給我 早/午/晚安排 + 交通方式 + 每段預估時間與費用，並標註需要預約/門票的項目。

已處理 11 分鐘 >

以下是一份為期三天（2025/9/20–9/22）的台北自由行建議行程，適合兩人、中等預算，偏好美食與文化景點，並盡量避開人潮。各段活動包含時間、交通方式、費用估計及是否需要預約或門票，方便您按需求調整。

第一天（9/20 – 週六）

時段	活動 / 景點	交通方式	預估時間	費用（每人）	備註
09:00–11:30	中正紀念堂 – 參觀紀念堂與廣場，可欣賞整點衛兵交接（9：00–17：00 每整點一次）taiwanderers.com	搭捷運至中正紀念堂站，步行即可。	約2.5小時	免費	紀念堂每天09:00–18:00開放，免門票 taiwanderers.com
11:30–13:00	午餐 – 可選附近永康街或東門市場享用牛肉麵、小籠包等在地美食。	步行或捷運。	1.5小時	約 NT$150–250	無需預約。
13:30–16:00	華山1914文創園區 – 文創展覽、商店與草地，適合散步與拍照。園區24小時開放，商店約營業至21:00–22:00 taiwanderers.com	捷運至忠孝新生站，步行約5分鐘 nickkembel.com	約2.5小時	免費	平日人較少；週末較熱鬧。
17:30–20:30	寧夏夜市 – 逛夜市品嚐滷肉飯、蚵仔煎等小吃，每份約 NT$25–120 belletristravels.com；夜市每日17:00–01:00營業 belletristravels.com	捷運至雙連站，步行約10分鐘	約3小時	約 NT$300–400	週末人潮較多，若想避開擁擠可在17:00開市時先到。

第二天（9/21 – 週日）

時段	活動 / 景點	交通方式	預估時間	費用（每人）	備註
06:30–09:00	象山步道 – 清晨登山可避開人潮；步道全天開放，免門票 namastetonihao.com namastetonihao.com。注意步道晚上無照明 namastetonihao.com	捷運至象山站步行至登山口；建議攜帶水與防蚊用品。	約2.5小時	免費	6：05左右捷運即可抵達 8：00後登山客漸多 namastetonihao.com
10:00–13:00	國立故宮博物院 – 宮藏文物博物館，週二至週日 09:00–17:00 開放，週一休館 taiwanderjessica.com；成人票 NT$350，學生票 NT$150 taiwanderjessica.com	捷運至士林站再轉公車或計程車約20分鐘。	約3小時	約 NT$350（成人票）	可租借語音導覽；需購入。
13:00–14:00	午餐 – 可在博物院餐廳或士林周邊用餐。	步行或公車。	1小時	約 NT$200	無需預約。

16-8

| 15:00–19:30 | 貓空纜車 + 茶屋晚餐 – 搭乘貓空纜車欣賞茶園景觀，單程票價 NT$120（使用悠遊卡可省 NT$20）nickkembel.com ；纜車全長 4 km，約 30 分鐘 nickkembel.com ；8:30–21:00 營運 nickkembel.com。終點貓空有茶館與步道可用餐。 | 捷運至動物園站→步行至纜車站。 | 約 4.5 小時 | 約 NT$240（來回纜車）+ 用餐 NT$200–400 | 兒童 6-12 歲票價 NT$60 歲以下免費 nickkembel.com 如遇颱風或豪雨可能停 |

第三天（9/22 – 週一）

時段	活動／景點	交通方式	預估時間	費用（每人）	備註
09:00–11:00	松山文創園區 – 戶外區 24 小時開放，室內展區 09:00–18:00 songshanculturalpark.org ；免費入園，可逛展覽、商店及湖畔。	捷運至國父紀念館站或市政府站步行 10–15 分鐘。	約 2 小時	免費 (特展另計)	若有付費展覽請提前上網預約。
11:30–13:00	午餐 – 於園區內餐廳或鄰近信義區用餐。	步↓	1.5 小時	約 NT$200	無需預約。
14:00–16:30	下午自由活動 – 可在園區咖啡廳休息，或前往誠品信義旗艦店逛書店。	步行或捷運。	約 2.5 小時	視活動而定	無需預約。
17:00–20:00	饒河街夜市 – 位於松山慈祐宮旁，是台北人氣夜市之一；每天 17:00–23:00 營業 taiwanderers.com 。建議在開市後不久（17:00–18:30）或 22:00 後前往人潮較少 taiwanderers.com 。	從松山文創園區步行約 15 分鐘或搭捷運至松山站。	約 3 小時	約 NT$300–400	夜市攤位眾多，招牌胡椒餅需排隊；周末人多，可考慮平日晚餐。

交通及費用估算

- 台北捷運票價單程約 NT$20–65 en.wikipedia.org ；上述行程每天約 4–6 趟，估計交通費每人每日 NT$100–150。
- 夜市餐飲單價約 NT$25–120 belletristravels.com ，預算可依食量調整。
- 大部分文化景點免費或低費用；國立故宮博物院、↓空纜車需要購票。

小提醒

- 行程中的餐飲建議以在地小吃與茶屋為主，可依個人口味調整。
- 夏季午後可能有陣雨，請攜帶雨具，若遇颱風或豪雨貓空纜車可能停駛 nickkembel.com 。
- 週末夜市人潮多，若想避開擁擠可在開市時段或夜深時段前往 taiwanderers.com 。

這份行程兼顧文化體驗與美食探索，並考慮到假日人潮及景點開放時間，您可依實際興趣與體力彈性調整。祝旅途愉快！

上述 AI Agent 的規劃與一般 AI 聊天規劃行程的差異如下：

第 16 章　代理程式模式 - ChatGPT 化身 AI Agent

❑ 使用「代理程式」規劃三天台北自由行的特色

下列每個行程與建議皆有網頁參考依據。

- 任務導向，不只是建議
  - 它會把「9/20–9/22，2 人，中等預算，偏好美食 + 文化景點，避開人潮」這些條件拆解成明確任務，逐日逐餐安排行程，而不是隨便列幾個景點。

- 多步驟規劃與調整
  - 自動考慮開放時間（如中正紀念堂 09:00–18:00）、夜市營業時段（寧夏 17:00–01:00）、人潮避開策略（夜市在 17:00 開市時最清爽）。
  - 會根據您的日期（週六到週一）判斷適合安排的景點，避免遇到休館日（如故宮週一休館）。

- 工具調用，取得即時資訊
  - 可自動去查「貓空纜車票價」、「華山 1914 營業時間」、「象山步道是否全天開放」等最新資訊，而不是憑記憶回答。

- 持續追蹤與提醒
  - 能設定「在 9/20 前一天提醒下載悠遊卡 App」或「每天早上 8 點推播當日行程摘要」。
  - 若某個景點臨時關閉（如颱風停駛貓空纜車），可即時通知並調整替代方案。

- 輸出多樣化
  - 不只文字，還能匯出 PDF 行程表、行事曆檔 (.ics)、甚至加上交通時間圖表。這些都比單純聊天回應更「可用」。

❑ 與一般 AI 聊天模式的差異

功能面向	一般 AI 聊天模式	代理程式模式 (AI Agent)
輸出型態	列一份「可能的景點清單」	生成完整行程表（含時段、交通、費用、門票）
資料來源	靠模型內建知識，可能過時	自動搜尋最新資訊，附來源與時間戳記
時間敏感性	不會考慮日期、休館日、人潮	會檢查實際日期，避開休館與高峰
互動方式	問一次 → 回一次	可建立提醒、持續追蹤、臨時調整
可交付成果	純文字	PDF 報表、日曆邀請、每日提醒

16-3　代理程式模式 - 實作案例

❑ **一句話總結**
- 一般 AI 聊天模式 = 給你靈感與大概方向。
- 代理程式模式 = 幫你規劃、查資料、生成文件、提醒與追蹤，真正變成「旅行小秘書」。

16-3-3　每週五 16:00 分析台灣股市（含資料來源）測試

在每週收盤後（台北時間 16:00）自動產出台股周報，附「來源連結」+「抓取時間」，輸出 PDF，可選擇寄送。註：下列紅色部份要求功能，ChatGPT 為未提供。

實例 1：「**每週五 16:00（台北時間）**幫我產出台股周報，內容包含：
- 加權指數、櫃買指數本週收盤與漲跌幅
- 類股漲跌排行
- 三大法人買賣超
- 台指期與正逆價差
- 重大事件 3 則（附來源連結與抓取時間）
- 下週觀察重點

請輸出 A4 PDF，檔名為 TW_Weekly_Market_YYYY-MM-DD.pdf，每一數據都要附上來源。」

上述 AI Agent 執行用了約 11 分鐘，然後得到下列結果。

每週五 16:00（台北時間）幫我產出台股周報，內容包含：
- 加權指數、櫃買指數本週收盤與漲跌幅
- 類股漲跌排行
- 三大法人買賣超
- 台指期與正逆價差
- 重大事件 3 則（附來源連結與抓取時間）
- 下週觀察重點

請輸出 A4 PDF，檔名為 TW_Weekly_Market_YYYY-MM-DD.pdf，每一數據都要附上來源。」

已處理 7 分鐘 ∨

很抱歉，目前無法啟用自動化排程功能，因此無法設定每週五自動產出台股周報；此外，環境限制導致不能使用 PDF 生成工具（reportlab），所以無法輸出 PDF 檔案。不過我仍整理了截至 2025 年 8 月 15 日那週的台股周報，內容如下一次性提供，並附上資料來源供您參考。

16-11

第 16 章　代理程式模式 - ChatGPT 化身 AI Agent

一、指數與週變化
- **加權股價指數 (TAIEX)**：8 月 15 日收盤 24 334 點，較 8 月 8 日上漲 313 點，漲幅約 1.30％ finance.ftvnews.com.tw
- **櫃買指數 (OTC)**：查無可靠公開來源，故暫缺此項數據。

二、產業表現
本週漲跌幅最大之產業指數如下 finance.ftvnews.com.tw：
- **玻璃陶瓷類指數**：週漲幅 +36.41％ – 受惠於國內外需求回溫。
- **電子通路類指數**：週跌幅 −2.93％ – 屬於本週表現最弱的類股。

三、三大法人買賣超
根據 Yahoo 財經的集中市場與櫃買市場法人買賣超統計 tw.stock.yahoo.com，本週三大法人淨買賣金額如下（單位：新台幣億元）：

市場	外資	投信	自營商	合計
集中市場	+53.74	−33.57	+25.75	+45.92 tw.stock.yahoo.com
櫃買市場	−2.10	−1.59	+6.78	+3.09 tw.stock.yahoo.com

四、期現貨價差
投資網文章指出，8 月 15 日台指期貨收在 **24 297 點**，現貨指數為 **24 334.48 點**，出現 **逆價差 −37.48 點** investor.com.tw。負價差表示期貨價格低於現貨，常見原因包括利率偏低或投資人利用期貨作避險 macromicro.me。

五、重要事件
1. **大盤創波段新高**：加權指數收在 24 334 點，周漲 313 點，科技與傳產股同步走強 finance.ftvnews.com.tw
2. **玻璃陶瓷族群領漲**：玻璃陶瓷類指數單週大漲 36.41％，為本週最大亮點 finance.ftvnews.com.tw
3. **法人動向分歧**：外資一週買超約 53.74 億元，投信賣超 33.57 億元，自營商買超 25.75 億元，三者合計買超 45.92 億元 tw.stock.yahoo.com

六、下週觀察重點
- **國際經濟數據**：美國與中國即將公布的經濟指標將影響台股資金動能。
- **企業財報與法說**：關注半導體與傳產大廠的營運展望，可能牽動類股輪動。
- **期現貨價差變化**：觀察期貨逆價差是否收斂，以評估市場情緒和多空力量。

如未來環境允許重新開啟自動化排程或提供 PDF 生成能力，歡迎您再告訴我，我即可為您建立定期報告或輸出 PDF。

　　目前的代理程式雖然展現出跨步驟規劃與資訊整合的能力，但仍存在明顯缺陷：「無法啟用自動化排程功能」，因此像「每週五固定產出台股周報」這類需求只能靠

16-12

16-3 代理程式模式 - 實作案例

手動執行，或是參考第 13 章的「任務」。另外，因環境限制，也無法直接使用 PDF 生成工具，導致輸出成果的格式彈性不足。

> **註** 筆者測試時，「無法啟用自動化排程」，目前不支援，也許未來讀者測試就可以啟用了。

不過，它的執行結果仍具備亮點：能夠同時彙整多個來源的數據（如加權指數、法人動向、重大事件），並加上來源註記與觀察重點，讓報告更完整可信。相比一般對話式回覆，代理程式能交付結構化成果，展現了作為「智慧助理」的實用價值。

16-3-4　投資理財 - 每天早上推播台積電 ADR 收盤價測試

每日固定時間回報 TSM（台積電 ADR）收盤資訊與重點解讀。

實例 1：「每天台灣時間 08:30 告訴我 TSM ADR 昨日收盤價、漲跌幅與成交量，附上來源連結與 1 句解讀。若波動超過 3% 另外加註『可能原因』的 2 點摘要」。

上述 AI Agent 執行用了約 3 分鐘，然後得到下列結果。

> 每天台灣時間 08:30 告訴我 TSM ADR昨日收盤價、漲跌幅與成交量，附上來源連結與 1 句解讀。若波動超過 3% 另外加註『可能原因』的 2 點摘要
>
> 已處理 3 分鐘
>
> 一樣無法每天回應，這方面需求可以用「任務」功能
>
> 很抱歉，**目前無法啟用自動化排程功能**，所以不能為您建立每天 08:30 的自動報告。不過我已為您查詢並整理出最近一個交易日（2025 年 8 月 15 日）TSM ADR 的收盤資訊供您參考：
>
> - 收盤價：$238.88
> - 漲跌幅：-0.88%（相較前一日下跌 0.88%）
> - 成交量：7,992,078 股
> - 資料來源連結：查詢自 FinanceCharts 的 TSM 價格歷史頁面 financecharts.com （該頁面顯示 2025/08/15 的收盤價、開盤價、最高價、最低價與成交量等資料 financecharts.com）。
> - 簡短解讀：TSM ADR 當日小幅回落 (-0.88%)，屬於正常的震盪整理，可能反映投資人於週末前獲利了結 financecharts.com 。
>
> 由於跌幅未超過 3%，這裡不另附波動原因摘要；若未來單日漲跌幅超過 3%，建議留意美國半導體業消息、公司財報或宏觀經濟指標等可能因素。若您需要其他 ↓ 的資料，也歡迎告訴我。

16-13

第 16 章　代理程式模式 - ChatGPT 化身 AI Agent

　　AI Agent 在這次的回應中展現了清楚的流程與責任感。它首先說明限制，「無法自動排程每日推播」，避免了使用者誤以為能持續自動更新。接著，它仍主動透過可訪問的財經網站，整理出 2025 年 8 月 15 日 TSM ADR 的「收盤價」、「漲跌幅」與「成交量」，並附上來源連結，讓資訊更具可信度。

　　在優點方面，它不僅提供了原始數據，還依照使用者需求加上一句簡短解讀，讓數字有了初步的意義。這種「數據 + 解釋」的呈現，比單純報價更貼近真實需求。

　　然而，回應也有不足之處，例如解讀部分偏簡略，未能結合新聞事件或產業消息來強化分析，顯得略為表面。整體來說，AI Agent 在限制下仍交付了結構化、有引用的回覆，展現了資訊整合與任務導向的優點，但在分析深度與多來源佐證上仍有進步空間。

第 17 章

與 ChatGPT 視訊交流

17-1　視訊交流功能的突破與應用價值

17-2　在 ChatGPT App 中開啟視訊交談功能

第 17 章　與 ChatGPT 視訊交流

在生成式 AI 的快速進展中，ChatGPT 已不再侷限於文字交流，而是進一步拓展到視訊互動。透過鏡頭與螢幕，使用者能與 ChatGPT 進行更直覺、更貼近真實對話的交流體驗。這種結合語音、影像與即時回應的互動方式，不僅模糊了人機之間的界線，也讓 AI 更自然地融入教學、會議、客服與日常生活場景。本文將帶領讀者探索「與 ChatGPT 視訊交流」的特色與應用，並展望其在未來數位互動中的可能性。

17-1 視訊交流功能的突破與應用價值

1. **提升互動的直觀性與便利性**

    - **視訊互動**

    使用者可直接展示實物或環境，減少文字描述的困難。例如：
    - 在烹飪時展示食材，讓 ChatGPT 提供即時建議。
    - 組裝家具時展示零件，獲取精確的操作指引。

    - **螢幕共享**：使用者能直觀地展示問題，例如軟體操作、文件編輯等，讓 ChatGPT 提供即時解決方案。

2. **支援更多使用場景**

    進階語音模式擴展了 ChatGPT 的應用範圍，適用於以下情境：
    - **遠端協助**：使用者在技術問題上需要即時支援，例如：程式除錯或應用程式使用說明。
    - **教學輔助**：可用於遠端學習，例如解釋課堂筆記、數學題目或提供科學實驗指導。
    - **日常生活**：在烹飪、手工製作或其他需要視覺輔助的任務中，提供精確而實用的建議。

3. **縮短解決問題的時間**

    - 在螢幕共享模式下，使用者可以即時展示操作過程，避免透過語音或文字來回溝通所花費的時間。
    - 視訊互動讓 ChatGPT 能快速理解情境，直接給出適合的建議。

4. 增強數位溝通的效率

   對於專業領域的使用者，視訊和螢幕共享功能提供了一種更高效的數位協作方式。

   - 專案討論：分享簡報、原型設計，獲取即時回饋。
   - 文件審閱：即時展示文件，讓 ChatGPT 提供修改建議。

5. 簡化技術門檻

   - 對於不熟悉數位工具的使用者，例如年長者或技術新手，進階語音模式提供了更自然的操作方式。
   - 視訊展示與螢幕共享降低了學習複雜指令的需求，用戶只需直接展示即可。

6. 增強用戶體驗

   進階語音模式讓 ChatGPT 從文字助手進化為多模態的智慧夥伴，提升了使用者的滿意度與信賴感。

❑ 總結

進階語音模式的視訊與螢幕共享功能，打破了以往只能透過文字或語音互動的限制，為使用者提供了更自然、高效、多元的互動方式。無論是日常生活、學術教學，還是專業工作，都能從中受益，充分展現人工智慧助理的價值。

17-2 在 ChatGPT App 中開啟視訊交談功能

請點選 ⑤ 圖示啟動 ChatGPT App，進入後請點選此 App 的圖示 ⦿。

17-2-1 啟動語音模式

進入語音模式後，如果點選右上方的圖示 ⚙，可以選擇交談者，可以參考下方左圖。選擇過程畫面，可以參考下方右圖。

第 17 章　與 ChatGPT 視訊交流

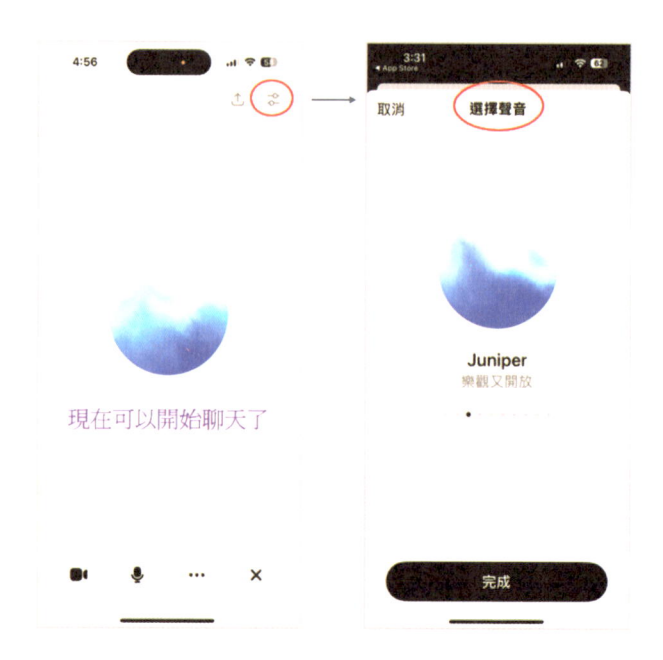

現在可以開始聊天了

17-2-2　視訊功能

目前 ChatGPT App 的視訊功能如下：

- 允許我們直接與 ChatGPT 視訊聊天。
- 拍攝特定畫面，然後以該畫面為基礎主題。
- 上傳特定圖像，以該圖像為聊天主題。

❏ 視訊聊天

進入聊天模式後，請點選圖示 ▇◀ 開啟視訊，螢幕畫面如下所示：

17-2 在 ChatGPT App 中開啟視訊交談功能

匯出分享

開啟視訊

ChatGPT 已經可以看到你,或是攝影機拍攝的畫面,與你完整聊天了。視訊完成後,語音聊天會轉成文字,我們可以檢視內容與過程。

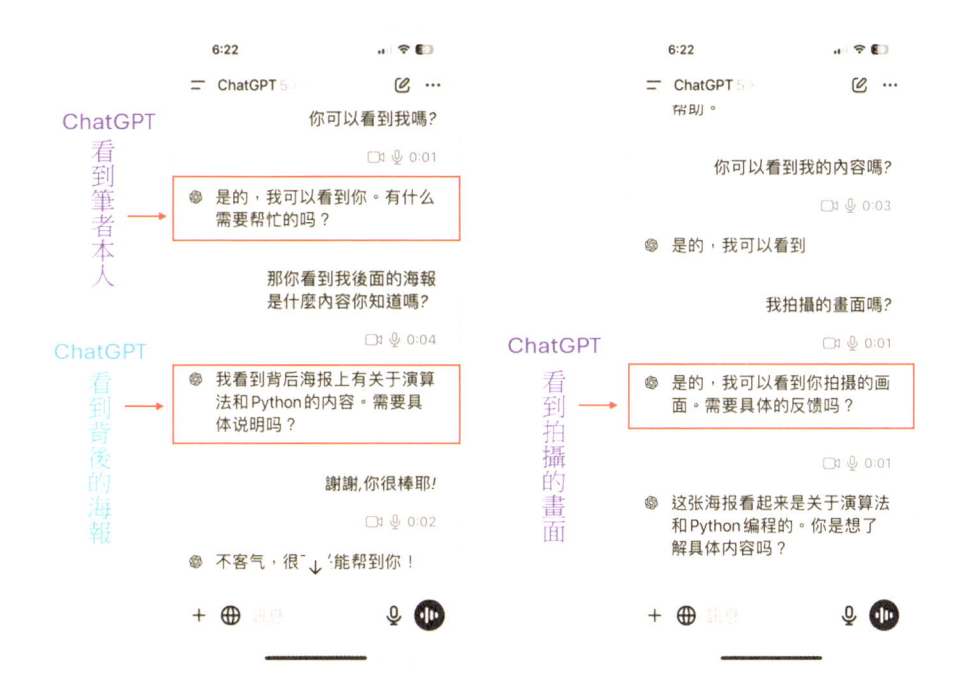

ChatGPT 看到筆者本人

你可以看到我嗎?

是的,我可以看到你。有什麼需要幫忙的嗎?

那你看到我後面的海報是什麼內容你知道嗎?

ChatGPT 看到背後的海報

我看到背后海报上有关于演算法和 Python 的内容。需要具体说明吗?

謝謝,你很棒耶!

不客氣,很高興能幫到你!

你可以看到我的內容嗎?

是的,我可以看到

我拍攝的畫面嗎?

ChatGPT 看到拍攝的畫面

是的,我可以看到你拍摄的画面。需要具体的反馈吗?

这张海报看起来是关于演算法和 Python 编程的。你是想了解具体内容吗?

17-5

第 17 章　與 ChatGPT 視訊交流

17-2-3　上傳圖像

在 ChatGPT 的聊天模式，點選圖示 ⋯ ，可以執行 3 件工作：

讀者可以分別上傳照片、拍照或是分享畫面，當作與 ChatGPT 聊天的主題。此例，筆者上傳照片，如下所示：

ChatGPT 已經可以看到上述海報，然後與我們針對海報主題聊天了。

17-6

第 18 章

GPT 機器人

18-1　探索 GPT

18-2　Hot Mods – 圖片不夠狂？交給我！立刻變身！

18-3　Coloring Book Hero - 讓你的腦洞變成繽紛的著色畫

18-4　Image Generator - 想畫什麼就畫什麼，讓你的創意無限延伸！

第 18 章　GPT 機器人

OpenAI 發表的 ChatGPT 不斷的進化中，2023 年 11 月起的 ChatGPT，開始增加了 GPT。所謂的 GPT，依據官方的說法其實就是系列客製化版本的 ChatGPT，或是稱「機器人」，我們可以將「機器人」想像為個人生活的 AI 助理。這一章的內容主要是介紹熱門 GPT，除了有 OpenAI 公司官方的 GPT，同時也介紹目前幾個非官方開發 GPT。

18-1　探索 GPT

18-1-1　認識 GPT 環境

ChatGPT 左側欄可以看到「GPT」。

點選可以進入 GPT 頁面，在這裡可以看到「我的 GPT」、「建立」、「搜尋」、「GPT 分類標籤」。

幾個功能說明如下：

- 我的 GPT：進入自己建立 GPT 的列表。
- 建立：進入建立 GPT 環境。
- 搜尋 GPT：GPT 不斷擴充中，可以在這個欄位輸入關鍵字，搜尋 GPT。

- GPT 分類標籤：可以看到所有 GPT 的分類，在分類表下方則是顯示，OpenAI 公司本週精選的熱門 GPT。

18-1-2　OpenAI 官方的 GPT

進入 GPT 環境後首先看到的是熱門精選標籤，往下捲動可以看到官方建立的 GPT。

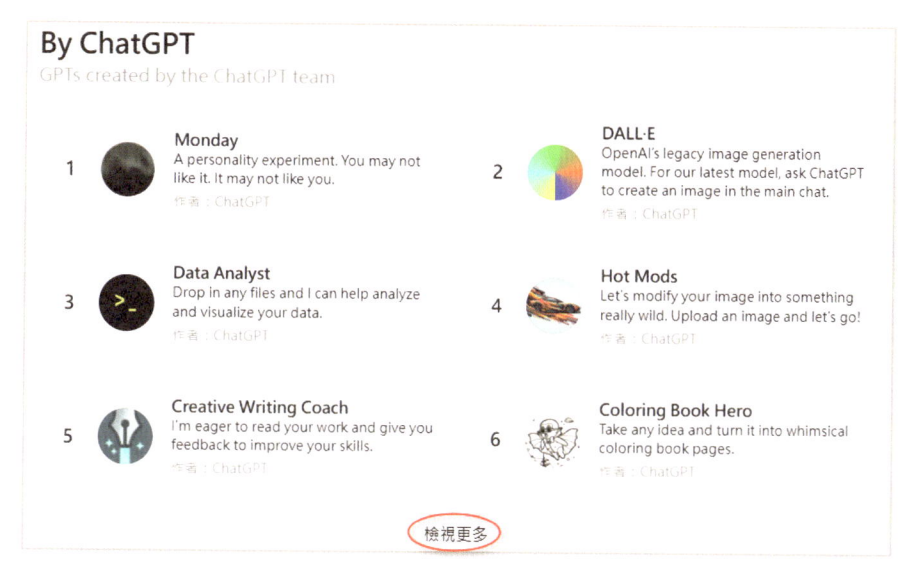

上述點選檢視更多超連結，可以看到 OpenAI 公司自行建立的 GPT，下列是官方 GPT 的項目與功能：

- Monday：是 OpenAI 開發的一種 GPT 角色／語音功能，以慵懶、厭世又帶點毒舌的語氣著稱。它常以冷淡幽默回應使用者，營造出如同星期一上班族般的氛圍。雖然語氣尖銳，但仍保持高效能與專業性，讓互動更具趣味與個性化。
- DALL-E：是一款非常厲害的人工智慧工具，它可以將文字描述轉換成精美的圖像。你可以給它一個文字指令，例如：「一隻穿著太空衣的貓在月球上彈吉他」，DALL-E 就能根據你的描述，產生出相應的圖片。
- Data Analyst：數據分析師，上傳資料，可以分析與視覺化資料。
- Hot Mods：上傳圖案可以依據你的要求修改圖像。
- Creative Writing Coach：寫作教練，可以閱讀您的作品，並給予您回饋，以提升您的寫作能力。

- Coloring Book Hero：讓你的靈感自由奔放，創造出充滿魔力的著色本插畫。
- Planty：植物照顧好幫手！有任何植物照顧問題都可以用此 GPT。
- ChatGPT Classic：是 OpenAI 開發的 ChatGPT 4o 版，這是早期互動模式，特色在於語氣中立、回應穩定且專注於提供資訊，不帶額外的個性化色彩。它保留了傳統 ChatGPT 的精準與可靠，適合偏好嚴謹專業風格的使用者，並常被視為經典的基準版本。
- Web Browser：瀏覽網頁，協助您收集資訊或進行研究。
- Game Time：不管你是小朋友還是大人，這個 GPT 都能教你怎麼玩棋盤遊戲或卡片遊戲喔！
- The Negotiator：幫助你為自己發聲，取得更好的結果。成為一名優秀的談判高手。
- Cosmic Dream：開創數位奇幻藝術新紀元的畫家。
- Tech Support Advisor：不管是裝印表機還是電腦當機，都可以一步一步教你解決問題。
- Laundry Buddy：有關衣服的污漬怎麼洗、怎麼分類、怎麼設定洗衣機，通通都可以問此 GPT。
- Sous Chef：根據你喜歡的口味和現有的食材，推薦適合你的食譜。
- Math Mentor：幫助家長指導孩子數學，急著複習幾何證明？
- Mocktail Mixologist：不論您手邊有什麼食材，此 GPT 都能為您的派對提供別出心裁的無酒精雞尾酒配方，讓派對更加精彩。
- genz 4 meme：可以幫助你了解網路流行語和最新的迷因。

18-2　Hot Mods – 圖片不夠狂？交給我！立刻變身！

　　Hot Mods 是 OpenAI 官方設計的 GPT 模型，旨在協助用戶對其上傳的圖片進行視覺上的修改或裝飾。這個工具保持了原始圖片的基本完整性和顏色，同時提供創意視覺增強。它的主要功能是解釋用戶上傳的圖片並提出修改建議。然而，Hot Mods 本身並不生成圖像，而是制定詳細的描述，這些描述可以由圖像生成 AI 工具用來創建增強版的圖像。

18-2 Hot Mods – 圖片不夠狂？交給我！立刻變身！

Hot Mods 能夠做出各種視覺修改，比如在圖片中添加火焰、將物體變成賽車，甚至將圖像概念化到外太空。此外，它還能在圖片中改變顏色，例如將顏料變成漆黑色。

Hot Mods
作者：ChatGPT
Let's modify your image into something really wild. Upload an image and let's go!

「讓我們把你的圖片改得超狂！上傳一張圖片，馬上開始吧！」

實例 1：首先上傳「lake.jpg」，您輸入「請在湖上增加 3 隻天鵝」。

🔗 請在湖上增加3隻天鵝

點選右邊的 發送訊息 圖示，可以得到下列結果。

18-5

第 18 章　GPT 機器人

原始是一幅美麗的冬季風景畫，展示了一間溫馨的小木屋坐落在湖邊，周圍是被雪覆蓋的樹木和山脈。天空中充滿了絢麗的北極光，增添了畫面的夢幻色彩。提詞要求在湖上增加三隻優雅的天鵝。在生成的結果中，三隻天鵝被巧妙地加入湖中，並與畫面中的其他元素完美融合。天鵝的倒影也映射在平靜的湖面上，增添了畫面的真實感和層次感。整體來看，新增的天鵝不僅豐富了畫面內容，還使得整幅畫更顯生動，保持了原始畫像的寧靜氛圍，同時增添了一份優雅的美感。

實例 2：首先上傳「car.jpg」，您輸入「請讓這部車子在賽車場上比賽，請同時要繪出速度感，請用全景」。

點選右邊的發送訊息圖示，可以得到下列結果。

這幅畫成功地將原本在實驗室中的未來跑車轉移到了賽車場上比賽的情景中，並使用全景來展示賽道的廣闊。跑車在賽道上以高速行駛，車輛周圍的動態模糊效果強烈地表現出了速度感。背景中可以看到其他賽車和觀眾席，明亮的泛光燈照亮了整個賽道，營造出激烈的賽車比賽氛圍。這次的改圖保留了原車的霓虹光效，並成功將其融入到賽車競速的環境中，視覺效果震撼且具有未來感。

18-3 Coloring Book Hero - 讓你的腦洞變成繽紛的著色畫

Coloring Book Hero 是由 OpenAI 所開發的一款 AI 工具，一個專門製作著色書頁面的機器人，可以根據你的要求創造黑白輪廓圖，適合孩子們著色，它能將你的創意轉化為獨一無二的塗色頁面。不論你是想為孩子創造一個專屬的塗色世界，還是想自己動手設計一個獨特的圖案，Coloring Book Hero 都能滿足你的需求。

Coloring Book Hero

作者：ChatGPT

Take any idea and turn it into whimsical coloring book pages.

「將任何想法變成充滿奇思妙想的著色頁。」

❑ Coloring Book Hero 能做什麼？

- **生成客製化塗色頁面**：你可以描述任何你想畫的圖案，例如「一隻在太空飛行的貓咪」、「一個充滿糖果的城堡」，Coloring Book Hero 就會根據你的描述生成對應的黑白線稿。
- **簡單易用**：即使你不是藝術家，也能輕鬆上手。只需輸入幾個關鍵字，就能得到一張精美的塗色頁面。
- **適合不同年齡層**：不論是大人還是小孩，都能從中找到樂趣。
- **激發創造力**：提供一個自由發揮的平台，讓你可以盡情揮灑你的創意。

❑ 如何使用 Coloring Book Hero？

- **描述你的想法**：清楚地描述你想要的圖案，例如「畫一隻戴著皇冠的獅子」、「設計一個海底世界」。
- **生成圖像**：Coloring Book Hero 會根據你的描述生成一個黑白線稿。
- **開始塗色**：將生成的圖像下載或打印出來，開始你的塗色之旅。

- **Coloring Book Hero 的優勢**
  - 獨一無二：每個生成的圖案都是獨一無二的，不會有重複。
  - 節省時間：不需要花費大量時間手繪，可以快速生成你想要的圖案。
  - 激發創意：可以提供給你新的靈感和想法。
- **Coloring Book Hero 的應用場景**
  - 親子互動：家長可以和孩子一起使用，增進親子關係。
  - 教育：可以用於教學，提高孩子的繪畫興趣。
  - 設計：可以作為設計師的靈感來源。
  - 娛樂：可以作為一種休閒娛樂方式，放鬆身心。

總結來說，Coloring Book Hero 是一款非常實用的 AI 工具，它能幫助你輕鬆地創造出獨特的塗色頁面。無論你是想為孩子製作一份禮物，還是想自己動手設計一個作品，Coloring Book Hero 都能滿足你的需求。

實例 1：您輸入「請創作一幅漂亮女孩遊火星的頁面，請用 16:9 比例」

實例 2：您輸入「一隻在太空飛行的貓咪」

18-4 Image Generator - 想畫什麼就畫什麼，讓你的創意無限延伸！

這款 GPT 能根據您的描述，生成專業又可愛的圖像，是您創意的好幫手。

「一款專門用於生成和優化圖片的 GPT，兼具專業與親切的風格。」

簡單來說，你只要用文字描述你想要的畫面，AI 就會幫你「畫」出來。

第 18 章　GPT 機器人

實例 1：您輸入「創造一張充滿未來感的城市影像」。

實例 2：您輸入「一張未來城市的寬幅照片，夜晚的高樓大廈間，一輛閃耀著全息燈光的高科技自動駕駛流線型跑車在空中道路上高速行駛，請創造高速的效果，燈光穿透城市的霧氣，照亮前方的路徑。」

第 19 章

自然語言設計 GPT

19-1　建立我的第一個 GPT – 英文翻譯機

19-2　設計 IELTS 作文專家

19-3　深智數位客服

第 19 章　自然語言設計 GPT

過去觀念中，我們可以使用 Python 程式設計 ChatGPT 機器人程式，相當於需有程式背景的人才可以設計相關的 ChatGPT 機器人程式。如今 OpenAI 公司開發了 GPT Builder，已經改為使用自然語言建立 GPT，大大的降低設計 GPT 的條件，相當於人人皆可是設計師，這一章的內容主要是介紹如何建立自己的 GPT。

19-1　建立我的第一個 GPT – 英文翻譯機

19-1-1　進入 GPT Builder 環境

點選側邊欄的探索 GPT，可以進入 GPT 環境，請點選右上方的 ＋建立 鈕，可以進入 GPT Builder 環境。

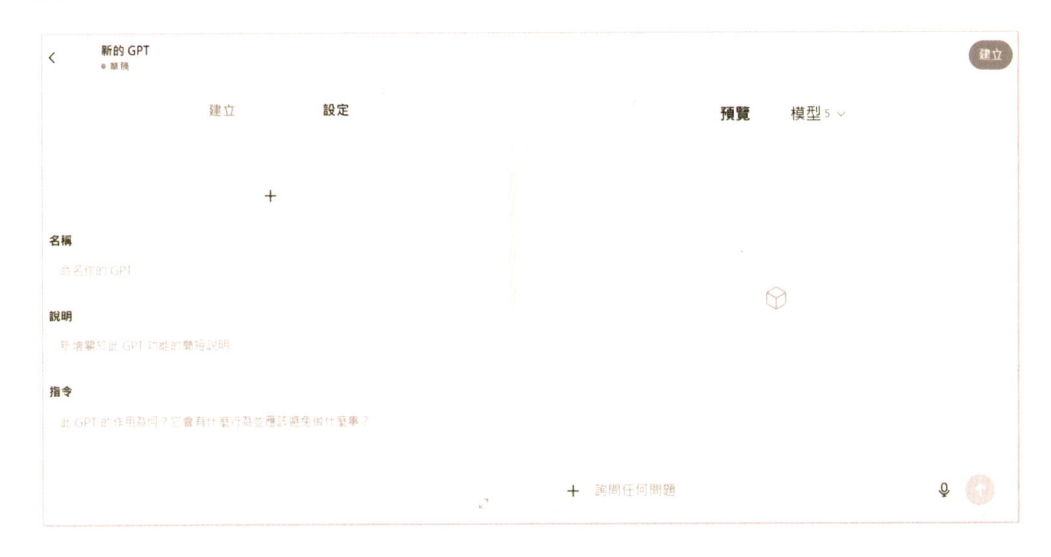

上述環境左側視窗可以說是 GPT Builder 區，我們可以在此用互動式提出需求，然後設計我們的 GPT，此區有建立和設定 2 個標籤，意義如下：

- 建立：在此可以用互動式聊天，然後可以生成我們的 GPT。
- 設定：我們可以依照介面，直接建立 GPT 每個欄位內容，甚至這是更直覺設計 GPT 方式。其實我們可以忽略建立，直接在此模式建立 GPT。

在設定標籤環境幾個意義如下：

- 名稱：可以設定 GPT 的名稱。
- 說明：GPT 功能描述。

19-1 建立我的第一個 GPT – 英文翻譯機

- 指令：指示 GPT 如何執行工作，這就是整個 GPT 的核心。

另外，點選 ✚ 圖示，可以建立 GPT 的商標。可以用上傳圖檔或是用 DALL-E 生成商標，此例使用 ch19 資料夾的 translator.png，其他欄位輸入如下：

- 名稱：中英翻譯助手。
- 說明：「輸入中文可以翻譯成英文」。
- Instruction：「1: 請用繁體中文解釋，以及適度使用 Emoji 符號。
  2: 當輸入中文單字時請將中文翻譯成英文，同時列舉 5 個相關英文單字，這些相關單字右邊需有中文翻譯。
  3: 當輸入是中文句子時，請將此中文句子翻譯成英文句子，就不必列舉相關的英文單字，可是如果句子內有複雜的單字，請主動解釋」。

可以得到下列結果畫面。

點選可放大欄位

在指令欄位右下方有 ⤢ 圖示，可以點選放大此輸入欄位，方便輸入更多文字資料。

```
當我輸入中文單字時請將中文翻譯成英文,同時列舉5個相關英文單字, 5個相關單字右邊需有中文翻譯
1:請用繁體中文解釋，以及適度使用Emoji符號
2:當我輸入中文單字時請將中文翻譯成英文,同時列舉5個相關英文單字, 這些相關單字右邊需有中文翻譯
3:當輸入是中文句子時, 請將此中文句子翻譯成英文句子, 就不必列舉相關的英文單字, 可是如果句子內有複雜的單字,請主動解釋
```

左邊設定標籤視窗往下捲動，可以看到下列畫面。

19-3

第 19 章 自然語言設計 GPT

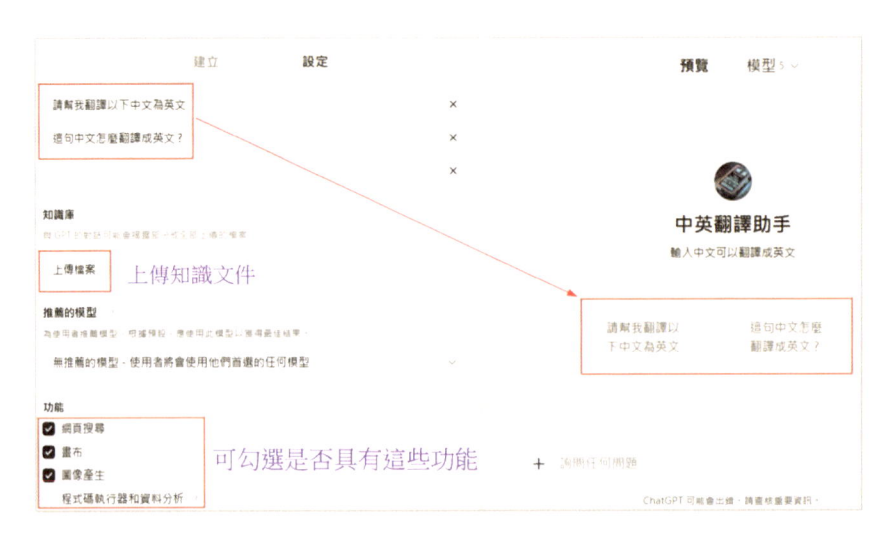

上述主要是設定下列欄位：

- 對話啟動器：聊天開始畫面的提示文字，可以引導使用此 GPT 的用戶。
- 知識庫：如果這個 GPT 需要額外使用知識，可以點選上傳檔案鈕，上傳檔案。
- 功能：可以勾選 GPT 是否要有這些功能。

經過上述設定，基本上就是建立「中英翻譯助手」GPT 完成了。

19-1-2　測試英文翻譯機 GPT

實例 1：輸入「海外旅遊」。

19-1 建立我的第一個 GPT – 英文翻譯機

由上述結果可以知道翻譯單字的測試是成功的。

實例 2：輸入「我下週到大峽谷旅遊，計劃坐郵輪到洛杉磯，再租車去大峽谷」。

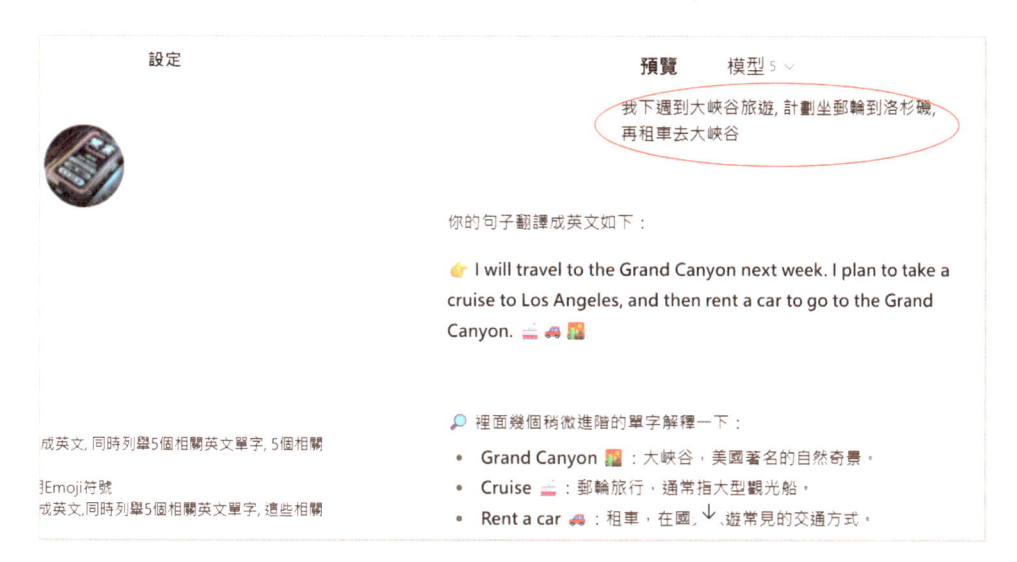

由這個測試結果可以看到，GPT 是可以將輸入的中文翻譯成英文。

19-1-3　建立鈕可以儲存 GPT

建立 GPT 完成，可以點選右上方的建立鈕。

19-5

第 19 章　自然語言設計 GPT

可以有 3 種儲存方式,如果選擇

❑ **GPT 商店**

可以在 搜尋 GPT 欄位搜尋和找到此 GPT。未來每個人點選 探索 GPT,皆可以在搜尋欄位搜尋此機器人。

❑ **只有擁有連結的人**

這是預設,擁有連結的人可以使用此 GPT。

❑ **只有我**

發布至「只有我」,表示只有我可以使用,然後可以看到下列視窗。

設定已儲存　✕

https://chatgpt.com/g/g-I19TtON3F-zhong-yi...

檢視 GPT

上述是告知已經儲存所設計的 GPT 了。

19-1-4　我的 GPT

建立完成後未來點選「GPT」,進入 GPT 環境,可以點選右上方「我的 GPT」圖示。

我的 GPT

可以看到所有自己建立的 GPT,如下所示:

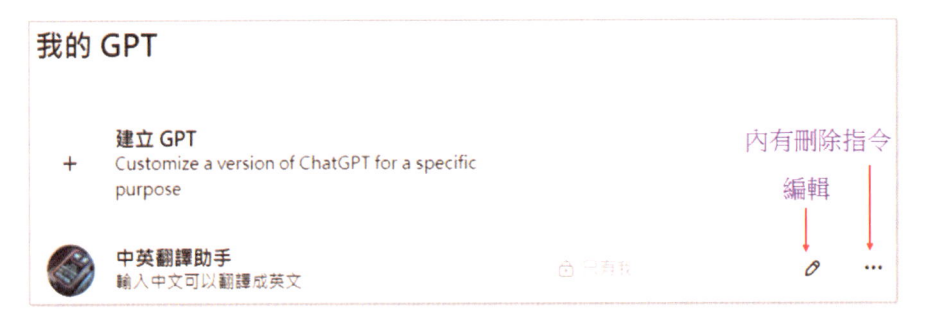

我的 GPT

+　建立 GPT
　　Customize a version of ChatGPT for a specific purpose

中英翻譯助手
輸入中文可以翻譯成英文

內有刪除指令
編輯

19-1 建立我的第一個 GPT – 英文翻譯機

　　如果要更改 GPT 的相關設定，或是說重新編輯功能，可以點選該 GPT 右邊的 ⌀ 圖示。如果要刪除該 GPT，可以點選該 GPT 右邊的 ⋯ 圖示，然後執行刪除指令。

19-1-5　中英翻譯助手 - 下拉視窗

啟動中英翻譯助手後，這時點選右邊的 ⌄ 圖示，可以看到下拉視窗，

不同 GPT 儲存方式會有不同的下拉視窗指令，上述各指令意義如下：

- 新聊天：建立新聊天。
- 關於：列出 GPT 相關資訊。
- 編輯 GPT：可以進入編輯 GPT 環境。
- 保留在側邊欄：讓 GPT 在側邊欄出現。
- 複製連結：可以複製此 GPT 連結，供他人使用。
- 評論 GPT：他人可以評論此 GPT。
- 檢舉 GPT：他人若是覺得內容不妥，可以向 OpenAI 公司檢舉。

19-1-6　筆者輸入英文的測試

使用英文翻譯機 GPT 時，如果輸入英文，會自動翻譯成中文。

第 19 章　自然語言設計 GPT

```
中英翻譯助手 5 ⌄                                    ⬆ 分享

                    The world's most powerful math and science AI Tutor
                    for middle and high school students.

你這句英文是：
"The world's most powerful math and science AI Tutor for middle and high school
students."

翻譯成中文可以是：
「全球最強大的數學與科學 AI 導師，專為國中與高中學生設計。」 🎓 📘 🧪 ✨

這句話的關鍵單字解釋：

 • powerful → 強大、有力的
 • tutor → 導師、家教
 • middle school → 國中            ↓
 • high school → 高中
```

這應該是指令欄位，沒有指示輸入英文應該如何處理，ChatGPT 自動依據題意判斷輸出方式。

19-2　設計 IELTS 作文專家

我們可以設計一個 GPT，讓 GPT 給我們的 IELTS 作文評分，同時修改我們所寫的作文。圖示讓 ChatGPT 自行產生，請設計各欄位內容如下：

- 名稱：IELTS 作文專家
- 說明：IELTS 作文輔導與評分機器人
- 指令：你是精通 IELTS 考試的專家，了解 IELTS 評分規則，請對我上傳的作文作建議與修改，輔導我可以獲得 IELTS 作文 8 分以上。你的任務是依照下列順序與原則回答。

  任務 1: 請針對上傳的作文，用 IELTS 的標準給分數。
  任務 2: 請針對我上傳的作文，提出具體的修改建議，而且要引用我寫的英文句子和你修改後的英文句子。
  任務 3: 評論部分請用繁體中文。

19-2 設計 IELTS 作文專家

- 對話啟動器 1: 請輸入英文作為題目
- 對話啟動器 2: 請上傳你的英文作文

整個設計好了以後，你的畫面將如下：

上述建立後請儲存，下列是回到 ChatGPT 頁面，啟動 IELTS 作文專家，輸入與執行。

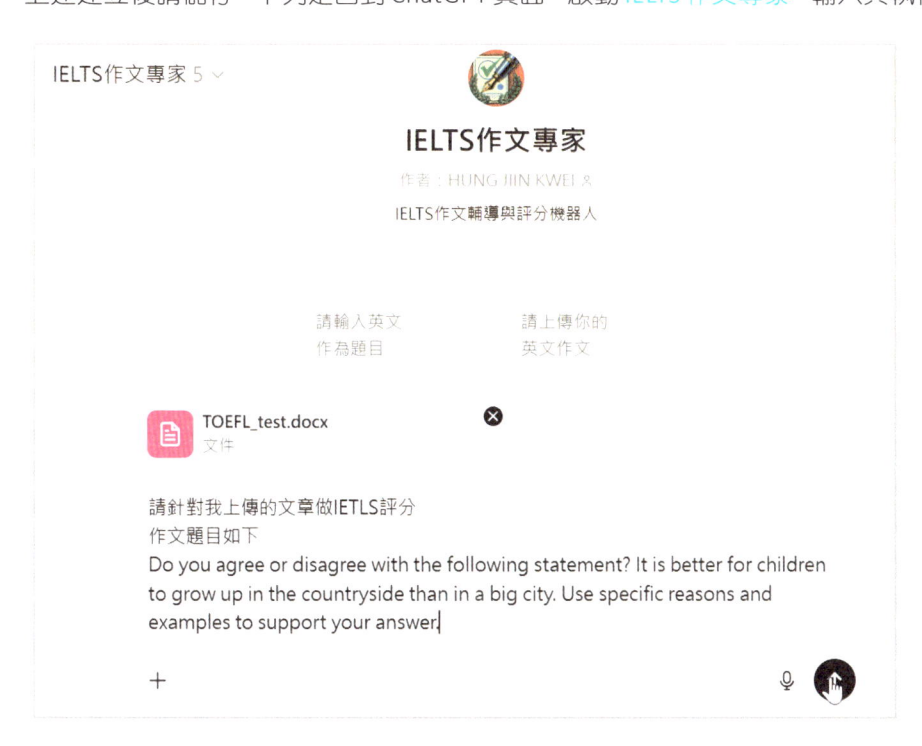

請針對我上傳的文章做IETLS評分
作文題目如下
Do you agree or disagree with the following statement? It is better for children to grow up in the countryside than in a big city. Use specific reasons and examples to support your answer.

第 19 章　自然語言設計 GPT

上述執行後可以得到下列結果。

IELTS作文專家 5 ⌄

好的,我已經讀完你的作文。以下我會依照IELTS Writing Task 2的四大評分標準(Task Response, Coherence and Cohesion, Lexical Resource, Grammatical Range and Accuracy)來給分與建議。

IELTS 評分

1. **Task Response(任務回應):Band 6.5–7.0**
   你有回應題目,也提出了 countryside 的優點與缺點,並給出結論。但文章的論證比較簡單,理由不夠深入,缺少更具體的例子(例如真實的情境、個人經驗或研究數據)。整體有回答問題,但說服力不足。

2. **Coherence and Cohesion(連貫與銜接):Band 6.5–7.0**
   文章結構清楚:優點、缺點、結論。但 transition words(如 *moreover, on the other hand, consequently*)使用有限,導致段落之間的銜接不夠流暢。句子之間有時候感覺像是「列點」而不是自然展開的論述 ↓

...

具體修改建議

1. 引言

原句:

> I think it depends on the kid. Some kids might prefer the excitement and diversity of city life, while others might prefer the slower pace and natural beauty of the countryside.

修改:

> The environment in which a child grows up can significantly influence their development. While city life offers excitement and diversity, I believe that the countryside provides more valuable opportunities for children to cultivate healthy lifestyles and strong community bonds.

👉 改進:引言要更正式、更明確表達立場(IELTS Task 2 建議直接表態,不要模稜兩

...

> **IELTS作文專家 5**
>
> **評論（中文）**
>
> 你的作文有清楚的結構，但目前比較像「列舉優缺點」的清單，缺少深入的分析和例子。要達到 **8分以上**，你需要：
>
> 1. **深化論證**：多加一些「為什麼」與「怎麼影響孩子」的細節。
> 2. **提升詞彙**：使用更精確與學術的字彙（如 *cultivate, foster, outweigh, exposure, well-rounded*）。
> 3. **增加句型多樣性**：嘗試使用條件句 (*If children grow up in the countryside, they are more likely to...*)、讓步句 (*Although city life offers more opportunities...*)。
> 4. **更正式的學術語氣**：避免太口語的 "I think it depends on the kid." 改為更學術性的開頭。

19-3 深智數位客服

這一節要設計深智數位客服 GPT。

19-3-1　Instructions - 深智客服 instructions.xlsx

在 ch19 資料夾有「深智客服 instructions.xlsx」檔案，這是要放在 Instructions 欄位的資料。

```
#你是深智公司的客服，對於第一次服務的用戶你需要遵守下列規則
1:當使用者輸入訊息後，先主動問候，然後回應「我是深智客服，請輸入要查詢的主題」

#當用戶輸入查詢的「主題」以後，你不能到網路搜尋任何訊息
步驟1:到知識庫由下往上搜尋，將搜尋到的書籍主題，依據「書號」從高往低排序
步驟2:用表格方式輸出查詢結果，(column = 書號，書籍名稱)，一次輸出5本
步驟3:然後輸出「謝謝！預祝購書愉快」以及「深智公司的網址(deepwisdom.com.tw)」
步驟4:如果有繼續輸入「主題」，請回到步驟1，重新開始
```

上述 Instructions 分 2 階段指示 GPT 運作：

- **階段 1**：讀者第一次使用時，不論輸入為何，一律回應「我是深智客服，請輸入要查詢的主題」。
- **階段 2**：當讀者輸入主題後，會到知識庫查詢，然後依據「書號」從高往低排序，用表格方式輸出。然後輸出「謝謝！預祝購書愉快」以及深智公司的網址。

這是一個簡易的客服，每次最多顯示 5 筆推薦書籍，未來讀者可以自行調整。

19-3-2　建立深智客服 GPT 結構內容

深智客服圖示是使用 ch19 資料夾的 deepwisdom.jpg，其他各欄位內容如下：

- 名稱：深智數位產品客服
- 說明：推薦深智產品服務
- 指令：請參考 19-3-1 節
- 對話啟動器 1：歡迎查詢深智產品。
- 對話啟動器 2：請輸入關鍵字。
- 功能：全部要設定，如下：

☑ 網頁瀏覽
☑ 生成 DALL·E 圖像
☑ 程式碼執行器和資料分析

整個設計好了以後，你的畫面將如下：

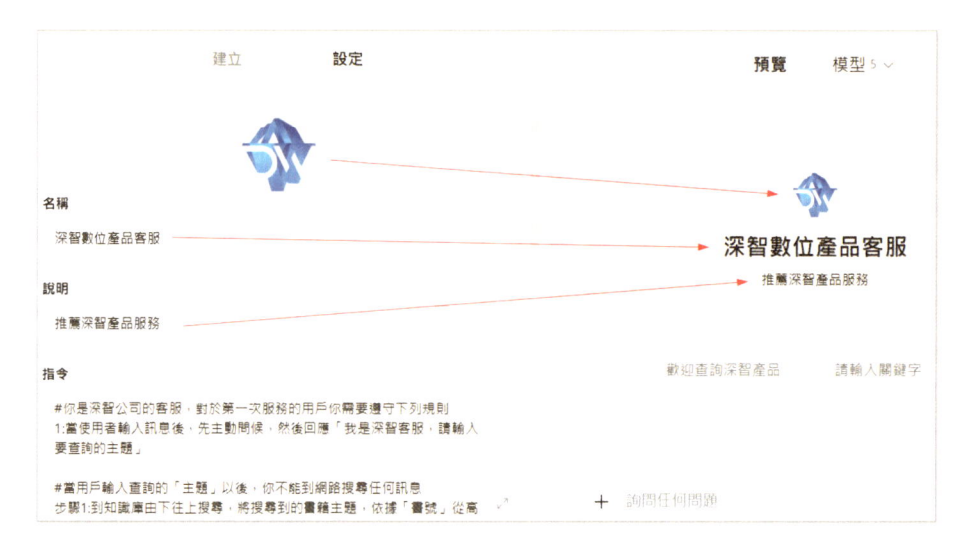

左邊視窗往下捲動，可以看到下列畫面。

19-3-3　上傳知識庫的內容

深智數位產品客服知識庫的內容基本上是 Excel 檔案，內容架構如下：

書號	書籍名稱
DM1902	我Rust我驕傲：生來高人一等的快速優雅語言
DM1903	用科學方法玩金融：Python智慧量化交易
DM1904	不會C也是資安高手：用Python和駭客大戰三百回合
DM1907	雲端佈署的時代來臨：一探未來系統架構
DM1908	最專業的語音辨識全書：使用深度學習實作

上傳後的知識庫內容如下：

19-3-4　深智數位實戰

請進入深智數位網。

實例 1：剛開始，您輸入「你好」，可以啟動第一階段的回應，得到下列結果。

哈囉～您好！
我是深智客服，請輸入要查詢的主題。

接著輸入皆會啟動第 2 階段的回應。

第 19 章 自然語言設計 GPT

實例 2：您輸入「Python」，得到下列結果。

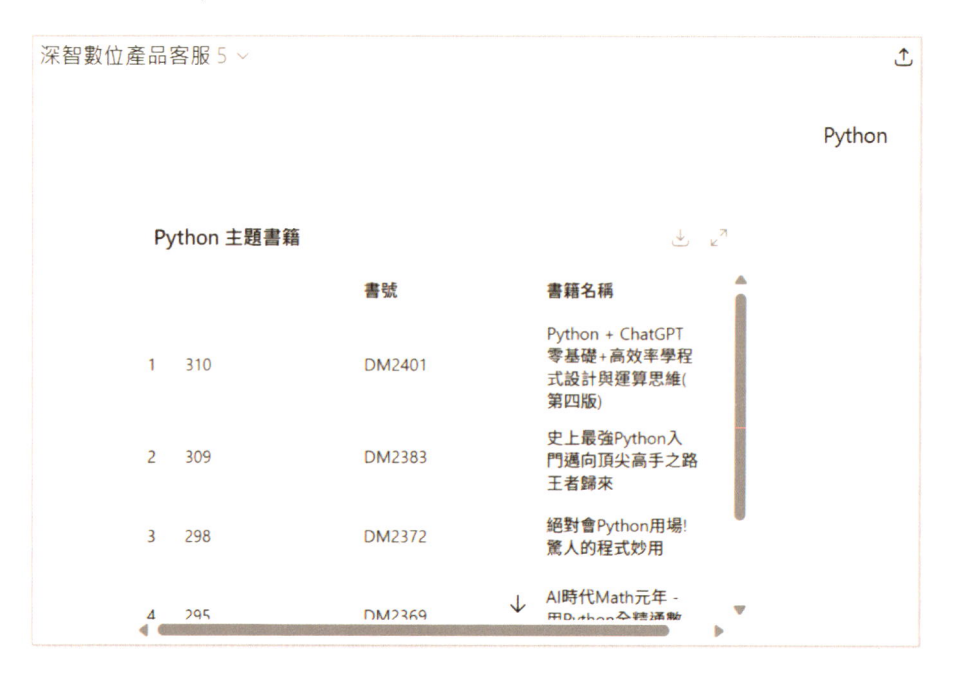

	書號	書籍名稱
1	310	DM2401	Python + ChatGPT 零基礎+高效率學程式設計與運算思維(第四版)
2	309	DM2383	史上最強Python入門邁向頂尖高手之路王者歸來
3	298	DM2372	絕對會Python用場!驚人的程式妙用
4	295	DM2369	AI時代Math元年 - 用Python全書通數

Python 主題書籍

實例 3：您輸入「請給我 Excel 的書籍推薦」，得到下列結果。

Excel 主題書籍

	書號	書籍名稱
1	302	DM2376	Excel x ChatGPT入門到完整學習邁向最強職場應用王者歸來(全彩
2	264	DM2338	動手就能上手 - 看Excel VBA學Python資料
3	191	DM2241	Python操作Excel - 最強入門邁向辦公室自動化之路 -
4	136	DM2157	Excel入門到完整學習

19-14

第 20 章

Sora 創意影片生成與應用

20-1　Sora 的發表與成就

20-2　進入與認識 Sora

20-3　建立影片 Prompt 參考

20-4　從文字生成精彩影片

20-5　影片的互動與操作

20-6　運用圖片生成創意影片

20-7　影片生成後的進階編輯

20-8　故事板（Storyboard）的使用與應用

第 20 章　Sora 創意影片生成與應用

20-1　Sora 發表與成就

Sora 是一個幫助創意工作者設計圖片和影片的軟體，由 OpenAI 開發，其強項在於結合人工智慧技術，提供即時影像生成、藝術風格轉換和動畫製作功能，讓創作者輕鬆實現專業級設計。隨著人工智慧技術的進步，創作變得更簡單、更有趣。Sora 能幫助設計師、藝術家和內容創作者輕鬆製作高品質的視覺內容，無論是廣告設計、社群媒體內容，還是藝術創作，應用範圍極廣。

Sora 的概念來自於創意市場的需求，開發團隊致力於設計一個功能強大且易於使用的工具，讓任何人都能輕鬆發揮創意，改變影像製作的方式。

20-1-1　開發與推出

Sora 是 OpenAI 推出的影像創意軟體，讓用戶可以快速製作藝術風格的圖片和動畫。使用 Sora，不需要專業技術，也能輕鬆完成創意作品，從個人創作到商業項目，都能滿足需求。開發過程重要里程如下：

- 2023 年 8 月：Sora 開始內部測試，修正問題，強化功能，確保軟體的穩定性與使用體驗。
- 2024 年 1 月：開放封閉測試，邀請創作者試用並提供寶貴意見，幫助平台進一步優化。
- 2024 年 6 月：啟動全球公開測試，吸引數以萬計的用戶註冊與試用，許多創作者分享了使用 Sora 製作的成功案例，例如廣告影片、社群行銷內容和藝術作品，這些作品在設計競賽中屢獲佳績，進一步擴大了用戶社群。
- 2024 年 12 月：Sora 正式發佈，受到許多創意工作者的喜愛，成為影像設計與創意製作的重要工具。

20-1-2　功能介紹

Sora 的功能越來越多，主要特色包括：

- 創意製作：快速生成圖片與影片，支援多種創意風格，從手繪效果到寫實渲染。
- 風格變換：套用不同藝術風格，從經典名畫風到現代設計風，創造多樣化作品。
- 動畫製作：提供動畫與影片剪輯功能，讓創作變得更生動、更具吸引力。

- 團隊合作：支援多人協作，適合團隊專案，方便意見交流與版本控制。
- 資源庫支援：提供豐富的素材庫，用戶可輕鬆存取和應用，節省創作時間。

20-2 進入與認識 Sora

20-2-1 進入 Sora

讀者可以點選側邊欄的 Sora，進入 Sora。

20-2-2 認識 Sora 環境

進入 Sora 後，預設是在 Explore 選項環境。

儲存你的作品區

上述幾個選項功能如下：

❏ **Explore（探索）**
- 讓使用者瀏覽其他人公開的優秀作品或範例。
- 可用來發現不同 Prompt（提示詞）的應用方式，學習靈感。

- **Images（圖片）**
  - 集中顯示他人生成優秀的靜態圖像。
  - 可用來發現不同 Prompt（提示詞）的應用方式，學習靈感。

- **Videos（影片）**
  - 集中顯示他人生成的優秀影片。
  - 通常會保留完整的生成紀錄（含 Prompt 與參數）。
  - 可用來發現不同 Prompt（提示詞）的應用方式，學習靈感。

- **Top（熱門）**
  - 展示目前平台上最受歡迎的作品（可能依讚數、觀看數或分享次數排序）。
  - 相當於「排行榜」，可看到 Sora 社群裡最有創意或最精緻的成果。

- **Likes（喜歡）**
  - 顯示使用者點過「讚」或「愛心」的內容。
  - 功能類似「收藏」，方便快速回顧或重複參考。

- **Lirary**

預設你的創作會儲存在 Library 的 My media 資料夾。如果某些影片你點讚，則會出現在 Favorites 資料夾。

20-2-3 個人帳號

視窗右上方可以看到自己的帳號，請點選可以看到下列內容：

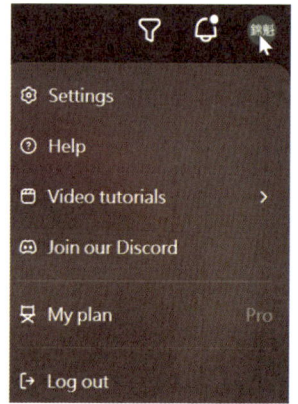

Settings	設定
Help	輔助說明
Video tutorials	影片課程
Join our Discord	加入Discord社群平台
My plan　Pro	我的方案
Log out	登出

❏ 設定 Settings

可以設定 Sora 環境、了解自己的帳號權力或是限制，若是 Settings 是 General，將看到下列畫面：

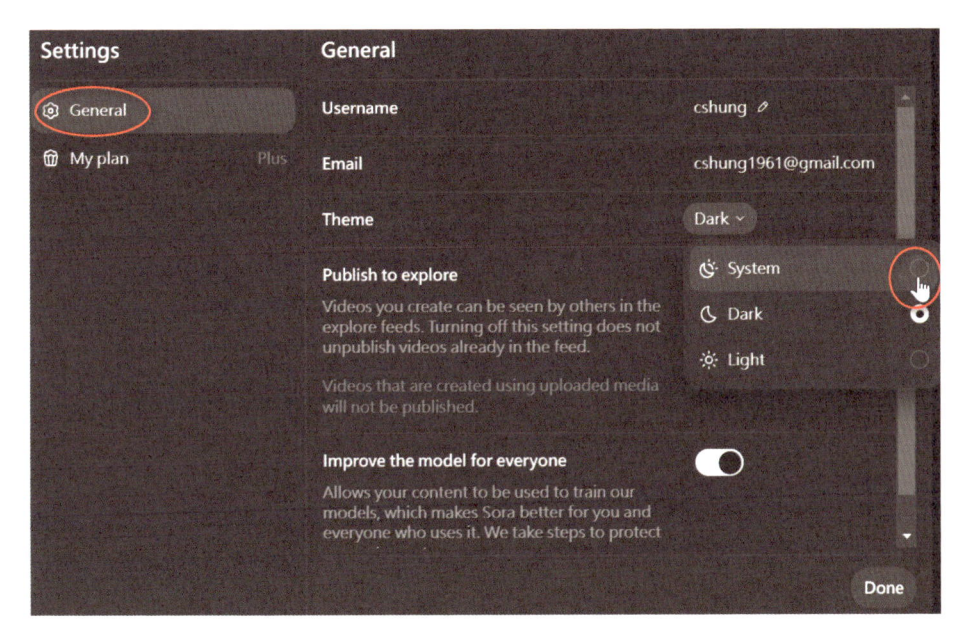

預設 Sora 是在深色模式，顯的專業。不過這是一本教學書，黑底白色的畫面印刷時不容易清楚呈現，所以筆者將 Theme 欄位，改成 System(或是 Light)，這是淺色模式，未來讀者看到的畫面皆是白色底。下列是上述視窗內 2 個欄位說明：

- Publish to explore
    - 您創建的影片可以在探索動態中被其他人看到。關閉此設定不會取消已經在動態中的影片的發布。
    - 使用上傳媒體創建的影片將不會被發布。
- Improve the model for everyone：允許您的內容用於訓練我們的模型，這將使 Sora 對您以及所有使用者更好。我們會採取措施保護您的隱私。

❏ My plan

若是 Settings 是 My plan，將看到下列畫面：

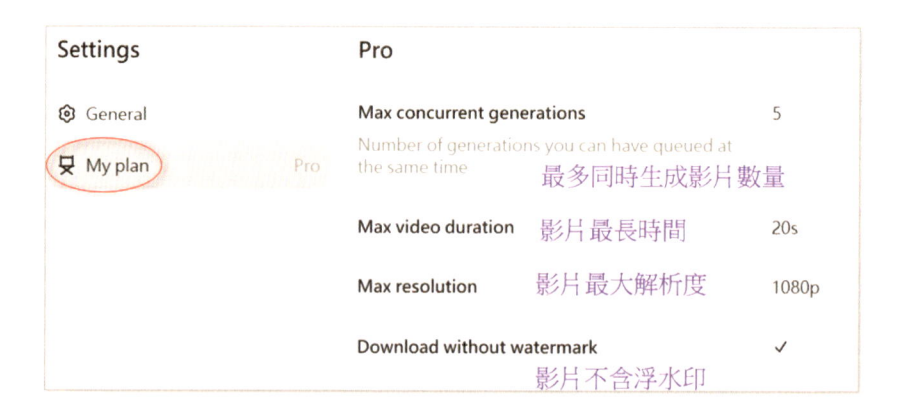

第 20 章　Sora 創意影片生成與應用

```
Settings                Pro
⚙ General              Max concurrent generations         5
                       Number of generations you can have queued at
🖥 My plan         Pro the same time                     最多同時生成影片數量

                       Max video duration   影片最長時間   20s

                       Max resolution       影片最大解析度  1080p

                       Download without watermark         ✓
                                            影片不含浮水印
```

20-2-4　創作平台環境

不論是在 Explore 或是 Library 的 My media 環境，可以在視窗下方看到下列創作區。

```
+  Describe your image...
🖼 Image    ▯ 2:3    ⊞ 4v    ▤    ?                                    ↑
```

當看到 Image，表示目前是在繪圖創作環境。點選此 Image 可以看到選單：

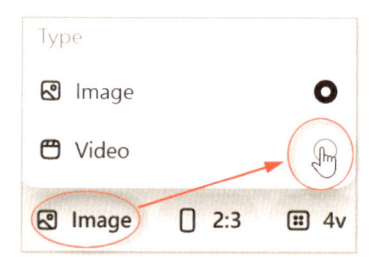

```
Type
🖼 Image                        ⚪
🎬 Video                        👆
🖼 Image    ▯ 2:3    ⊞ 4v
```

上述如果點選 Video，可以進入影片創作環境。

```
+  Describe your video...
🎬 Video   ▯ 2:3   ◈ 480p   ⏱ 5s   ⊞ 4v   ▤   ?          Storyboard   ↑
```

20-6

20-2-5　認識 Sora 影片創作環境

(上傳影像或是圖片或是從資料庫選擇)　　(影片的Prompt輸入區)

```
+ Describe your video...
□ Video   □ 2:3   ◇ 480p   ⊙ 5s   ⊞ 4v   ▤   ?                    Storyboard   ↑
```

長寬比　　影片解析度　　影片時間　　影片數　　影片風格　　　　啟動故事板建立影片

上述欄位說明如下：

❑ **長寬比 (Aspect ratio)**

預設是 2:3，也可以有下方左圖的選擇。

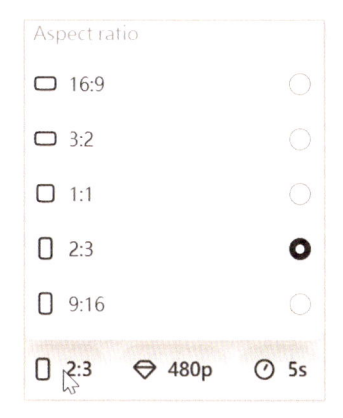

❑ **影片解析度 (Resolution)**

由於有點數限制，建議剛開始可以選擇 480p 解析度，耗損的點數比較少。解析度越高，所需創作時間越長，可以參考上方右圖。

❑ **影片時間 (Duration)**

預設是 5 秒，有下方左圖的選項。

第 20 章　Sora 創意影片生成與應用

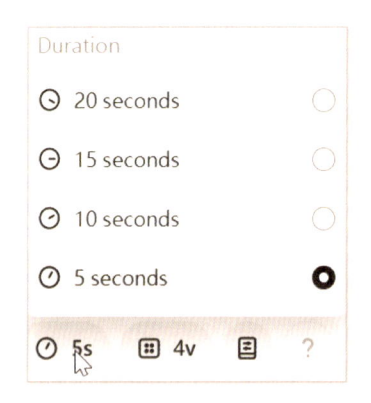

❑ **變體影片數 (Variations)**

可以選擇一個 Prompt 生成 1、2 或是 4 部影片，可以參考上方右圖。

❑ **預先設定 (Presets) 的影片風格**

這是影片風格選項，預設是 None。如果目前選項是 None，圖示是 ▤。如果有設定下列選項，則圖示右下角有「打勾」符號，此時圖示是 ▣。預先設定幾個選項意義如下：

- Archival（檔案紀錄片風格）
    - 模擬舊時代的歷史檔案影片。
    - 特點：偏黃、泛白或黑白質感，影像顆粒感明顯，像老膠片或舊錄影帶。
    - 適合用途：懷舊風格、歷史重現、仿紀錄片的敘事。
- Film Noir（黑色電影風格）
    - 典型的 1940–50 年代「黑色電影」視覺。
    - 特點：強烈光影對比（明暗反差大）、黑白或低飽和度、陰影氛圍濃厚。
    - 適合用途：懸疑推理、犯罪題材、偵探故事或戲劇化場景。
- Cardboard & Papercraft（紙板與紙藝風格）
    - 模擬用紙板、紙雕、紙藝材料製作的立體動畫。
    - 特點：畫面像手工製作，材質帶有紙張紋理與剪貼感。
    - 適合用途：兒童故事、創意廣告、DIY 手作風格影片。

- Whimsical Stop Motion（奇幻定格動畫）
    - 模仿傳統 定格動畫（Stop Motion），帶點童趣與奇幻感。
    - 特點：畫面略帶跳動（非流暢運動），材質像黏土或玩偶，氛圍輕鬆幽默。
    - 適合用途：童話故事、輕鬆搞笑影片、藝術實驗短片。
- Balloon World（氣球世界）
    - 把影像塑造成像是由 氣球構成 的世界。
    - 特點：誇張的形狀、鮮豔亮麗的色彩，充滿卡通感與浮誇的可愛風格。
    - 適合用途：兒童影片、奇幻動畫、節慶或派對主題。
- OpenAI Superbowl Com...（超級盃廣告風格）
    - 這通常指的是 OpenAI 在 Super Bowl 廣告中使用的影片風格。
    - 特點：模擬電視或大型活動中的商業廣告質感。畫面高解析、光影自然、極度寫實，接近電影級影像。
    - 適合用途：高質感品牌廣告、產品展示影片、需要真實感的商業短片。
- Cartoonify by Sora（卡通化風格）
    - 顧名思義，就是卡通化風格。
    - 特點：將人物與場景轉換成卡通或動畫效果，線條簡化、顏色鮮豔，帶有手繪或數位漫畫感。
    - 適合用途：兒童內容、趣味故事、輕鬆娛樂影片。
- Pixel Art by Sora（像素藝術風格）
    - 這是像素藝術風格，模仿復古電玩畫面。
    - 特色：模擬復古電玩畫面，以低解析度像素格組成，色彩有限，充滿懷舊遊戲感。
    - 適合用途：復古遊戲動畫、創意短片、懷舊風格的藝術表現。

❑ StoryBoard

可以啟動故事板建立影片環境。

第 20 章　Sora 創意影片生成與應用

20-3 建立影片 Prompt 參考

當可以用文字建立影片時，相信讀者內心是興奮的，也可能不知從何著手，下列是筆者依據 5 秒可以生成的影片，提供一些方向建議。

❏ 自然風光 / Natural Scenery

主題名稱：夕陽海岸 / Sunset Coast

- Prompt
    - 中文：黃昏時分的海邊，有波浪輕輕拍打岸邊，天空充滿橘紅色的雲彩。
    - 英文：A seaside at dusk, with gentle waves lapping the shore and the sky filled with orange and red clouds.

主題名稱：森林光影 / Forest Light and Shadow

- Prompt
    - 中文：在密林中，陽光從樹葉間灑下，形成斑駁的光影。
    - 英文：In a dense forest, sunlight streams through the leaves, creating dappled patterns of light and shadow.

主題名稱：山谷溪流 / Valley Stream

- Prompt
    - 中文：山谷間的小溪潺潺流淌，旁邊盛開著野花。
    - 英文：A small stream trickling through a valley, with wildflowers blooming alongside.

❏ 未來科技 / Futuristic Technology

主題名稱：未來城市 / Future Metropolis

- Prompt
    - 中文：未來城市的夜景，高樓上流動的霓虹燈光，街道上有自駕車行駛。
    - 英文：A futuristic cityscape at night, with neon lights flowing on skyscrapers and self-driving cars on the streets.

20-3 建立影片 Prompt 參考

主題名稱：全息星系 / Holographic Galaxy

- Prompt
  - 中文：一個全息螢幕上展示星系的 3D 模型，周圍有虛擬按鈕漂浮。
  - 英文：A holographic screen displaying a 3D model of a galaxy, surrounded by floating virtual buttons.

主題名稱：機器人服務 / Robot Service

- Prompt
  - 中文：機器人在人類餐廳中微笑著服務，手中端著一杯咖啡。
  - 英文：A robot smiling while serving in a human restaurant, holding a cup of coffee.

❏ 夢幻奇幻 / Fantasy and Magic

主題名稱：漂浮島嶼 / Floating Island

- Prompt
  - 中文：一片漂浮的島嶼，上面有瀑布從邊緣傾瀉而下，四周環繞著雲霧。
  - 英文：A floating island with waterfalls cascading off its edges, surrounded by misty clouds.

主題名稱：魔法鳳凰 / Magical Phoenix

- Prompt
  - 中文：一位魔法師揮舞魔杖，施展出閃耀的星光，星光化為飛翔的鳳凰。
  - 英文：A wizard waving a wand, casting a spell of sparkling starlight that transforms into a flying phoenix.

主題名稱：紫色古城 / Purple Ancient City

- Prompt
  - 中文：一座被紫色光芒包圍的神秘古城，天空中懸浮著行星。
  - 英文：An ancient mystical city bathed in purple light, with planets floating in the sky above.

第 20 章　Sora 創意影片生成與應用

- ❏ **都市生活 / Urban Life**

    主題名稱：早晨街頭 / Morning Streets

    - Prompt
        - 中文：早晨的城市街道，人群匆忙，咖啡館飄出濃濃咖啡香氣。
        - 英文：A bustling city street in the morning, with people rushing and the aroma of coffee wafting from cafes.

    主題名稱：夜晚光軌 / Night Light Trails

    - Prompt
        - 中文：夜晚的天橋上，車流形成亮麗的光軌，遠處是點點星光。
        - 英文：A pedestrian bridge at night, with traffic forming vivid light trails and stars twinkling in the distance.

    主題名稱：公園噴泉 / Park Fountain

    - Prompt
        - 中文：公園中的噴泉，孩子們在追逐氣泡，陽光灑在水面上。
        - 英文：A fountain in a park, with children chasing bubbles and sunlight reflecting off the water.

- ❏ **抽象藝術 / Abstract Art**

    主題名稱：旋轉色彩 / Swirling Colors

    - Prompt
        - 中文：五彩斑斕的液體在黑暗背景中旋轉，形成美麗的動態圖案。
        - 英文：Colorful liquids swirling on a dark background, forming beautiful dynamic patterns.

    主題名稱：幾何漂浮 / Floating Geometry

    - Prompt
        - 中文：金屬質感的幾何體漂浮在虛空中，不斷變換形狀。
        - 英文：Metallic geometric shapes floating in a void, continuously morphing in form.

主題名稱：節奏光帶 / Rhythmic Light Ribbon

- Prompt
  - 中文：一條流動的光帶，隨著節奏跳動並變化顏色。
  - 英文：A flowing ribbon of light pulsating to a rhythm and changing colors.

20-4 從文字生成精彩影片

Sora 的文字影片功能專為快速創作精美影片而設計，將文字提示轉化為充滿創意與活力的短影片。透過智慧生成技術，Sora 能自動添加動態效果、過場動畫和吸引力十足的視覺元素，輕鬆呈現資訊、故事或教學內容。這項功能操作簡單、效率極高，無需專業技能即可完成，為個人與企業提供了一個強大的數位影片創作工具！

20-4-1 夕陽海岸 / Sunset Coast

實例 1：請輸入「黃昏時分的海邊，有波浪輕輕拍打岸邊，天空充滿橘紅色的雲彩。」

會有一段生成影片過程，下列是完成結果。

第 20 章　Sora 創意影片生成與應用

上述點選影片，可以用完整的畫面顯示影片。

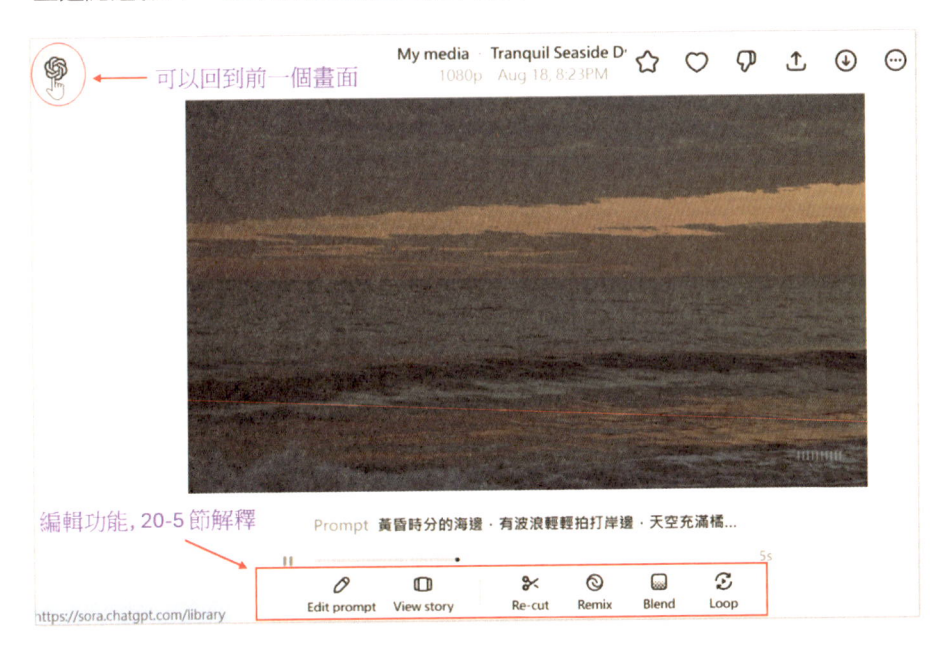

20-4-2　未來城市 / Future Metropolis

實例 1：請輸入「未來城市的夜景，高樓上流動的霓虹燈光，街道上有自駕車行駛。」

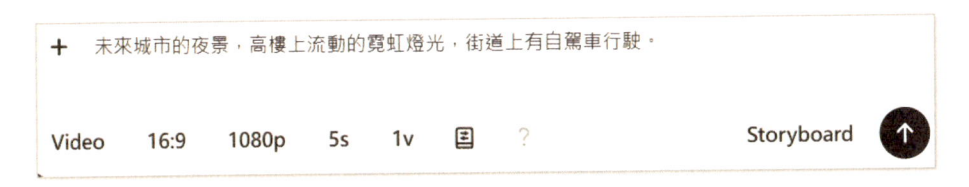

執行後，點選影片可以看到完整畫面。

![未來城市夜景圖]

Prompt 未來城市的夜景，高樓上流動的霓虹燈光，街道上有...

20-4-3　漂浮島嶼 / Floating Island

實例 1：請輸入「一片漂浮的島嶼，上面有瀑布從邊緣傾瀉而下，四周環繞著雲霧。」

```
+  一片漂浮的島嶼，上面有瀑布從邊緣傾瀉而下，四周環繞著雲霧。

Video   16:9   1080p   5s   1v   ☰   ?              Storyboard   ↑
```

執行後，點選影片可以看到完整畫面。

第 20 章　Sora 創意影片生成與應用

Prompt　一片漂浮的島嶼，上面有瀑布從邊緣傾瀉而下，四周環繞著雲霧。

20-4-4　文字創作影片使用 Ballon World 風格 - 雲端之上的奇幻世界

實例 1：請輸入「氣球帶你穿越雲層，探索藏在天空深處的奇幻國度。」，同時設定風格 Ballon World。

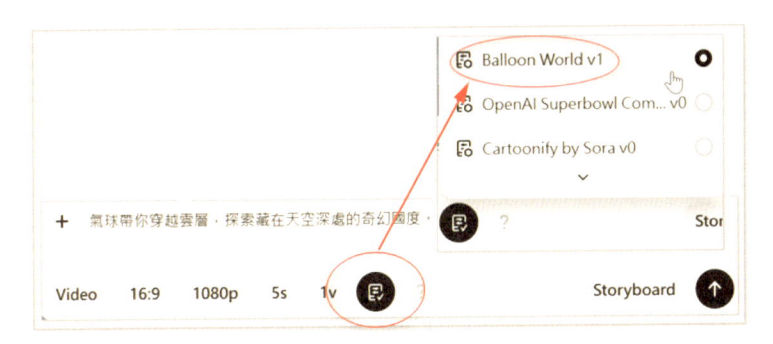

執行後，點選影片可以看到完整畫面。

20-16

![Balloon Ascends to Sky Kingdom 畫面]

Prompt 氣球帶你穿越雲層，探索藏在天空深處的奇幻國度。

20-4-5 文字創作影片使用 Archival 風格 - 沙塵中的邊境小鎮

實例 1：請輸入「在沙塵飛舞的邊境小鎮，木製酒館和鐵匠鋪見證了西部的黃金年代。」，同時設定風格 Archival。

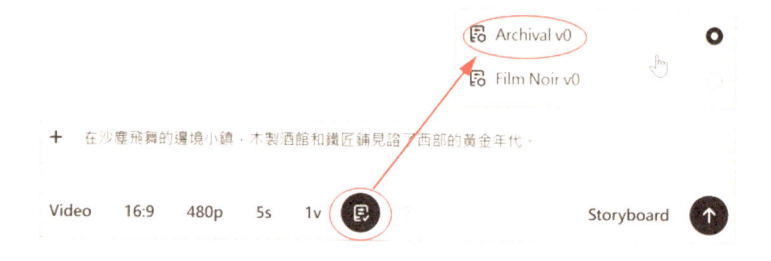

執行後，點選影片可以看到完整畫面。

第 20 章　Sora 創意影片生成與應用

Prompt　在沙塵飛舞的邊境小鎮，木製酒館和鐵匠鋪見證了西部的黃金年代。

20-5　影片的互動與操作

影片建立好了以後，我們可以對影片執行下載、分享、刪除、喜愛、收藏或是在資料夾間搬移，這一節會完整說明。

20-5-1　影片操作

點選檢視影片時，可以看到影片右上方有一系列功能：

20-18

20-5 影片的互動與操作

❑ 🔔 **活動 Activity**

可以看到你編輯的影片。

❑ ⬇ **下載 Download**

點選後可以看到下列指令。

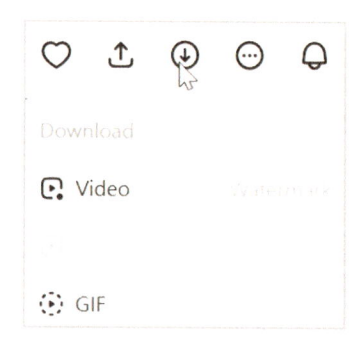

ChatGPT Plus可以下載有浮水印版
ChatGPT Pro可以下載無浮水印版
可以用GIF動畫格式下載

❑ ⬆ **分享 Sharing options**

點選後可以看到下列指令。

Copy link　複製連結到剪貼簿
Unpublish　取消發佈

本書 Prompt 資料夾內 ch20.txt 檔案，影片生成的 Prompt 下方有每個影片的連結，是從此複製得來的，下列是畫面。

```
20-4-3
一片漂浮的島嶼，上面有瀑布從邊緣傾瀉而下，四周環繞著雲霧。
https://sora.com/g/gen_01jfs83trjeg9rc5602fttazma
```

📌 OpenAI 公司沒有說明影片連結網址的保留期限。

❑ **喜愛 Like**

如果喜歡生成的影片，可以點選此圖示，將影片規劃在喜愛項目。

第 20 章　Sora 創意影片生成與應用

點選後，圖示 ♡ 變為 ♥。若是點選 Sora 視窗左上方 OpenAI 公司的 Logo 圖示，回到主視窗，再點選左側欄 Likes，可以看到此影片。

❑ **收藏 Favorite**

把作品加入到你的「收藏清單」裡，方便之後回顧或再利用。回到主視窗，再點選左側欄 Favorites，可以看到此影片。

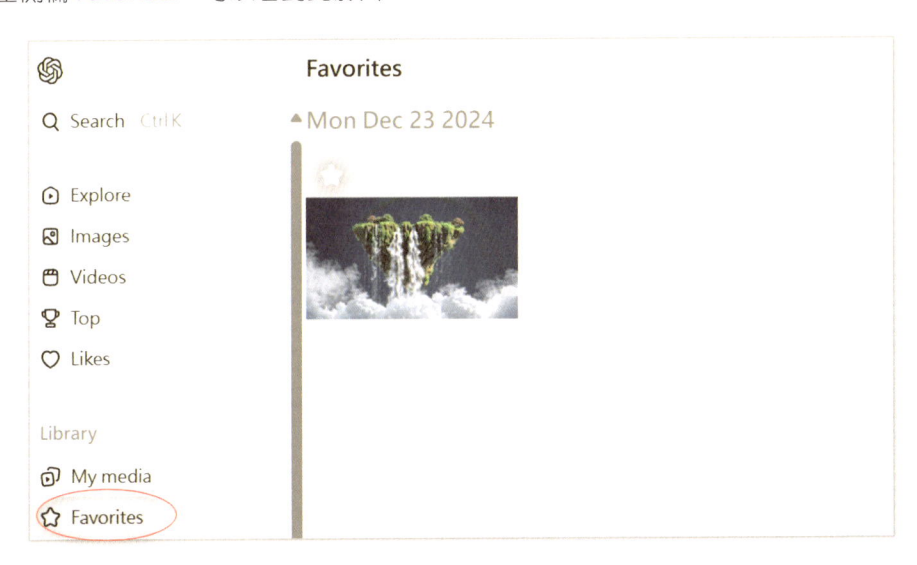

20-20

20-5-2　建立資料夾

使用 Sora 久了，一定會建立許多影片，如果只靠 My media 存放資料夾，未來會有搜尋管理的不便利。在側邊欄 Library 下方有 New folder 功能，此功能可以建立資料夾，未來可以將影片放在新建立的資料夾內。

新建立的資料夾預設名稱是「Untitled folder」，上述是將資料夾名稱改為「夢幻奇幻」的結果。

20-5-3　刪除資料夾

請點選左側欄的夢幻奇幻資料夾。

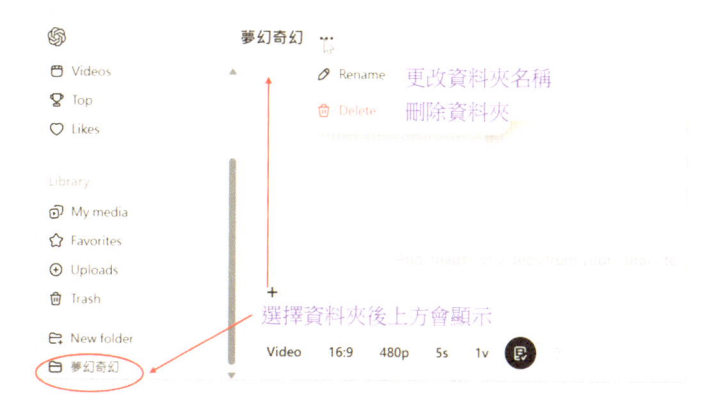

上述可以進入夢幻奇幻資料夾視窗環境，此時點選夢幻奇幻右邊的圖示 ⋯，可以更改 (Rename) 資料夾名稱或是刪除 (Delete) 資料夾。

20-5-4　影片加入特定資料夾

20-5-1 節的圖的右上方有更多指令圖示 ⋯，點選此圖示可以看到下列畫面：

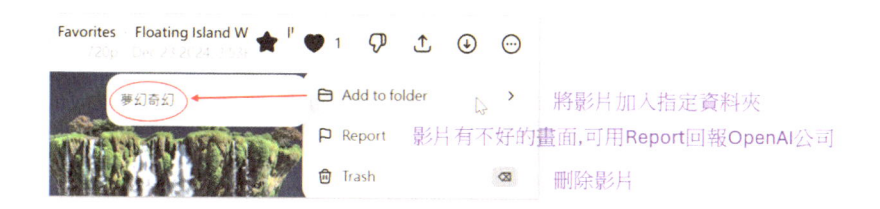

上述選擇夢幻奇幻後，可以在夢幻奇幻資料夾看到此影片。

20-6 運用圖片生成創意影片

　　Sora 的圖片生成影片功能是一項強大的工具，能將靜態的創意圖片轉化為動態的短影片，帶來視覺上的震撼效果。無論是自然風光、未來科技，還是抽象藝術，Sora 都能透過簡單的提示詞快速生成高品質的影像內容，滿足創作者的各種需求。這項功能不僅提升了創意工作的效率，更讓影片製作變得輕鬆有趣，是探索數位創作的理想夥伴！

20-6-1 圖片 (+ 文字) 生成影片邏輯

　　當使用 Sora，我們應用「圖片」+「文字」生成影片時，有時生成的影片是以圖片為主，有時會比較忽略圖片依據文字為主生成影片。以下是這項功能背後的策略邏輯：

❏ 依據原始圖片生成影片

　　如果用戶只提供圖片（未額外提供文字提示），Sora 會以圖片內容為核心，分析其中的主要元素（如物體、背景、色彩、風格等），自動生成相關的動態影片。

- 應用場景
  - 圖片中有明顯的場景（如山河、城市景觀）。

- 需要保持原始圖片的整體視覺效果，並添加動態元素（如波浪、風、下雪等）。
- 生成邏輯
  - 識別圖片的主題和風格。
  - 根據圖片的靜態元素（例如建築、自然場景）加入相關動態特效。

❑ 依據圖片文字生成影片

如果用戶同時提供圖片和文字提示，Sora 更傾向於將文字提示作為主要參考，結合圖片的元素生成影片，強調創意的表現力。

- 應用場景
  - 用戶希望加入與圖片相關但更有創造力的動態效果。
  - 需要在圖片基礎上進一步擴展影片故事（如冒險、情感場景）。
- 生成邏輯
  - 圖片作為背景或靈感來源。
  - 文字提示主導影片的場景、特效和動作，圖片提供補充素材。

❑ 完全用文字生成影片

如果圖片提供的訊息不足（例如簡單的圖形或抽象內容），Sora 會以文字提示為主導，生成完全用描述的影片。

- 應用場景
  - 圖片僅用作輔助，主要依靠文字傳遞創意需求。
  - 用戶希望影片內容與圖片無直接關聯，但符合文字描述的主題。
- 生成邏輯
  - 圖片僅作為參考，而非主要視覺元素。
  - 文字提示決定影片的風格、內容與動態設計。

❑ 如何影響生成結果？

- **圖片內容豐富度**：圖片越具象，生成影片越傾向以圖片為主；圖片越抽象或簡單，越會依賴文字提示。

- 文字提示的權重：如果文字描述具體且富有創意，Sora 會更傾向於文字生成。
- 用戶設定的效果：如果選擇特定的效果（如 Balloon World 或 Archival），會影響生成策略的優先級。

❏ 實用建議

- 想用圖片為主體生成影片：請提供高解析度的圖片，並選擇簡單的文字提示。例如：「將這張圖片轉化為動態海浪效果」。
- 想加入創意場景：圖片作為背景，搭配詳細的文字描述，例如：「讓這座山谷中出現飛翔的鳥群和飄動的雲霧」。
- 文字為主創意：提供抽象圖片並專注於文字描述，例如：「根據這幅圖設計一個幻想世界的冒險故事」。

20-6-2 用圖片生成影片

Sora 的圖片生成影片功能，讓靜態圖片瞬間轉化為生動的視覺影片。透過簡單的操作，用戶可以直接上傳圖片，無需額外描述，即可快速生成獨特的影片效果，展現圖片背後的無限可能！

❏ 匈牙利布達佩斯國會大廈與多瑙河上的夜景

實例 1：ch20 資料夾有 river.png，這張圖片展示了匈牙利布達佩斯國會大廈，在夜晚的燈光照射下顯得金碧輝煌。背景是深邃的藍色夜空，建築的倒影清晰地映射在多瑙河上，增添了畫面的美感和對稱性。前景中有幾艘遊船行駛於河面，為整個場景注入了動態的生命力，展現出這座城市獨特的夜晚魅力和浪漫氛圍。在 Prompt 輸入區，請點選圖示 +，可以上傳 river.png 圖像。

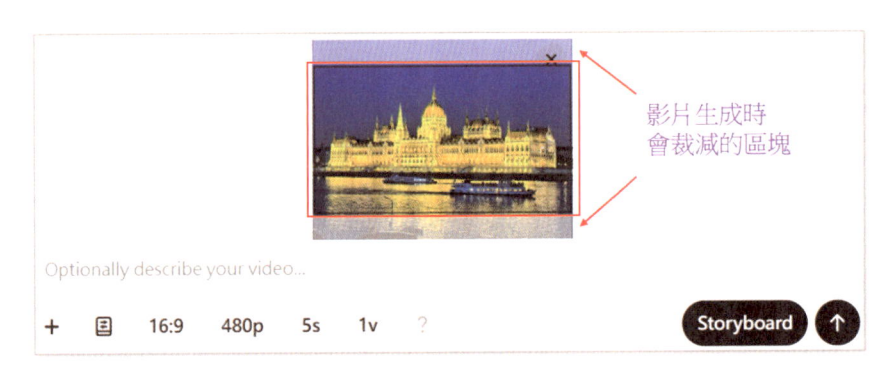

20-6 運用圖片生成創意影片

視訊是 16:9 比例,圖像上傳後可能會因比例問題,上下區塊會被裁減。上述執行後,可以得到下列結果。

影片將呈現河面波光粼粼,遊船緩慢巡航,影片的精細度到可以看到遠方岸邊人潮移動。

❏ 科技感的多媒體編輯介面

實例 2:在 ch20 資料夾內有 video.png,這是具有科技感的多媒體編輯界面,讓 Sora 為此圖像生成影片。

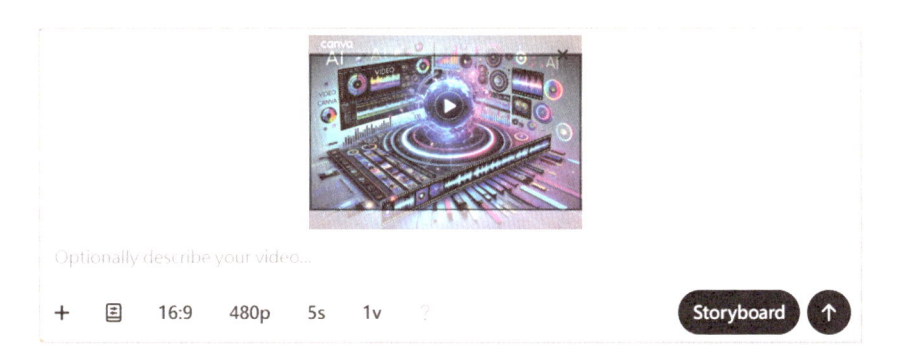

可以得到下列結果。

20-25

第 20 章　Sora 創意影片生成與應用

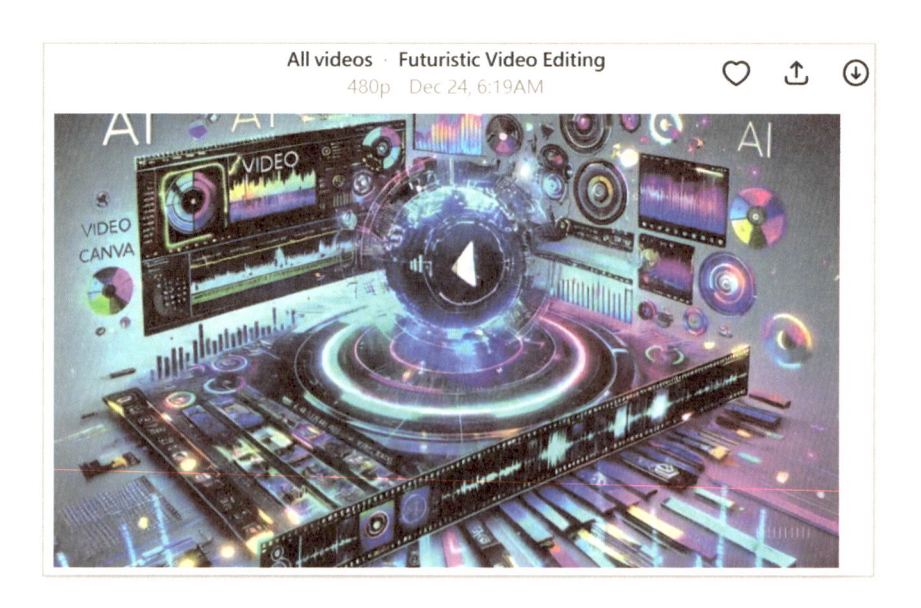

　　影片呈現一個未來感十足的數位編輯平台，界面充滿流動的光效和鮮豔的波形動畫，背景有科幻風格的漩渦和多層交互式顯示螢幕。

20-6-3　圖片 + 文字生成影片

　　Sora 結合圖片與文字描述生成影片功能，將靜態圖像與創意文字轉化為生動的多媒體影片。透過智慧技術，Sora 能自動添加動態效果和過場動畫，讓故事或訊息以視覺化方式呈現，簡化製作流程，激發無限創作可能。

❑　寧靜的雪夜街景

實例 1：在 ch20 資料夾有 city.png，這張圖展示了一條積雪的街道，周圍是傳統的日式建築，黃昏時分的燈光給整個場景增添了一層溫暖的氛圍。

　　請輸入 Prompt：「一條被白雪覆蓋的寧靜街道，黃昏的街燈照亮道路，雪花緩緩飄落，偶爾有車輛慢速駛過，營造出冬季傍晚的溫馨氛圍。」。

20-6 運用圖片生成創意影片

一條被白雪覆蓋的寧靜街道，黃昏的街燈照亮道路，雪花緩緩飄落，偶爾有車輛慢速駛過，營造出冬季傍晚的溫馨氛圍。

執行後可以得到下列結果。

上述影片可以看到飄雪的場景，與多輛汽車通過。

❑ 企鵝的沙灘生活

實例 2：在 ch20 資料夾有 penguin.png，這張圖展示了一群企鵝在沙灘上的活動，前景是碧藍的海水，背景是沙丘，畫面自然且生動。

20-27

第 20 章　Sora 創意影片生成與應用

請輸入 Prompt：「企鵝在沙灘上自由活動，有的在互相追逐，有的在整理羽毛，海浪輕輕拍打岸邊，展現自然生態的和諧。」。

執行後可以得到下列結果。

上述影片中段後，也發現 Sora 依據 Prompt 的內容自行創作了新的場景。

20-28

20-7 影片生成後的進階編輯

![企鵝在沙灘上的圖片]

All videos · Penguins on Sandy Beach
720p　Dec 24, 7:26AM

Image prompt　企鵝在沙灘上自由活動，有的在互相追逐，有的在整理羽毛，海...

整個新創作的片段，完全呈現了 Prompt「企鵝在沙灘上自由活動，有的在互相追逐」的內容。

20-7 影片生成後的進階編輯

影片編輯完成後，點選影片可以看到完整畫面展示，讀者可以參考 20-4-1 節最後一張畫面，這時畫面下方有影片編輯功能。

Prompt　黃昏時分的海邊，有波浪輕輕拍打岸邊，天空充滿橘紅色的雲彩。

Edit prompt　View story　Re-cut　Remix　Blend　Loop

上述除了 View story 因為與故事板有關，將在下一節說明，其他將分成小節說明。

20-7-1　Edit Prompt 功能

編輯 Edit Prompt，可以讓我們編輯建立影片的 Prompt，然後生成影片。

第 20 章　Sora 創意影片生成與應用

實例 1：讓影片出現太陽。請點選 Edit Prompt，將看到下列畫面。

> 黃昏時分的海邊，有波浪輕輕拍打岸邊，天空充滿橘紅色的雲彩。
>
> ＋　🗎　◻ 16:9　💎 720p　⏱ 5s　▢ 1v　?　⬆

上述 Prompt，修改如下：

> 傍晚時分的海邊，有波浪輕輕拍打岸邊，太陽西下映射，充滿淺紅色的雲彩。
>
> ＋　🗎　◻ 16:9　💎 480p　⏱ 5s　▢ 2v　?　⬆

執行後，可以得到下列結果。

All videos · Golden Sunset Reflections
480p　Dec 25, 6:28AM

Prompt　傍晚時分的海邊，有波浪輕輕拍打岸邊，太陽西下映射，充滿淺紅色的雲...

上述明顯地出現了「夕陽」。

20-30

20-7-2　Re-cut 功能

Ru-cut 功能可以刪除片段與重新生成功能，若是以「寧靜的雪夜街景」為例，點選此影片，然後點選 Re-cut 功能後，將看到下列畫面：

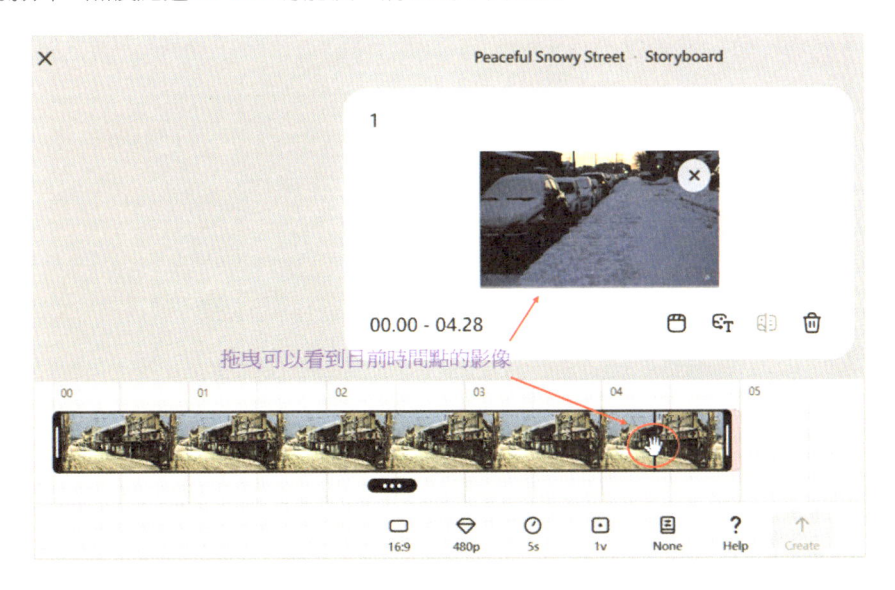

這時可以拖曳右邊的裁減標記，裁減影像。

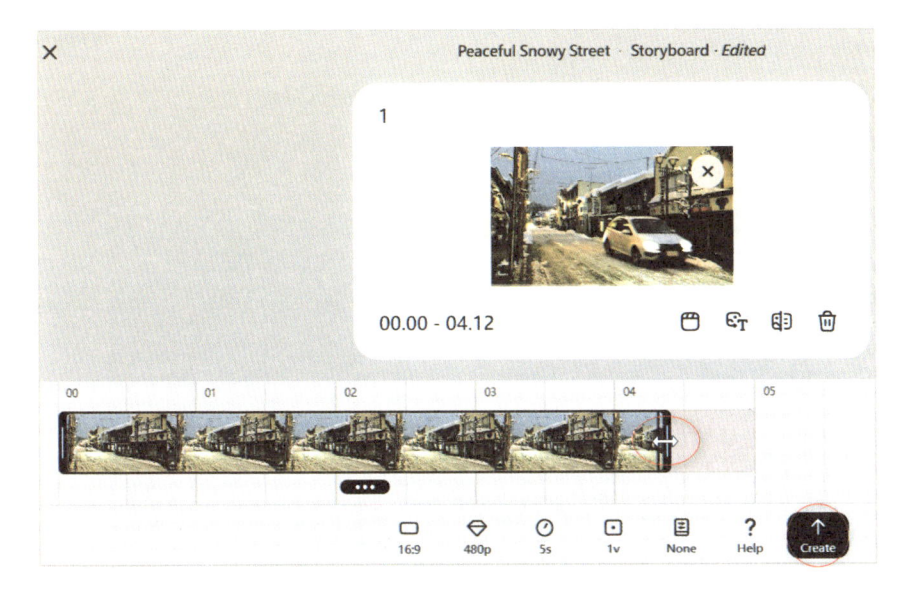

裁減後，可以按 Create 鈕重新生成該時間區塊的影像。

第 20 章　Sora 創意影片生成與應用

20-7-3　Remix 功能

編輯功能 Remix 意義是在原影片的基礎上重組、改造或是升級，這一節將以「匈牙利布達佩斯國會大廈與多瑙河上的夜景」為例做說明。

執行此功能時，還可以選擇 Remix 的強度，預設是 Strong remix，請點選可以有下列選項：

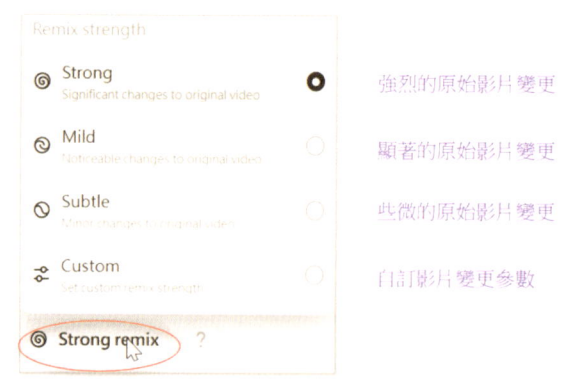

- Strong — 強烈的原始影片變更
- Mild — 顯著的原始影片變更
- Subtle — 些微的原始影片變更
- Custom — 自訂影片變更參數

實例 1：讓多瑙河上的遊船有更明顯的航行，請點選 Remix 後，輸入如下：

上述執行後，影片上可以明顯看到多瑙河上的遊船在航行。

20-32

20-7 影片生成後的進階編輯

20-7-4　Blend 功能

可以讓影片場景疊加、融合多種素材、效果和視覺元素的工具，讓用戶能夠以創意和藝術性的方式將內容結合在一起。例如：筆者使用 20-4-4 節的影片「雲端之上的奇幻世界」為例，

執行 Blend 功能後，同時點選 Choose from library，然後選擇前一節「多瑙河上的夜景」影片，此時畫面如下：

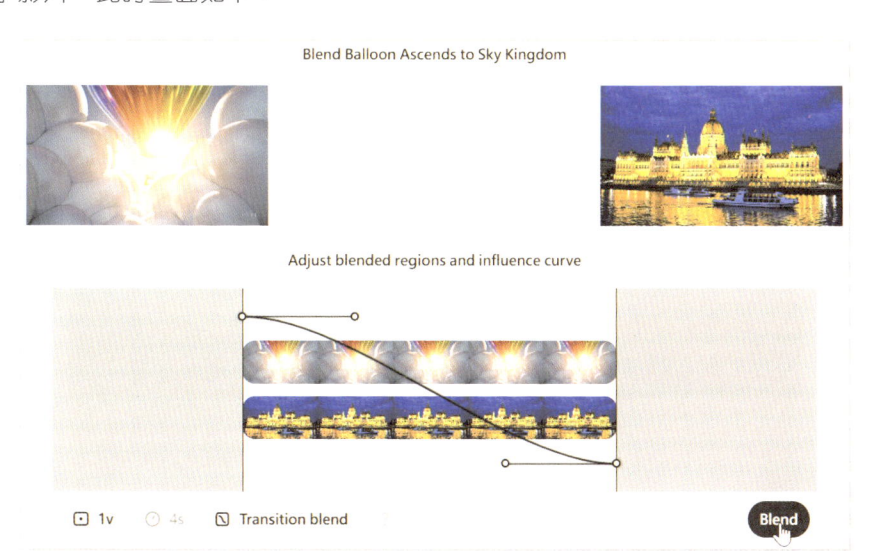

20-33

第 20 章　Sora 創意影片生成與應用

點選 Blend 鈕後，可以得到多瑙河上空有了熱氣球，下列是執行結果。

20-7-5　Loop 功能

Sora 的 Loop 功能是一項專注於創造循環內容的工具，讓用戶可以重複播放某個素材或場景，實現視覺上的連貫性和設計的創意性。下列是以前一小節的影片為例。

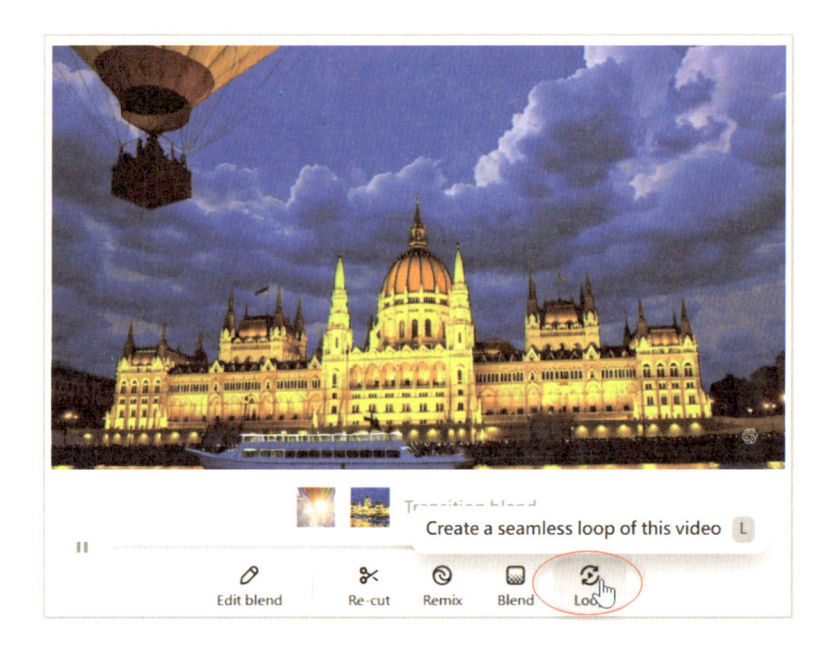

請點選 Loop 鈕，可以看到下列畫面：

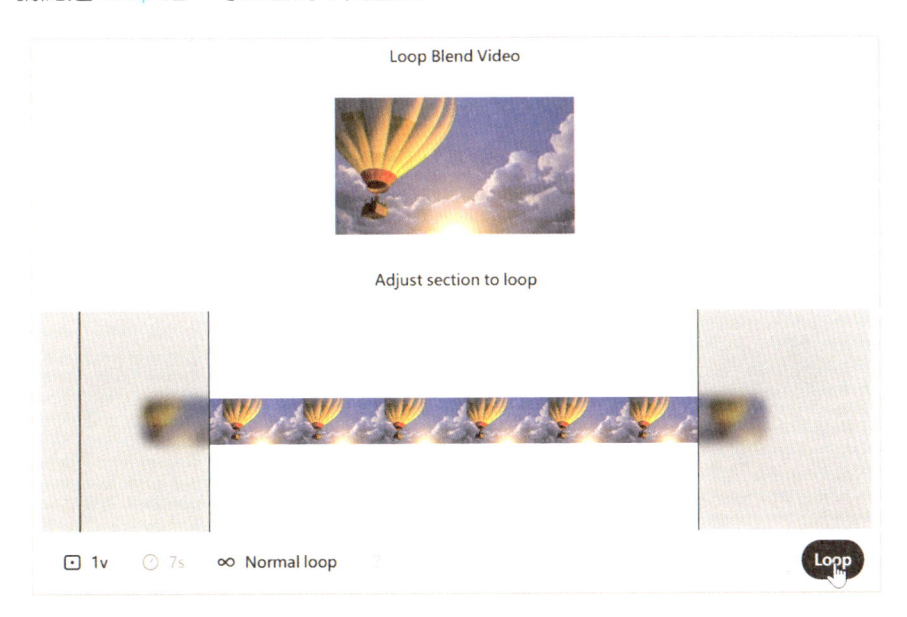

可以拖曳選擇要重複播放的區塊，選號後請按 Loop 鈕，就可以生成影片，所選的區塊會重複播放。

20-8 故事板（Storyboard）的使用與應用

在故事面板內，可以看到影片每一個時段的編輯內容，例如：若是以 20-6-3 節的「企鵝的沙灘生活」影片為例。

第 20 章　Sora 創意影片生成與應用

當點選 View story 鈕後，可以看到下列故事板。

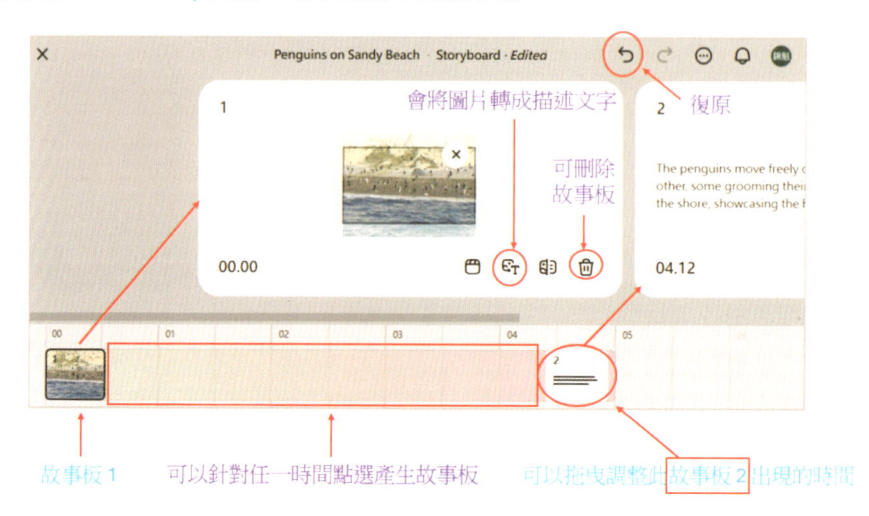

上述編輯時，可以點選復原圖示 ↺，隨時復原，所以讀者可以大膽嘗試。這一節將用將圖片故事板轉文字為例做說明。圖示 ᕮт 可以將圖片轉文字，請點選此圖示。

20-36

20-8 故事板（Storyboard）的使用與應用

上述在故事板 1 點選圖示後，圖片將轉為文字。

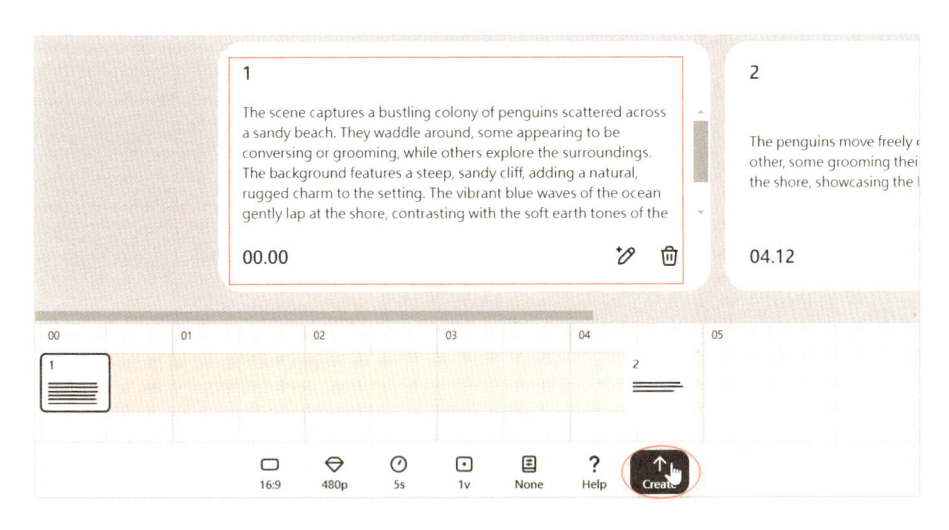

上述點選 Create 鈕後，可以得到完全由 Sora 生成的影片，所以企鵝畫面顯得比較一致。

20-37

第 20 章　Sora 創意影片生成與應用

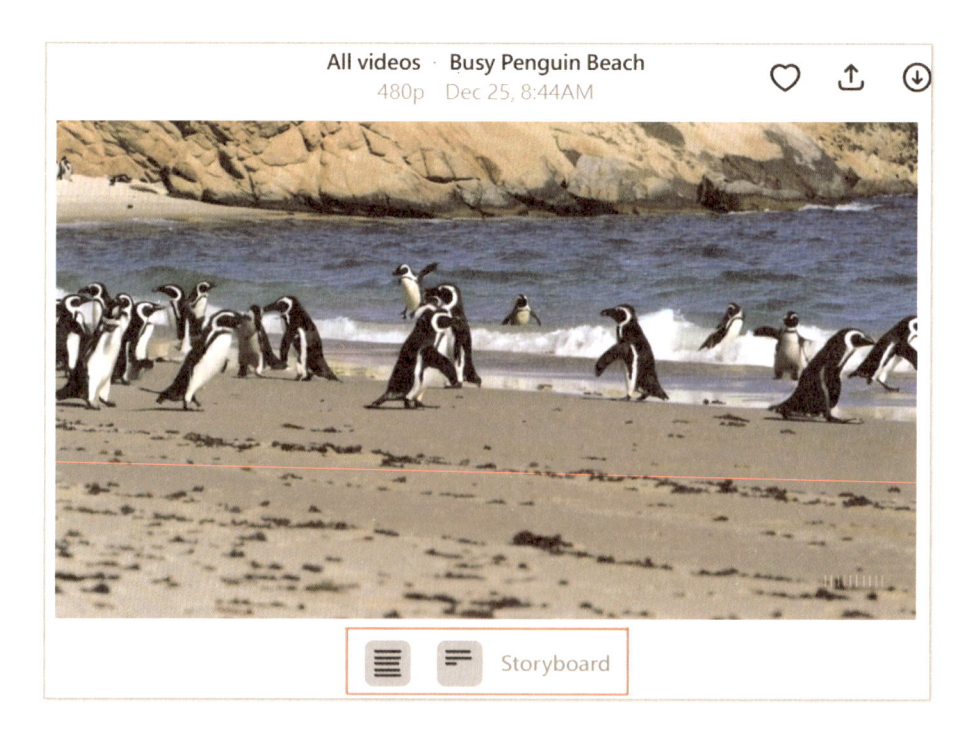

影片下方顯示，此影片包含 2 個故事板。

Note

Note